Erich Preuß, Eisenbahner

Der Dienst bei Wind und Wetter, an jedem Tag und zu jeder Tageszeit war noch nie jedermanns Geschmack. Immenstadt (1980)
Foto: Rotthowe

Erich Preuß

Eisenbahner

Ein Traumberuf im Wandel der Zeiten

GeraMond

Titelbilder: Ludwig Rotthowe (großes Bild), Ingrid Migura, Slg. Michael Schenk
Abbildung Vorsatz: Slg. Wolfgang Klee
Abbildung Nachsatz: Johannes Glöckner

CIP-Einheitsaufnahme
Eisenbahner:
Ein Traumberuf im Wandel der Zeiten.
Erich Preuß. – 1. Auflage
München: GeraMond Verlag, 2000
ISBN 3-932785-97-5
NE: Preuß, Erich

ISBN 3-932785-97-5

© 2000 by GeraMond Verlag
im Hause GeraNova Zeitschriftenverlag GmbH, D-80632 München

1. Auflage 2000

Der Nachdruck, auch einzelner Teile, ist verboten. Das Urheberrecht und sämtliche weiteren Rechte sind dem Verlag vorbehalten. Übersetzung, Speicherung, Vervielfältigung und Verbreitung einschließlich Übernahme auf elektronische Datenträger wie CD-ROM, Bildplatte usw. sowie Einspeicherung in elektronische Medien wie Bildschirmtext, Internet usw. ist ohne vorherige schriftliche Genehmigung des Verlages unzulässig und strafbar.

Lektorat: Lukas Gagel
Layout: Thomas Kersting
Herstellung: Frank Ladd
Druck: Druckerei Ernst Uhl GmbH & Co., Radolfzell
Printed in Germany

Vorwort

Die Eisenbahnen waren und sind nicht nur ein bedeutender Wirtschaftsfaktor, sie bieten auch vielen Menschen Arbeit und eine Erfüllung ihres Berufswunsches. Dabei waren die Dienstzweige so verästelt und miteinander verknüpft, dass sich nicht nur die vielfältigsten Anforderungen an die Eisenbahner ergaben, sondern wir bei einer großen Bahn auch fast alle Berufe finden.

Das Bild des Eisenbahners hat sich durch die technische Entwicklung und die sozialen Umbrüche im Laufe der Zeit verändert, einige Berufsbezeichnungen, wie die des Lokomotivführers oder die des Fahrdienstleiters, blieben jedoch, andere gingen unter, neue kamen hinzu. Den größten Umschwung bei den Berufsbildern während der 160-jährigen Eisenbahngeschichte brachten die Strukturveränderungen bei der Deutschen Bahn AG von 1994 an, weil sich die Tätigkeitsbilder grundlegend veränderten, viele Aufgaben an „Externe" abgegeben oder ganz abgeschafft wurden.

Ich habe gern die Anregung des Verlages aufgegriffen und – ohne wissenschaftlichen Anspruch – ein Bild von den Veränderungen im Berufsleben der Eisenbahner gezeichnet. Nicht alle Dienstzweige konnte ich berücksichtigen, sparte zum Beispiel die Werkstätten aus.

Wenn sich bei der Lektüre nicht nur der Eisenbahnfachmann angesprochen fühlt und gern einmal nachschlägt, sondern auch der Laie sich in die Welt der Eisenbahner versetzt fühlt, hat das Buch seinen Zweck erfüllt.

Da die Staatsbahnen für die Dienstposten verschiedene Bezeichnungen führten und auch die der Deutschen Bundes- und Reichsbahn unterschiedlich waren, das Buch aber lesbar bleiben sollte, bin ich nicht auf alle Abweichungen eingegangen, habe mich aber um eine vielseitige Darstellung bemüht. Ohnehin war es nicht einfach, die Einzelheiten zusammenzutragen und die Neuerungen zu erfassen. Bei der Deutschen Bahn AG ist man auf Nachfragen aus nicht verständlichen Gründen ziemlich verschlossen oder kann mangels Überblick nicht antworten. Um so mehr bin ich den Damen des Regionalbüros Berlin/Brandenburg des Bereichs Konzernkommunikation für die Unterstützung dankbar, sowie einigen Eisenbahnern, die nicht genannt werden möchten. Danken möchte ich den Mitarbeitern der Bibliothek des Deutschen Technik-Museums Berlin, Frau Christel Schubert, Deutsche Bahn in Dresden, und den Herren Alfred Gottwaldt, Berlin, Hans von Polenz, Bautzen, Eberhard Wiese, Leverkusen, Jörn Maaß, Osterburg, sowie Richard Schulz, Herford.

Berlin und München, im Dezember 1999
Erich Preuß

Inhalt

1. Wandel eines Berufs　　　　　　　　　　　　　　　　　　7

2. Die Zugmannschaft　　　　　　　　　　　　　　　　　　33

3. Der Stolz der Lokomotivführer　　　　　　　　　　　　　55

4. Das Stationspersonal　　　　　　　　　　　　　　　　　81

5. Der Eisenbahnbauarbeiter　　　　　　　　　　　　　　　109

6. Frauen und Familien　　　　　　　　　　　　　　　　　129

7. Von Präsidenten und Dezernenten　　　　　　　　　　　141

8. Quellenverzeichnis　　　　　　　　　　　　　　　　　　155

Anhang　　　　　　　　　　　　　　　　　　　　　　　157

1. Wandel eines Berufs

In den achtziger Jahren war in der „Budapester Rundschau" zu lesen, warum der einst wegen der festen Anstellung, der Pension und der Uniform so begehrte Beruf des Eisenbahners nichts mehr wert sei. Im sozialistischen Staat, der die Gesellschafts- und Lebensverhältnisse glatt gehobelt hatte, war von den früher so geschätzten Vorzügen wenig übrig geblieben. Den Eisenbahner unterschied von anderen Werktätigen kaum etwas; er wurde nur schlechter bezahlt als die Industriearbeiter mit den „strukturbestimmenden Vorhaben" und war wegen des Schicht- sowie Wochenenddienstes weder als Ehepartner noch sonst begehrt. Die Bedeutung der Eisenbahn als wichtigsten Verkehrsträger und die Stellung der Eisenbahner in der Volkswirtschaft standen nicht nur in Ungarn zueinander im Widerspruch. Einige wenige Stimuli, wie berufsspezifische Auszeichnungen (Verdienter Eisenbahner, Verdienstmedaille, Medaille für treue Dienste) oder der Ehrentag (Tag des Eisenbahners) lösten ihn nicht auf.

Die Uniform sahen auch nicht mehr alle als das Ehrenkleid an. Staatsangestellter war in der volkseigenen Industrie im Prinzip jeder, Pension erhielten ebenfalls alle.

In der bürgerlichen Gesellschaft des Westens hatte sich das Ansehen des Eisenbahners gleichermaßen verändert, nicht erst nach 1945, sondern zumindest seit dem Ende des Ersten Weltkrieges. Dieser Wandel hat verschiedene Ursachen: die immer geringer werdende Gläubigkeit der Bevölkerung an die staatliche Autorität, die Demokratisierung des Reisens und der verlorengegangene Wettlauf mit den anderen Verkehrsträgern sowie das Verlangen nach Gleichberechtigung der Arbeitnehmer.

In der DDR der Nachkriegszeit war dem Vertrauen das Ansehen gewichen, denn nun hieß es: „Die gesamte Bevölkerung der Deutschen Demokratischen Republik und alle Betriebe und alle gesellschaftlichen Einrichtungen haben großes Vertrauen zu unseren Eisenbahnern. Sie wissen, daß die Eisenbahn in der Deutschen Demokratischen Republik nicht mehr irgendwelchen kapitalistischen Interessen dient, sondern daß sie eine Einrichtung unseres antifaschistisch-demokratischen Staates ist, die den volkseigenen Betrieben entspricht. Alle Leistungen der Eisenbahner kommen der werktätigen Bevölkerung und damit ihnen selber zugute. Dessen müssen sich alle Eisenbahner bewußt sein." [17]

In der guten alten Zeit mussten die Eisenbahner nicht um das Vertrauen der Werktätigen buhlen. Zum Stammtisch im kleinstädtischen Ratskeller gehörte neben dem Apotheker, dem Bürgermeister, dem Schuldirektor und dem Gerichtsrat auch der Bahnhofsvorsteher. Er war einer der Honoratioren des Städtchens, verkörperte mit den anderen Beamten die Staatsgewalt.

Andere, die nicht am Stammtisch saßen, hatten für den Eisenbahner einen Spruch parat: „Bahn und Post säuft dort, wo es nichts kost!" Kein Wunder, der einfache Eisenbahner verdiente nicht viel und war froh, zum Trunk eingeladen zu werden. Auch der im mittleren und höheren Dienst gehörte nicht zu den Reichen. 1862 verdiente ein Betriebsoberinspektor der Preußischen Staatsbahnen 1250 Taler (3750 Mark) im Jahr, ein Lokomotivführer oder ein Bahnmeister kam auf nur 400 Taler (1200 Mark) jährlich. Das Jahreseinkommen der Heizer war – umgerechnet – 750 Mark, das der Bremser 540 Mark.

Würde strahlt der Oberbahnwärter aus, der sich um die Jahrhundertwende fotografieren liess Foto: Skrzypnik

In der DDR hatte die Bevölkerung angeblich großes Vertrauen zu den Eisenbahnern (1973)
Foto: Glöckner

Nur der Bahnwärter verdiente weniger. Die Lebenshaltungskosten einer fünfköpfigen Familie beliefen sich auf durchschnittlich 450 Taler im Jahr[1]. Ein Lokomotivführer verdiente monatlich 100 Mark. Zu dieser Zeit kosteten je 1 kg:

Butter   2,45 Mark
Rindfleisch   1,13 Mark
Kartoffeln   0,06 Mark. [1]

Vielfach blieb dem Eisenbahner und seiner Ehefrau nichts anderes übrig, als sich einen Nebenverdienst zu suchen. Trotzdem mussten sie sich in der Lebensführung einschränken. In Preußen wurde der Haushalt verschiedener Familien statistisch erfasst, leider nicht der von Eisenbahnern. Bei vergleichsweisen Einkommen ist festzustellen, dass Butter so gut wie gar nicht, Fleisch nur zum Sonntag gekauft wurde, Kartoffeln und Gemüse aus eigenem Anbau kamen, viele Lohnempfänger im Winter keinen Mantel besaßen.

Die Bahnverwaltungen stellten ihren Eisenbahnern Wohnungen zu günstigen Mieten zur Verfügung und sparten auch nicht mit anderen Anregungen, den Lebensunterhalt sparsam zu bestreiten. Im Rundschreiben der Königlich Preußischen Staatseisenbahnen von 1868 lesen wir: „... ans Haus und an die engbegrenzte Strecke gebunden, haben die Bahnwärter, mitunter allem Verkehr mit Menschen fern, jahraus jahrein ihrer einförmigen Beschäftigung obzuliegen. Es verdient hierbei den geist- und gemütveredelnden Einfluß des Bienenzüchtens hervorzuheben. Man kann sich nach dem Wandel von kundigen Bienenzüchtern erkundigen und wird kaum einen finden, der unordentlich oder faul wäre oder seine Freistunden im Wirtshaus zubrächte. Und wer wirklich Bienenfreund ist, ist sicher auch ein fleißiger, ordnungsliebender, verträglicher und überhaupt ein guter Mensch." [2] Sogar die Zucht von Seidenraupen wurde als Nebenerwerbsquelle empfohlen. Die Ansicht vom Eisenbahner, der seine Familie gerade so über Wasser halten kann, hielt sich. „Wer nix is' und wer nix kann, der geht zu der Eisenbahn", gossen seit dem vorigen Jahrhundert die Kabarettisten ihren Spott über einen eigentlich angesehenen Berufsstand.

Der Schrankenwärterdienst muss eine Idylle gewesen sein, wie das Bild aus einem Kalender der Jahrhundertwende Glauben machen wollte. Tatsächlich waren der Eisenbahner und seine Frau arme Schlucker
Slg. Preuß

---

[1] Der Taler war im Deutschen Reich die Geldeinheit von 1566 bis zur Einführung der Mark 1871. In Preußen war der Taler bis 1907 noch gültiges Zahlungsmittel. 1 Taler = 3 Mark.

Viele Berufe wurden bei der Eisenbahn gebraucht, auch die des Uhrenmechanikers, damit der Betrieb mit der Präzision eines Uhrwerks rollen konnte (um 1940) Slg. Schenk

Berufsfortbildung am Betriebsfeld bereits in den dreissiger Jahren
Foto: Donath/Slg. Hörnemann

Solange die Eisenbahnen Staatsbahnen waren, verkörperte der Eisenbahner den Staatsangestellten in eigener wie in fremder Wahrnehmung, der Kunde empfand sich als Untertan; der Eisenbahner war unangreifbar (Beamtenbeleidigung war ein besonderer Straftatbestand!), meist mit den Befugnissen des Bahnpolizisten ausgestattet. Nicht wegen des Salärs, sondern wegen dessen Stellung und seiner faktischen Unkündbarkeit wurde der Eisenbahner bewundert.

Der Eisenbahner war allein wegen des ausgedehnten Streckennetzes in der Bevölkerung am häufigsten vertreten, mochte er nun, wie man – im Osten bis 1946, im Westen bis 1993 – säuberlich trennte, Beamter, Angestellter oder Arbeiter gewesen sein. 1850 gab es in Deutschland 26 000 Eisenbahner, 1873 rund 234 000, 1908 arbeitete jeder 87. Einwohner des Deutschen Reiches unter dem Flügelrad. Das Heer der Eisenbahner wuchs: 1913 mehr als 700 000, 1919 sage und schreibe 1,1 Millionen. [10, S. 38] Im Betriebs- und Verkehrsdienst, also im Kernbereich der Eisenbahnunternehmen, waren etwa 60 Prozent der Eisenbahner, etwa 30 Prozent in der Instandhaltung der Fahrzeuge und der ortsfesten Anlagen, der Rest im Innendienst tätig. [12]

Trotz vieler Vergünstigungen verlor der Eisenbahnerberuf seinen Nimbus. Freifahrt, Dienstwohnungen (zunächst bevorzugt für Vorstände und Schrankenwärter, um die Jahrhundertwende für alle), Wohnsiedlungen in der Nähe großer Bahnhöfe, Wohngeld, Kleinlandwirtschaft, Erholungsheime, Tuberkulosefürsorge, Waisen- und Töchterhorte, Kleiderkassen, Übernachtungsheime, Getränkeanstalten, Hausbrandversorgung, Spar- und Darlehnskasse, günstige Versicherungen und

14 Arbeiter, ein Angestellter und zwei Eisenbahner bei der Holzverladung (1905) Slg. Schenk

Eisenbahner in den deutschen Bundesländern 1908

Land	Zahl der Eisenbahner	Auf 1 km Betriebslänge entfielen ... Eisenbahner
Preußen	484882	13,48
Bayern	55589	8,46
Sachsen	44981	16,03
Baden	27770	15,90
Württemberg	20597	11,01
Mecklenburg	5840	5,32
Oldenburg	4327	6,68
Reichseisenbahnen in Elsaß-Lothringen	32704	16,54
Privatbahnen	22378	5,33

Vereine verschiedener Ausrichtungen – einiges blieb bis heute als Sozialeinrichtung der Bahn erhalten – wirkten immer weniger anziehend.
Die technischen und organisatorischen Veränderungen trugen viel zum Abnehmen des Glanzes früherer Eisenbahnzeiten bei, auch die zunehmende Anonymisierung im Erscheinungsbild der Bahn. Die rote Mütze ist nicht mehr das Symbol des Herrschers über Bahnsteig oder Bahnhof, die Lokomotive, seit sie nicht mehr dampft und auch nicht ihr Triebwerk zeigt, sondern nur noch brummt und dröhnt, büßte ihre Faszination ein. Für viele ist die Lokomotive, ob diesel- oder elektrisch getrieben, nichts anderes als die vergrößerte Ausgabe des Pkw oder eines Haushaltgeräts, der Lokomotivführer nicht viel mehr als ein Fahrer. Viele Geheimnisse der Eisenbahn, die man als Eisenbahner gern gelüftet hätte, sind keine mehr. Bücher und Zeitschriften in einer früher nicht gekannten Auswahl tragen dazu bei und werden vor allem von denen gelesen, die – aus ganz unterschiedlichen Gründen – nicht Eisenbahner wurden.

Ziel dieses Buches ist es, einen Einblick in die Berufswelt des Eisenbahners zu geben, in eine Berufswelt der verschiedensten Fachrichtungen, und deren Wandel zu beleuchten.
Wie wurde und wird man Eisenbahner? Der „richtige" Eisenbahner hat den Beruf im Blut und klagt auch nicht über die Schattenseiten wie schlechte Bezahlung, Wochenend- und Nachtdienste, sondern freut sich über die Vielfalt der Anforderungen und Entwicklungsmöglichkeiten. Doch ehe er sich freuen kann, Eisenbahner zu werden, muss er die Hürden der Tauglichkeitsuntersuchung überspringen. Er muss gut hören, scharf sehen und die Farben unterscheiden können. Je nach Berufsziel werden unterschiedliche Anforderungen an die Tauglichkeit und (körperliche) Eignung gestellt.
Die ersten Eisenbahner kamen von der Baustelle. Sie wechselten, wenn die Strecke in Betrieb gegangen war, zur Eisenbahngesellschaft. Die Bauarbeiter wurden bei der Bahnbewachung oder Gleisinstandhaltung eingesetzt, die Techniker und Ingenieure besetzten die Stelle des Bahnmeisters oder kletterten die höheren Rangstufen hinauf. Die Eisenbahner im kommerziellen Dienst, wie Billetverkäufer oder Abfertiger von Gepäck und Gut, wurden angelernt. Wie man Lokomotivführer oder Feuermann[2] wurde, ist im 3. Abschnitt zu lesen.
Der Bahnverwaltung stand ein Reservoir von Nachwuchskräften zur Verfügung, die sich an dem Neuen der Eisenbahntechnik und -organisation begeisterten oder den Eisenbahnerberuf nur als schnöden Broterwerb ansahen. Genaugenommen gab es bis in die jüngere Vergangenheit keinen Beruf Eisenbahner. So tummelten sich als Leiter von privaten Eisenbahnunternehmen Bankiers, Kaufleute, Grundbesitzer, Offiziere, Industrielle und Rechtsgelehrte, die durch Zufall oder Beziehungen zur Eisenbahn gekommen waren. Weil es ihnen an fachlicher Kenntnis mangelte, verlangten sie auch von ihren Untergebenen nur das an Wissen und Können, was sie selbst wussten und kannten.
Vermutlich nach ersten schlechten Erfahrungen wurden bei der Auswahl des Personals bestimmte Bedingungen gestellt. „Schwächlicher Körperbau, Gebrauchsbehinderung von Gliedmaßen, Nervosität, Krankheiten der Lunge und des Herzens, Zeichen von Trunksucht und ähnliche fehlerhafte Anlagen und Gebrechen bedingen grundsätzlich Untauglichkeit des Bewerbers." [7]

---
[2] am 30. August 1919 in Lokomotivheizer umbenannt

Der Zugführer hat die Leistung der Lokomotive bescheinigt und gibt den Lokomotivdienstzettel zurück (1969)
Foto: Rotthowe

Von allen, die Beamte werden wollten, wurde ein ihrer künftigen Dienststellung entsprechendes Maß allgemeiner Bildung verlangt, und zwar bei:
- *Bewerbern für geringbezahlte Stellen (Unterbeamte) keine besondere Vorbildung, aber die Fähigkeit, in deutschen und lateinischen Buchstaben Gedrucktes und Geschriebenes lesen, deutlich leserlich schreiben und in den vier Grundrechnungsarten mit ganzen benannten Zahlen rechnen zu können*
- *besser bezahltem Unterbeamtendienst Rechnen mit den Dezimalbrüchen und die Fähigkeit, eine schriftliche Anzeige in angemessener Form zu erstatten*
- *Bewerbern für den zweitklassigen mittleren nichttechnischen Dienst eine deutliche und geläufige Handschrift, Sicherheit in der Rechtschreibung und in den gewöhnlichen Rechnungsarten einschließlich Dezimalbruch- und Verhältnisrechnung, außerdem die Fähigkeit, sich schriftlich angemessen auszudrücken und genügende Kenntnisse der Erdkunde, insbesondere über Deutschland und die benachbarten Länder.*
- *Bewerbern für die erstklassigen mittleren nichttechnischen Dienst, sogenannte Zivilsupernumerare, mindestens das Reifezeugnis eines Gymnasiums oder den Abschluß der 6. Klasse nachzuweisen*
- *Bewerbern für den zweitklassigen technischen Dienst das Reifezeugnis einer technischen Fachschule*
- *Bewerbern für erstklassige Stellen außerdem das Zeugnis für den einjährig-freiwilligen Militärdienst*
- *Bewerbern für höhere Beamtenstellen die höhere juristische oder technische Staatsprüfung. Bei einigen Bahnverwaltungen genügte der Nachweis einer allgemeinen höheren Bildung.*

Auf der untersten Stufe der Beamten: Oberschaffner der Königlich Sächsischen Staatseisenbahnen
Slg. R. Preuß

Im Unterschied zum Staatsdienst galten verschiedene Grundsätze, wie man vom mittleren in den höheren Dienst aufsteigen konnte, auch wurde mitunter zwischen gehobenem unteren und gehobenem mittleren Dienst unterschieden.

Die Hierarchie im Staatsunternehmen Bahn hatte auch ihre drolligen Seiten. „Das Heer der Bediensteten zerfällt in Beamte, Hilfsbeamte und Arbeiter. Bei den Beamten werden noch weiter einerseits höhere Beamte, mittlere Beamte und Unterbeamte, andererseits etatsmäßige und diätarische Beamte unterschieden."

Über die Hälfte der Eisenbahner waren Arbeiter, einige wurden nach Jahren auch als Unterbeamte aufgenommen. Die Beamten des Höheren Dienstes waren Juristen, Kameralisten (Verwaltungswissenschaftler) und Ingenieure mit Hochschulabschluss. Zum Mittleren Dienst gehörten die Vorsteher der Bahnhöfe, Güterabfertigungen, Bahnmeistereien und Werkstätten sowie die Sekretäre und Assistenten. Die technischen Beamten besaßen einen Abschluss, der dem der heutigen Fachhoch-

Arbeiter und Beamte beim Rangieren auf dem Dresdner Güterbahnhof in Leipzig (1932)
Rbd Halle/Slg. Rampp

schule entsprach. Die Nichttechniker mussten nach der Mittleren Reife, dem Einjährigen, oder dem Abitur einen mehrjährigen Vorbereitungsdienst leisten. Unter den Unterbeamten standen die Lokomotiv- und Zugführer (bzw. Oberschaffner) an erster Stelle. Vorgesetzte waren auch Schirrmeister (Rangiermeister), Lademeister, Telegrafisten, Wagenmeister und Werkführer.

Der etatsmäßige Beamte saß auf einer Planstelle, war in der Regel – nach einer gewissen Bewährungszeit – unwiderruflich und unkündbar angestellt, der diätarische Beamte hingegen hatte keine Planstelle, war also zusätzlich beschäftigt, und mußte warten, bis eine Planstelle frei wurde, um etatsmäßiger Beamter zu werden.

Fahrdienstleiter auf dem Bahnhof Telgte (1998) – als Eisenbahner muss man heute nicht mehr Beamter sein   Foto: Rotthowe

Die Feinheiten des Beamtenrechts spielen theoretisch bei der am 1. Januar 1994 gegründeten Deutschen Bahn AG keine Rolle mehr. Wer Beamter war, wird als „Mitarbeiter" vom Bundeseisenbahnvermögen geliehen. Tatsächlich wird den Ansprüchen der Beamten und den Besonderheiten ihrer Anstellung in verschiedenen Publikationen (Zeitung der Gewerkschaft der Eisenbahner und Mitarbeiterzeitung der Deutschen Bahn „Bahn-Zeit") viel Platz eingeräumt. Der Beamte ist beim „Unternehmen Zukunft" keineswegs ausgestorben. Dafür sorgt schon seine Standesorganisation, der Deutsche Beamtenbund.

Als Eisenbahner Beamter zu sein, also als Staatsdiener auch in Krisenzeiten den Eisenbahnbetrieb aufrecht zu erhalten, spielte spätestens dann keine Rolle mehr, seitdem andere Verkehrsmittel die Oberhand gewannen und die Staatsordnung nicht untergeht, wenn die Eisenbahn einmal nicht fährt. Das war anders, als die Eisenbahn und die Eisenbahner dem Gemeinwohl dienten und eine staatstragende Rolle hatten. In dieser Zeit wurde diskutiert, welche Dienste von Beamten, von Hilfsbeamten oder von Arbeitern (später von Angestellten) ausgeführt werden dürfen. Im allgemeinen ließen sich die Bahnverwaltungen davon leiten, dass jede Aufsichtstätigkeit und jede Tätigkeit, die ein selbständiges Handeln erfordert, von Beamten, jede nur körperliche Arbeit von Arbeitern auszuführen sei. [7]

Angeblich soll bei der preußischen Bahnverwaltung der Grundsatz aus Zeiten Napoleons des I. – Jeder Soldat trägt den Feldherrnstab im Tornister – gegolten haben, dass jeder Eisenbahner zufolge seiner hervorragenden Befähigung zur höchsten Laufbahn zugelassen werden konnte, selbst wenn er nicht den formalen Erfordernissen genügte. Aus der Literatur ist jedoch bekannt, dass bis zur Neuordnung der Beamtenlaufbahn bei der Deutschen Reichsbahn selbst ein Assistent nicht die Schranke übersteigen konnte, die ihn vom Obersekretär trennte. Er mußte zeitlebens Assistent bleiben.

Bis 1939 genossen jedoch die Anwärter aus dem Militärdienst besondere Vorteile. Waren sie wegen „Dienstbeschädigung" oder nach einer gewissen Dienstzeit „unbrauchbar" geworden, erhielten sie einen Zivilversorgungsschein. Die Eisenbahndienststellen mussten die Hälfte der Stellen des mittleren nichttechnischen Dienstes, die Stellen der Kanzlisten und die der Unterbeamten, soweit sie nicht eine technische oder handwerkliche Vorbildung erforderten, den Bewerbern mit Versorgungsschein vorbehalten. Mit Zivilanwärtern durften diese Stellen nur besetzt werden, wenn es keine Bewerber aus den Kreisen der Militäranwärter gab. „Artilleristen wurden zu Wagenwärtern, Pioniere zu Bahnmeistern, Kavalleristen und Infanteristen zu Bahnwärtern, Weichenstellern, Bahnhofsaufsehern, Portiers, Nachtwächtern, Büro- und Kassendienern, um gewissermaßen ein zweites Leben zu beginnen." [10]

Geschichte wiederholt sich. In der DDR galt für aus dem Dienst der Nationalen Volksarmee, der Grenztruppen und der Diensteinheiten des Ministeriums des Innern Ausgeschiedene eine Förderungsverordnung. Nach dieser hatte die Deutsche Reichsbahn für bestimmte Arbeitsplätze, wie Bibliothekar, Archivar, Kaderleiter, bevorzugt „Angehörige der bewaffneten Organe" vorzusehen. Nie waren die Bahnverwaltungen über solchen Nachwuchs glücklich, fehlte es ihm oft an Fachkenntnis, Erfahrung und Gewandtheit. Sie unterschieden sich in ihrem Auftreten und in ihren Leistungen von den „gelernten" Eisenbahnern.

Die Hierarchie unter den Eisenbahnern wurde der Öffentlichkeit wie bei Armee und Polizei nach dem Motto „Zu einem flotten Titel gehört ein Kittel" an der Uniform erkennbar. Damit jeder Uniformträger korrekt gekleidet sein konnte, ohne durch die Dienstkleidung das persönliche Einkommen arg zu belasten, war er Mitglied der Kleiderkasse. Sie beschaffte die Uniform und kleidete den Eisenbahner zu mäßigen Preisen unter günstigen Zahlungsbedingungen ein. Den zum Uniformtragen Verpflichteten wurde vom Gehalt ein geringer Betrag für die Kleiderkasse abgezogen.

Zum Kreis der Uniformträger gehörten alle Eisenbahner, die in irgendeiner Form im Dienst mit der Öffentlichkeit in Berührung kamen. Das konnte ganz unterschiedlich sein. Bei der Deutschen Bundesbahn beispielsweise fuhren Lokomotivführer in Zivil, bei der Deutschen Reichsbahn in Uniform. Als die Grenzen geöffnet waren und die DR-Lokomotivpersonale nicht nur bis zum Grenzbahnhof

---

3 Die Begriffe wechselten mehrfach: Dienstkleidung oder Uniform, bei der Deutschen Bahn AG Unternehmensbekleidung

4 Anfangs hatten Triebwagenführer Uniform zu tragen, die Lokomotivführer waren nur trageberechtigt. Später waren die Führer der Triebwagen nur zum Tragen des Diensthemdes verpflichtet

eingesetzt wurden, sondern bis Hannover oder Nürnberg, staunten Bundesbahner, als Uniformierte von der Lokomotive stiegen.

Tätigkeitsabzeichen für bestimmte Dienstverrichtungen Deutsche Reichsbahn 1929

Aufsichtsbeamte auf Bahnhöfen	rote (orangefarbene) Mütze
Zugführer	Erkennungsband
Rangierleiter	Mützenstreifen
Bahnhofspförtner	Brustschild
Bahnpolizeibeamte, Schrankenwärterinnen	Armbinde
Gepäckträger	Mützenstreifen
Ärzte	Armbinde
Bedienstete zur Auskunftserteilung	Armbinde
Bedienstete der Hilfszüge und im Sanitätsdienst ausgebildete Bedienstete der Hilfszüge	Armbinde
Starkstrombedienstete, die bei Unfällen tätig sind	Armbinde
Streifdienstkräfte	Armbinde
Dienstfrauen der D-Züge	*

* Armbinden sind zufolge einer Verfügung der Hauptverwaltung vom 6. August 1929 entfallen. Dienstfrauen hatten eine Kleiderschürze aus grauem Stoff mit einknöpfbaren Kragen und Manschetten aus blauem Stoff und eine weiße Stirnbinde zu tragen.

Häufig wurde bedauert, dass nun auch bei der Deutschen Bahn die Triebwagen- und Lokomotivführer nicht als solche zu erkennen sind. Sie sollten wieder in den Kreis der Unternehmensbekleidung Tragenden einbezogen werden; es blieb jedoch bei solchen Ankündigungen. Ansonsten ist bei der Deutschen Bahn der Kreis der „Zivil-Eisenbahner" sehr groß. Das war bei den früheren Staatsbahnen anders. Bei der Deutschen Reichsbahn nach 1920 galt: Für bestimmte Beamtengruppen wie Schrankenwärter, Rottenführer, Weichenwärter, Lokomotivheizer, Lokomotivführer, ist keine volle Dienstkleidung vorgeschrieben, jedoch sind diese Beamten verpflichtet, im Dienste eine Dienstmütze zu tragen. [16]

1945 erlaubte die Sowjetische Militäradministration in Deutschland das Tragen der Uniform nur noch ohne besondere Kennzeichen. Deshalb wurden sämtliche Rangabzeichen, an den Hosen der rote

Eisenbahner des Bahnhofs Gröbers (1950). Alles, was auf Uniform und Dienstrang hinwies, war nach dem Krieg zunächst verboten Rbd Halle/ Slg. Rampp

Vorstoß (die Biesen), an der Mützen das Flügelrad und die Kokarde entfernt. Die Uniform wurde auch nicht mehr Uniform genannt; das Wort wirkte sehr militaristisch. Bereits 1929 ließ sie offiziell Dienstkleidung, 1951 Berufskleidung und 1957 wieder Uniform bei der Deutschen Reichsbahn, Dienstkleidung 1952 bei der Deutschen Bundesbahn, Unternehmensbekleidung bei der Deutsche Bahn AG. Der Tarifvertrag für die Beschäftigten der Deutschen Reichsbahn, eingeführt am 1. April 1950, sah keine Dienstränge vor, wohl kannte die am 1. Juni 1951 eingeführte Berufsbekleidung Rangabzeichen, die sich jedoch nach der jeweiligen Gehaltsgruppe des Uniformträgers richtete, und nun waren auch die Biesen an Hose und Mütze, zurückgekehrt, verschiedenfarbig:

a) *Betrieb und Verkehr*   *rot,*
b) *Betriebsmaschinen- und Werkstättendienst*   *blau,*
c) *Baudienst, Sicherungs- und Fernmeldewesen*   *grün,*
d) *Verwaltung*   *orange,*
e) *Leitung (Generaldirektion der Deutschen Reichsbahn, Reichsbahndirektionen, Reichsbahnzentralämter)*   *weiß*

Als 1957 die Deutsche Reichsbahn die Attestierung einführte, waren mit ihr Dienstränge verbunden, die sich in der Uniform ausdrückten. Jetzt wurden auch die Hauptdienstzweige durch unterschiedliche Farben der Paspel dargestellt: rot = Betriebs- und Verkehrsdienst, blau = Maschinenwirtschaft, grau = Wagenwirtschaft, gelb = Sicherungs- und Fernmeldewesen, grün = Bahnanlagen. Spartenabzeichen auf den Schulterstücken, wie sie die vorherige Uniform zum Beispiel beim Rangierer kannte, waren entfallen.

Sparten- bzw. Berufsabzeichen

Berufsgruppe	DR 1929	DR 1951	DB 1951
Zugbegleiter und Triebwagenschaffner	Flügelrad		Flügelrad
Triebwagenfürer	Flügelrad mit drei Blitzen		Triebwagen
Fahrlade- und Ortsladedienst			Flügelrad
Rottenführer, -aufseher und -meister	Spurmaß mit Winkel		
Rottenaufsichtsdienst			Gleis mit Flügelrad
Fernmelde- und Sicherungsdienst	zwei gekreuzte Blitze		zwei gekreuzte Blitze
Handwerkliches und technisches Personal im Sicherungs- und Fernmeldedienst		Gekreuzte Blitzpfeile	
Technisches Personal im S-Bahndienst		Flügelrad mit Blitzpfeilen	
Rangierpersonal	Rad mit aufliegendem R	Rad mit R	
Rangieraufsicht			Rad mit R
Wagenuntersuchungs- und Wagenaubsesserungspersonal	Personenwagen	Personenwagen	Personenwagen
Elektromaschinendienst	gezahntes Rad mit drei Blitzen		
Maschinisten			gezahntes Rad mit drei Blitzen
Lokomotivpersonal	Lokomotive	Lokomotive	
Zugförderungsdienst			Lokomotive
Baudienst und Bahnmeister	Flügelrad mit Zirkel		
Gehobener bautechnischer Dienst			Flügelrad mit Zirkel
Kraftwagenführer		Lastkraftwagen	Autobus
Fährschiffspersonal		Anker	
Handwerkliches und technisches Personal		Brücke	

Die Effekten der bei der Deutschen Bundesbahn von 1949 bis 1966 getragenen Uniform waren goldgestickt auf schwarzem Grund. Den Beamten erkannte man von 1952 bis 1957 an der Eichenlaubstickerei an der Mütze und an den Kragenspiegeln. 1958 wurde dieser Schmuck durch je nach Laufbahn unterschiedliche Kordeln ersetzt. Den Dienstrang erkannte man an den Kragenspiegeln. 1951 hatte die Deutsche Bundesbahn auch Spartenabzeichen eingeführt, die auf dem linken Oberärmel der Joppe getragen wurden.

Nach 1966 erhielten die Uniformen der Bundesbahner einen zivileren Schnitt, nachdem man 1964 einigen nicht oder nur wenig mit Reisenden in Berührung kommenden Beschäftigten das Tragen kurzärmeliger Hemden und den offenen Kragen ohne Binder zugestanden hatte. Der „Neugestaltung lag insgesamt der Gedanke zugrunde, daß die [...] zu tragende Dienstkleidung dem kundendienstlichen Charakter [...] Rechnung trägt sowie modernen Gesichtspunkten und zeitgemäßem Geschmack entsprechen sollte. In die Praxis übertragen, bedeutet das, daß bei der neuen Dienstkleidung der Uniformcharakter, der nach herkömmlicher Denkungsart ja das Kennzeichnende jeder Dienstleidung sein mußte, hier weitestgehend in den Hintergrund getreten ist." [18] Zum Beispiel wurden die Joppen durch Blazer, den damaligen Modeschlager, ersetzt. Schliesslich verzichtete man auf die Dienstrangabzeichen, und auch die Einheitskordel war nach 1972 nur noch Zierrat. Diese entfielen bei der Deutschen Reichsbahn schon deshalb, weil mit dem Einigungsvertrag sang- und klanglos die Dienstränge der Eisenbahner entfallen waren. Sie entsprachen nicht dem BRD-Beamtenrecht. In Fernsprechverzeichnissen und anderen Listen erschienen Bundesbahner als Bundesbahn-Oberrat etc., Reichsbahner nur noch als Angestellte!

Amts- oder Dienstgradbezeichnungen der Deutschen Bundesbahn (DB) und der Deutschen Reichsbahn (DR)

1. Deutsche Bundesbahn

Höherer Dienst:
a) Vorstand und Hauptverwaltung
Erster Präsident der Deutschen Bundesbahn[1]
Präsident der Deutschen Bundesbahn[2]
Ministerialdirektor
Ministerialdirigent
Abteilungspräsident
Leitender Ministerialrat
Ministerialrat
b) Zentralstellen und Bundesbahndirektionen
Präsident
Vizepräsident
Abteilungspräsident
Leitender Bundesbahndirektor
Bundesbahndirektor
Bundesbahnoberrat
Bundesbahnrat

Gehobener Dienst:
Bundesbahnoberamtsrat
Technischer Bundesbahnoberamtsrat
Bundesbahnamtsrat
Technischer Bundesbahnamtsrat
Bundesbahnamtmann
Technischer Bundesbahnamtmann
Bundesbahnoberinspektor
Technischer Bundesbahnoberinspektor
Bundesbahninspektor
Technischer Bundesbahninspektor

Mittlerer Dienst:
Bundesbahnbetriebsinspektor
Technischer Bundesbahnbetriebsinspektor
Lokomotivbetriebsinspektor
Bundesbahnhauptsekretär
Technischer Bundesbahnhauptsekretär
Hauptlokomotivführer
Hauptwerkmeister
Bundesbahnobersekretär
Technischer Bundesbahnobersekretär
Oberlokomotivführer
Oberwerkmeister
Bundesbahnsekretär
Technischer Bundesbahnsekretär
Lokomotivführer
Werkmeister
Bundesbahnassistent
Technischer Bundesbahnassistent
Werkführer

Einfacher Dienst:
Bundesbahnbetriebsassistent
Oberamtsmeister
Obertriebwagenführer
Amtsmeister
Betriebshauptaufseher
Bundesbahnhauptschaffner
Triebwagenführer
Betriebsoberaufseher
Bundesbahnoberschaffner
Hauptamtsgehilfe
Betriebsaufseher
Bundesbahnschaffner
Oberamtsgehilfe
Amtsgehilfe

2. Deutsche Reichsbahn

Generaldirektor der Deutschen Reichsbahn
Stellvertreter des Generaldirektors der Deutschen Reichsbahn
Reichsbahn-Hauptdirektor
Reichsbahn-Oberdirektor
Reichsbahn-Direktor
Reichsbahn-Hauptrat
Reichsbahn-Oberrat
Reichsbahn-Rat
Reichsbahn-Oberamtmann
Reichsbahn-Amtmann
Reichsbahn-Oberinspektor
Reichsbahn-Inspektor
Reichsbahn-Hauptsekretär
Reichsbahn-Obersekretär
Reichsbahn-Sekretär
Reichsbahn-Untersekretär
Reichsbahn-Hauptassistent
Reichsbahn-Oberassistent
Reichsbahn-Assistent
Reichsbahn-Unterassistent

---
[1] seit 1973 Vorsitzender des Vorstandes
[2] 3 Präsidenten unter 7 Vorstandsmitgliedern

Noch am 1. August 1990 zum Oberrat befördert, nach zwei Monaten waren für Reichsbahner sang- und klanglos die Dienstränge entfallen
Slg. Preuß

Die Deutsche Reichsbahn übernahm auch die Dienstkleidung der Deutschen Bundesbahn mit dem Unterschied, dass am linken Ärmel die Firmenmarke DR aufgenäht war, aber in rot statt in grün, wie es richtig gewesen wäre.

Die Deutsche Bahn AG hat 1998 die Kleiderkasse und die Uniform bzw. Dienstkleidung abgeschafft, natürlich auch die Dienstränge. Für ihre „Mitarbeiter" im Kundenservice stellt sie die sogenannte Unternehmensbekleidung bereit, die von einem Versandhaus beschafft und geliefert wird. Die Bekleidung ist sehr zivil und für den Dienst nicht immer zweckmäßig. Gleichwohl achtet die Bahn, unterstützt von Richtlinien, auf das gepflegte Äußere, das sich nicht nur auf passende Schuhe und Socken bezieht, sondern auch auf das Make-Up und den Haarschnitt.

Wechseln wir zu den Bewerbern in der Zeit vor der Jahrhundertwende. Militärangehörige mögen den Schritt ins zivile Leben nicht als Kulturschock empfunden haben, wenn sie wieder Uniform tragen durften und es auch sonst zackig zuging. Für sie war die Eisenbahn geradezu ein Auffangbecken. Die Rangordnung bei den deutschen Eisenbahnen war dem Militär nachgebildet und schien unumstößlich. Zuverlässigkeit, Pünktlichkeit und Verlässlichkeit – diese Eigenschaften zeichneten den deutschen Eisenbahner wie das ganze Unternehmen aus.

Die Eisenbahn hatte sich dank der Arbeitsdisziplin ihrer Beschäftigten zu einem militärischen Schlüsselinstrument entwickelt. Sie war ja auch für das Militär so wichtig, insbesondere im System der Mobilmachung. Nach dem preußischen Krieg gegen Österreich 1866 waren erstmals Fahrpläne für sämtliche Mobilmachungstransporte innerhalb der jeweiligen Korpsbezirke bereits zu Friedenszeiten erarbeitet worden. Die Ausdehnung des Eisenbahnnetzes bis 1870, die Vereinheitlichung der Eisenbahn und Post im Norddeutschen Bund waren wichtige Voraussetzung, die Mobilmachung des Heeres zu beschleunigen. Hermann von Wartensleben-Carow, Chef der Eisenbahnabteilung des Großen Generalstabes, hatte festgestellt: „Es liegt in der Eröffnung jeder neuen Eisenbahnlinie die Beschleunigung des strategischen Aufmarsches der Armee um ein Armeekorps pro Woche eine recht wesentliche Vorbedingung des Erfolges."

Das bedingungslose Funktionieren der Eisenbahn und ihrer Eisenbahner musste bereits in Friedenszeiten eingeübt werden. Dafür sorgten die „Militäranwärter", ehemalige Unteroffiziere und Feldwebel, die vor allem bei den Preußischen Staatseisenbahnen zahlreich waren und für den entsprechenden Kasernenhofton sorgten. [3] Die Uniform nach militärischem Zuschnitt und ein System der Bestrafung waren selbstverständlich beim „Staat im Staate", wie das Staatsbahnunternehmen häufig genannt wurde.

Bei der Mobilmachung hatte die Eisenbahn wie das aufgezogene Werk einer tadellos gehenden Uhr zu funktionieren. So exakt tickte am 23. Juli 1870 der Eisenbahnaufmarsch. Während 1866 der zivile Fahrplan in Kraft geblieben war, wurde 1870 während der Mobilmachung und des Aufmarschs der Truppen an die Grenze der zivile Personen- und Güterverkehr eingestellt. Nach den Mobilmachungstransporten der Mannschaften und Pferde folgten die Transporte der Kampfeinheiten und der rückwärtigen Dienste. Von Mitte Juli bis zum 3. August 1870 wurden 19 299 Offiziere und Militärbeamte, 556 010 Mannschaften befördert, 161 881 Pferde sowie 16 883 Geschütze und Fahrzeuge transportiert.

Nach 1871 wuchsen die Anforderungen des Generalstabes an die Eisenbahnen bei einer Mobilmachung erheblich, wuchs doch die Zahl der zu planenden Transporte, hatte sich das Deutsche Reich um Elsaß-Lothringen erweitert und plante der Große Generalstab künftig einen Präventivkrieg, der zu umfangreichen Transportproblemen führte. Die preußische Bahnverwaltung reagierte darauf mit weiterer Verstaatlichung von Eisenbahnenverwaltungen, Vermehrung und Verkleinerung der Eisenbahndirektionen und der Projektierung neuer Eisenbahnstrecken, den sogenannten strategischen Bahnen ("Kanonenbahnen"). Es gelang aber nicht, unter den deutschen Bahnen eine einheitliche Uhrzeit einzuführen. Zehn verschiedene Uhrzeiten komplizierten die Fahrpläne, bis am 1. April 1893 die einheitliche Uhrzeit eingeführt wurde. Seit 15. Mai 1927 galt die 24-Stunden-Zählung.

Allein die technisch-organisatorischen Maßnahmen hätten die militärischen Planungen nicht gesichert. Hinter ihnen mussten zuverlässige Eisenbahner stehen. Die fachlich gut geschulten fast

Transportleistungen der deutschen Eisenbahnen 1914 nach [5]

	Zahl der Transporte	Beförderungsleistungen	
		Menschen	Pferde
für Mobilisierung	20 800	2 070 000	118 000
für Aufmarsch	11 100	3 120 000	860 000
zum Vergleich			
Aufmarsch 1870	1 300	548 000	157 300

Eine Bombe vernichtete den Arbeitsplatz von Lokomotivführer und -heizer auf der preußischen P 8 (1917)   Slg. Schenk

800 000 Arbeiter und Beamten waren bei allen deutschen Bahnen der gleichen halbmilitärischen Disziplin unterworfen. In einem Jahrbuch der Jahrhundertwende hieß es über die Pflichten des Eisenbahnarbeiters: „Gehorsam gegen den Vorgesetzten, denn die Verantortlichkeit des Eisenbahnbetriebes erfordert eine geradezu militärische Disziplin, die ja glücklicherweise dem deutschen Manne so ziemlich eingeboren ist; Höflichkeit gegen das Publikum, denn es ist immer zu beachten, daß die Eisenbahn dem Verkehr dient und des Publikums wegen da ist, nicht umgekehrt; daß auch eine von dem Betreffenden an gehöriger Stelle zur Meldung gebrachte Ungehörigkeit sicher unnachsichtliche Ahndung finden wird. Ferner Verträglichkeit gegen die Mitarbeiter; dieses schon im Interesse des Dienstes, denn wo zwei, die berufen sind, Schulter an Schulter zu arbeiten, in ewigem Zank und Hader liegen, dann kann die Arbeit unmöglich zum Segen gedeihen [...] Fleiß in der Arbeit ist des weiteren selbstverständlich [...] Schließlich aber Sittlichkeit im Lebenswandel!"

Nicht nur der Eisenbahnarbeiter, erst recht der Beamte kannte diese Tugenden und die militärische Disziplin, hatte er doch als Reserveoffizier dem Heer gedient. Die Eisenbahner waren mehrheitlich der Monarchie ergeben, später den jeweils Regierenden, und noch bei der Deutschen Reichsbahn nach 1945 wurde immer wieder betont, die Eisenbahn sei „der kleine Bruder der Armee".

Dass „Zucht und Ordnung" ihre Vorteile hatten, zeigte sich nicht nur beim blitzkriegartigen Aufmarsch im Westen und im Osten bis zum 14. August 1914, sondern auch bei den Truppentransporten nach der Demobilisierung 1918, die trotz der für jedermann erkennbaren Auflösungserscheinungen von Staat und Militär anstandslos ausgeführt wurden.

Dabei hatte der Erste Weltkrieg spätestens von 1917 an vieles von der ehernen Ordnung bei der Bahn, was Ausbildung und Einsatz der Eisenbahner betraf, in Frage gestellt. Ohne auf die Ausnahmegenehmigungen bei den einzelnen deutschen Bahnverwaltungen speziell einzugehen, seien einige aufgezählt:

- *Beamte durften seit 1915 auch ohne volle Tauglichkeit im Betriebsdienst eingesetzt werden*
- *Das Mindestalter für den Betriebsdienst wurde von 21 auf 19 Jahre, später auf 18 Jahre herabgesetzt. Auch 17-jährige durften Betriebseisenbahner, aber nur unter Aufsicht, sein*

- *Kriegsbremser durften 19-jährige, später 18-jährige, seit 1917 sogar 16-jährige sein, nicht aber als Schlussbremser. Ebenso wurde das Mindestalter für Lokomotivheizer herabgesetzt*
- *Bahnmeister durfte auch werden, wer das Reifezeugnis einer nicht anerkannten Fachschule besaß*
- *Hilfsheizer durften nach formloser Prüfung Lokomotivführer werden*
- *Im inneren Dienst spielte nur noch die praktische Befähigung des Bediensteten eine Rolle und nicht, ob er Unterbeamter war*
- *Die Ausbildungsdauer wurde stark herabgesetzt, zum Beispiel zum Bremser sieben Tage.*

Hinzu kamen die Verlängerung von Laufzeiten der Lokomotiven und Wagen bis zur Revision oder sogar zur Reparatur, die Beschränkung der Unterhaltung der Bahnanlagen auf das Notwendigste, Einschränkungen der Ruhezeiten beim Zugpersonal, die Verkürzung des Urlaubs und die Verlängerung der Dienstdauer.

Diese dem Krieg geschuldeten Notmaßnahmen wirkten sich durch zunehmende Unfälle sowie Lokomotivschäden und hohen Schadwagenbestand aus. Noch ehe es zu grundlegenden Fortschritten in der Signal- und Sicherungstechnik, im Gleisbau, in der Rangiertechnik, bei der Zugförderung (elektrische Lokomotiven!), in den Werkstätten, in der Verwaltung (Erfassung der Leistungen durch das Hollerith-Verfahren) kam, war ein Personalüberschuss nach der Demobilisierung des Militärs nicht festzustellen. Hatte doch der preußische Minister der öffentlichen Arbeiten am 18. November 1918 den Achtstundentag eingeführt, so dass – verglichen zum Bedarf von 1913 – mehr Eisenbahner benötigt wurden.

Nach einer Erhebung der Zweigstelle Preußen-Hessen im Reichsverkehrsministerium vom Frühjahr 1922 wirkte sich die kürzere Arbeitszeit bei den Personalzahlen so aus:

1. *Höhere Eisenbahnbeamte von 1806 im Jahr 1913 zu 1644 im Jahr 1920 mit dem Bemerken: „Der Achtstundentag kommt hier überhaupt nicht in Betracht."*
2. *Keine Vermehrung im Kassen- und nichttechnischen Bürodienst, im technischen Bürodienst sowie im Kanzleidienst,*
3. *Vermehrung im Drucker-, Bürodiener- und Magazindienst um 15 Prozent,*
4. *Steigerung im mittleren und unteren Bahnhofs- und Abfertigungsdienst*
   - *Bahnhöfe I. Klasse um 24 Prozent*
   - *Bahnhöfe II. Klasse um 42 Prozent*
   - *Bahnhöfe III. Klasse um 27 Prozent*
   - *Bahnhöfe IV. Klasse um 31 Prozent*
   - *selbständige Abfertigungen um 22 Prozent.*

Im Zugbegleit-, Lokomotivdienst und in den Werkstätten lagen die Verhältnisse ähnlich.

Nach dem Kriege litten die Eisenbahner bittere Not, entsprach doch ihre Entlohnung keineswegs den ständig steigenden Lebensmittelpreisen. War der Gartenbau vor dem Kriege eine Liebhaberei einzelner gewesen, so war er jetzt lebenswichtig und wurde von den Bahnverwaltungen gefördert. 1918 wurden in Preußen-Hessen 36 597 ha Land gärtnerisch benutzt. Bei den Preußischen Staatseisenbahnen gab es 76 Baumschulen und 1073 Mustergärten. Der Eisenbahner-Kleintierzuchtverein hatte 1920 rund 182 000 Mitglieder! Die Bahn tolerierte, dass der Schrankenwärter neben seinem Posten ein Stück Land beackerte und so der Spottname „Feldeisenbahner" bald geboren war.

Die Notzeit bescherte den Eisenbahnern einige Wohltaten, die schon deshalb notwendig waren, dass sie ihren anstrengenden Dienst überhaupt ausüben konnten: Hausbrandversorgung einschließlich der Abgabe von Holzschwellen, Schutzkleider, Fürsorge für Kriegsbeschädigte, Schneider- und Schuhmacherwerkstätten, Kantinen, Obstverkauf aus bahneigenen Obstbaumpflanzungen, bahneigene Trocknungsanlagen zum Dörren von Obst und Gemüse. 1919 wurden die Sonderzuweisungen an Lebensmitteln und Massenspeisungen immer mehr eingeschränkt. Die Eisenbahner bildeten jetzt Ein- und Verkaufseinrichtungen auf genossenschaftlicher Grundlage.

Wichtigste Sorge der Bahnverwaltungen war die Beschaffung geeigneten Bodens für die Kleingärten der Eisenbahner. Selbst Brandschutzstreifen wurden für den Kartoffelanbau hergerichtet. Diese und die bereits genannten Vergünstigungen waren nicht nur Beiträge zur Sicherung des Lebensstandards, sie förderten auch den Zusammenhalt der Eisenbahner, die sich ähnlich den Zeissianern oder Kruppianern wie eine Familie betrachteten.

Dieser Familiensinn wurde im Zweiten Weltkrieg nochmals stark beansprucht. Wenn auch über die Leistungen der Eisenbahner und über ihre Entbehrungen zum Kriegsende und in der Nachkriegszeit – im Unterschied zum Ersten Weltkrieg – kein Verkehrsministerium eine Denkschrift herausgab, würdigten doch verschiedene Veröffentlichungen die Deutsche Reichsbahn und ihre Eisenbahner im

Kriege. Wie war die in der „Dienstanweisung zur Durchführung der Militärtransporte im Höchstleistungsfahrplan" geregelte Mobilmachung und strategische Entfaltung der Streitkräfte umgesetzt worden? Für die am 21. August 1939 beginnende Mobilmachung, mit der das Heer binnen weniger Tage um fast 3 Millionen Soldaten, 400 000 Pferde und 200 000 Fahrzeuge zu ergänzen war, stellte die Deutsche Reichsbahn 185 400 Wagen bereit und führte am 27./28. August den „Höchstleistungsfahrplan" ein. [10, S. 223] Für den Angriff auf die Sowjetunion wurden 33 800 Züge eingesetzt und dabei die Ostbahn noch nicht einmal bis an die Kapazitätsgrenze benutzt. [13] Das Funktionieren der Eisenbahner im Netz der gut ausgebauten Sowjetischen Eisenbahnen war schon deshalb notwendig, weil sich die Straßen für den Nachschub als weitgehend ungeeignet erwiesen.

Mit einem Streckennetz von 68 000 km, 23 000 Lokomotiven, 69 000 Personenwagen und 605 000 Güterwagen genügte die Deutsche Reichsbahn vielen, aber nicht allen Anforderungen. Der Aufmarsch in diesem Krieg wäre nicht mit der oft gerühmten Präzision denkbar gewesen, hätten sich die Eisenbahner nicht einer militärischen Disziplin unterworfen, wofür ihnen 1939 der Oberbefehlshaber des Heeres, von Brauchitsch, dankte.

Leibbrand schrieb 1942 über die Eisenbahner: „Wichtiger als Netz und Fahrzeug ist der Mann für die Betriebsleistung. Daß die Belegschaft nach Auswahl, Ausbildung und Zahl genügen muß und daß Ermüdung und Krankenstand zur Beeinträchtigung der Leistung führen, ist keine Besonderheit des Eisenbahnbetriebs. Ein Punkt ist hervorzuheben: Die Forderung höchster Dienstzucht und Pflichttreue. Mögen die äußeren Formen der Disziplin andere sein als beim Soldaten, die inneren Bindungen im Dienst sind ebenso unerbittlich. Das verlangt zunächst die Betriebssicherheit, die ohne strengste Dienstauffassung nicht zu wahren ist; nur der Fachmann vermag zu ermessen, welche Anspannung aller Beteiligten notwendig ist, um Gefahren auszuschließen. Dann aber ist Leistung in dem ungeheuer verwickelten Räderwerk des Betriebs überhaupt undenkbar ohne eisernes Pflichtbewußtsein. Pflichtbewußtsein, dem die Erfüllung der gegebenen Aufgaben auf selbständigem Posten auch ohne äußeren Zwang zur inneren Notwendigkeit geworden ist. Je vollkommener es entwickelt ist, desto höher liegt die Leistungsgrenze. Die Leistungshöhe der Reichsbahn beweist die ausgezeichnete Verfassung der Belegschaft." [8]

Das Blatt zum Monatswechsel Februar/März 1930 des Reichsbahn-Kalenders zeigte die Güterwagenausbesserung in Berlin-Grunewald und war den Werkstätteneisenbahnern gewidmet. 20 000 arbeiteten in den Bahnbetriebswerken, 78 650 in den Reichsbahnausbesserungswerken   Slg. Preuß

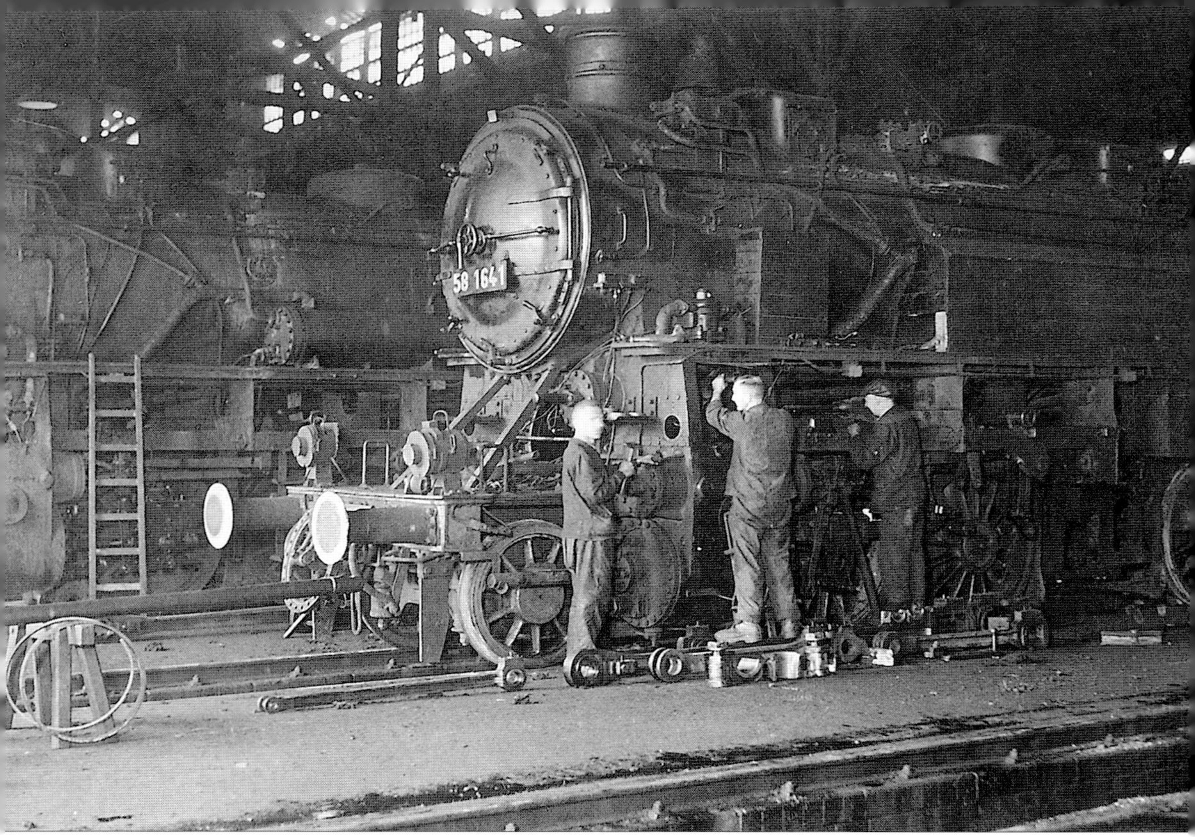

"Die inneren Bindungen sind unerbittlich" (Leibbrand) – meinte man das auch im Bahnbetriebswerk Erfurt? (1942)
Foto: Rbd Erfurt/Slg. Rampp

Jetzt mussten, wie während des Ersten Weltkrieges, aber in noch größerer Zahl, die offenen Stellen von Kräften besetzt werden, die zu Friedenszeiten als Eisenbahner nie in Frage gekommen wären, weil es ihnen am Alter, an der Tauglichkeit und an der Beherrschung der deutschen Sprache mangelte. Der Protest des Staatsekretärs Ganzenmüller im Reichsverkehrsministeriums fruchtete nichts, als im Frühjahr 1945 auf Anordnung des Reichsführers-SS 100 000 Eisenbahner „ausgekämmt" wurden. Ganzenmüller hatte darauf hingewiesen, dass „die wachsende Zahl der Unfälle im Reichsbahnbetrieb hauptsächlich auf das Übergewicht der Fremdarbeiter bei den Unterhaltungsarbeiten in den Lokomotivschuppen und auf den Strecken zurückzuführen ist." [13]

Rund 400 000 ausländische Zwangsarbeiter und Kriegsgefangene stellten im Sommer 1944 ein Viertel der Beschäftigten im Verkehrswesen, zunächst als Bahnunterhaltungs- und Ladearbeiter, von 1943 an auch als Güterbodenvorarbeiter, Rangieraufseher, Weichenwärter, Lokomotivheizer, Zugschaffner und sogar als Zugführer. [10, S. 234] Um ein Beispiel zu nennen, wie sich diese Noteinsätze auswirkten: 1944 kam es nahe Schlauroth bei einem Schnellzug Breslau – Dresden zu einem Unfall. Der Zugführer war nicht in der Lage, am Streckenfernsprecher die Unfallmeldung abzugeben, weil er der polnischen Sprache und nicht des Deutschen mächtig war. Dadurch verzögerten sich die Hilfsmaßnahmen erheblich.

Nach dem Kriege waren viele Eisenbahner im „Räuberzivil" im Dienst (1950)
Rbd Halle/Slg. Rampp

Nach dem Kriege beschäftigte die Deutsche Bundesbahn einschließlich der 14 000 Nachwuchskräfte rund 539 000 Eisenbahner; die Stellen waren übersetzt. Die im Krieg eingestellten Ersatzkräfte konnten nicht so schnell entlassen werden, zur Bundesbahn waren Flüchtlinge und Vertriebene gekommen, die nach einem Gesetz vom 11. Mai 1951 eingestellt werden mussten.

Kehren wir in die andere Nachkriegszeit, in das Jahr 1919, zurück. Nachdem die Staatsbahnen der Länder am 1. April 1920 zur Deutschen Reichsbahn zusammengeschlossen worden waren, kam es unter den Eisenbahnern zu bisher nicht gekannten Verwerfungen, denn der durch die Demobilisierten und durch die während des Krieges eingestellten Aushilfskräfte aufgeblähte Personalbestand musste abgebaut werden. Auslöser war das Ermächtigungsgesetz vom 13. Oktober 1923. Bis Ende 1924 schieden knapp 240 000 Eisenbahner aus. Wem zu kündigen war, verdeutlicht eine in [13, S. 53] zitierte Verfügung der Reichsbahndirektion Halle vom 3. Dezember 1923:

„a) Hilfsbeamte und Arbeiter, die das 65. Lebensjahr überschritten haben.
b) Arbeitsunlustige Kräfte, Arbeiter, die schlechte Leistungen aufzuweisen haben oder die sich für den Eisenbahndienst als ungeeignet erwiesen haben. Als ungeeignet müssen auch solche Arbeiter angesehen werden, die nicht mehr recht leistungsfähig sind. [...]
c) Arbeiter mit einem Nebenerwerb, der ein gut Teil zum Unterhalt beiträgt.
d) Schwerbeschädigte, (mehr als 50 v. H. erwerbsunfähig) soweit bei einer Dienststelle mehr als 2 v. H. beschäftigt werden."

In und nach dieser Zeit des rigorosen Personalabbaus setzte die Vielzahl technisch-organisatorischer Maßnahmen der Rationalisierung und die Modernisierung der Deutschen Reichsbahn ein, die die Arbeitswelt der Eisenbahner nachhaltig veränderten. Die bedeutendste Umstellung hatten die Bahnhöfe vor dem Ersten Weltkrieg erfahren, als zufolge der Belebung des Eisenbahnverkehrs die Bahnhofsanlagen umgebaut werden mussten, spezielle Bahnhofstypen (Personen-, Verschiebe-, Post-, Abstell- und Ortsgüterbahnhof) geschaffen, an Stelle der vielen Weichenposten Zentralapparate, die Stellwerkstürme, gebaut und dafür Stellwerkswärter ausgebildet wurden.

Die Druckluftbremse hatte den Zugförderdienst revolutioniert. Die Reisezüge fuhren schon lange nicht mehr handgebremst, nur im Güterzugdienst waren die Bremser noch nötig (siehe auch 2. Abschnitt), denn die selbsttätig wirkende, von der Lokomotive aus bediente Druckluftbremse war gegenüber den bedienten Handbremsen überlegen, die kriegsbedingten Einschränkungen verzögerten jedoch die Ausrüstung aller Güterwagen mit ihr. Auch hielten die ausländischen Bahnverwaltungen mit der Umstellung ihrer Bremsen nicht Schritt. Diese Fremdwagen mussten entweder als Gruppe zusammengefasst, oder der ganze Zug konnte nicht von Druckluft gebremst werden.

Das sollte sich nun doch ändern. Der Reichsverkehrsminister erließ am 29. Dezember 1920 an die Eisenbahndirektionen:

„Vor dem Kriege wurde eine größere Zahl von Eilgüter- und Postzügen mit Luftdruckbremse befördert. Nach dem Kriege wurde diese Beförderungsart nur zum Teil wieder eingeführt. Eine größere Ausdehnung konnten sie wegen der Schwierigkeiten in der Ersatzbeschaffung für Luftbremsschläuche und wegen Mangels an N-Wagen nicht annehmen. [...] Im Hinblick auf die zu erzielende wirtschaftliche, sichere und pünktliche Betriebsführung [...] werden die Eisenbahndirektionen und Generaldirektionen hierdurch beauftragt, Vorbereitungen dahin zu treffen, daß spätestens vom 1. Februar 1921 ab soviel Eilgüter- und Postzüge mit Luftdruckbremse gefahren werden, wie mit den vorhandenen Mitteln möglich ist."

Bis 1926 waren in die Bremsumstellung über 478 Millionen Mark investiert worden, so dass weniger Zugpersonal benötigt, die Betriebssicherheit verbessert, die Durchschnittsgeschwindigkeit und die Länge der Güterzüge erhöht und schließlich der Lokomotivbedarf gesenkt wurde.

Die Niederdruckumlaufheizung, bessere Achslager und Stoßvorrichtungen brauchten weniger Wartung. Auf die mitfahrenden Wagenaufseher oder Wagenwärter hatten die deutschen Bahnen nach 1915 ohnehin verzichtet, die dafür ausgebildeten Eisenbahner wurden entbehrlich. Sie wurden nur noch bei Sonderzügen (Staatsfahrten!) und heute wieder im Intercity-Express eingesetzt. Die elektrische Beleuchtung verdrängte die Gasbeleuchtung der Wagen, wenn auch die Lieferverträge die Umstellung bis in die sechziger Jahre verzögerten, worauf nach und nach die bahneigenen Gasanstalten aufgegeben wurden. In der Reichsbahndirektion Trier erprobte man den „vereinfachten Nebenbahndienst" mit Zugleitern, einer Art Streckenfahrdienstleiter. Im Abfertigungsdienst

Veränderte Bezeichnungen und Ränge bei den Sächsischen Staatseisenbahnen bzw. im Bereich der Generaldirektion Dresden der Deutschen Reichsbahn[4]

Neue Bezeichnung	Bisherige Bezeichnung
Eisenbahn-oberinspektor	Kassenoberrevisor Verkehrsinspektor Transportoberinspektor Verkehrsoberinspektor Hauptkassierer Vorstand des Revisionsbureaus Bureauvorstand Bureauinspektor
Technischer Eisenbahnoberinspektor	Technischer Oberinspektor Technischer Inspektor
Eisenbahninspektor	Kassenrevisor Kassierer bei der Hauptkasse Eisenbahnobersekretär
	Oberbahnhofsvorsteher I. Klasse
Technischer Eisenbahninspektor	Bauobersekretär Vorstand des Elektrizitätswerks Oberbahnverwalter I. Klasse
	Oberwerkmeister
Oberbahnhofsvorsteher	Bahnhofsvorsteher
Obergütervorsteher	Gütervorsteher
Oberkassenvorsteher	Kassenvorsteher
Eisenbahnobersekretär	Eisenbahnsekretär
Technischer Eisenbahnobersekretär	Bausekretär

Neue Bezeichnung	Bisherige Bezeichnung
Oberbahnverwalter	Bahnverwalter
Heizhausobervorsteher	Heizhausvorsteher I. Klasse
wie bisher	Oberbahnmeister
wie bisher	Obertelegraphenmeister
Telegraphenmeister I. Klasse	Telegraphenmeister
wie bisher	Fahrmeister
Bahnmeister I. Klasse	Bahnmeister
Gasmeister I. Klasse	Gasmeister
Bahnhofsvorsteher Gütervorsteher Kassenvorsteher	Eisenbahnassistent im äußeren Dienst und Stationsverwalter
Eisenbahnsekretär	Eisenbahnassistent im inneren Dienste
Betriebssekretär	Eisenbahnaufseher I. Klasse
Eisenbahnassistent	Eisenbahnaufseher
Zugführer	Oberschaffner
Rangiermeister	Schirrmeister
Wagenmeister für den Ortsdienst	Wagenmeister
Wagenmeister für den Fahrdienst	Wagenwärter
Stellwerksaufseher	Weichenwärter I. Klasse
Lokomotivheizer*	Feuermann

* Lokomotivheizer I. Klasse, die die Lokomotivführerprüfung abgelegt hatten, wurden zu Reservelokführern

ersetzte auf kleinen Stationen der Agent (ein Bahn-Laie) den ausgebildeten Eisenbahner. Der Einsatz der Leichten Güterzüge für den Stückgutverkehr (Leig) erforderte zusätzliches Ladepersonal. Die Elektrifizierung von Eisenbahnstrecken machte den Lokomotivheizer entbehrlich, der Totmannknopf (zur Sicherheitsfahrschaltung weiterentwickelt) den Beimann. Die Bahnstromversorgung brauchte Schaltwärter, die Bahnstromanlagen andere technische Berufe. Mit der Zunahme elektromechanischer Stellwerke, der Einführung von Gleisbremstechnik und mit modernen Nachrichtenanlagen veränderten sich auch die Anforderungen an die Instandhaltung, weg von der Schlosserei und Feinmechanik, hin zum Schwach- und Starkstrom.

Trotzdem darf nicht übersehen werden, dass sich das Berufsbild und die klassischen Tätigkeiten der Eisenbahner nur partiell veränderten. Ein grundlegender Wandel, wie er nach 1994 zu beobachten ist, blieb aus.

Die Veränderungen während der Jahrzehnte führten zu neuen Berufsbezeichnungen und ließen die alten zurück. In der Literatur, im Film oder wenn uns ein alter Eisenbahner etwas erzählt, erfahren wir, dass es den Portier, den Eisenbahnasisstenten, eine Vorprüfung, den Schmierbremser gegeben hat. Bald wird vergessen sein, dass zur Eisenbahn Pförtner, Bahnhofs- oder Dienstvorsteher, die Aufsicht, Zugabfertiger, Vorprüfer, Amtsvorstände, Präsidenten, Lokomotivheizer oder Beimänner, Fahrladeschaffner, Schrankenwärter und Bahnsteigschaffner oder Rangiermeister gehörten – Dienstbezeichnungen aus dem Alltag des Eisenbahnbetriebes.

Blättert man in der früher sehr bekannten Dienst- und Lohnordnung (Dilo) von 1934, findet man in der Aufzählung der „besonders schmutzigen Arbeiten" Tätigkeiten aus Urzeiten der Eisenbahn:

Kohlen- und Schlackenarbeiter, Ausschlacker und Aschezieher, Rohrbläser, Feuerbuchsarbeiter, Rauchkammerarbeiter, Arbeiter an der Achssenke, Kesselauswascher, Arbeiter am Sandstrahlgebläse, Kesselsteinabstoßer, Tenderklopfer, Entroster, Muffelfeuerarbeiter, Lokomotivzerleger unter Rahmen. Von dem Wandel ist weniger das Publikum als der Eisenbahner betroffen. Seit den sechziger Jahren des vorigen Jahrhunderts hält die Differenzierung der Berufe und Tätigkeiten. In dem Maße, wie neue Technik einzog, das Verkehrsaufkommen stieg und sich die Bahnanlagen sowie die Strukturen verändern mussten, aus dem meist beengten Bahnhof mit dem Gemenge von Personen-, Massen-, Stückgut- und Tierverkehr auf den jeweiligen Zweck zugeschnittene, viel größere Anlagen entstanden, waren aber auch spezialisierte Berufsbilder nötig. Auf den großen Dienststellen war der gemischte Dienst undenkbar geworden. Der Fahrdienstleiter saß nicht mehr in dem Raum, in dem er nebenbei Fahrkarten verkaufen, Gepäck annehmen oder die Fracht des Korbes Kirschen berechnen konnte. Dazu hatte er bei dem dichten Zugverkehr auch keine Zeit mehr. Im Reise- und Güterverkehr sowie im Kassendienst arbeiteten spezialisierte Eisenbahner, die Güterabfertigung, die Fahrkartenausgabe und auch die Gepäckabfertigung waren zur selbständigen Dienststelle aufgerückt. Schon dadurch ging der Zusammenhang zwischen den einzelnen Dienstzweigen verloren. Kaum ein Fahrkartenverkäufer war mehr in der Lage, der Morsefernschreiber zu bedienen, kannte die Vorschriften des Betriebsdienstes. Dem Fahrdienstleiter entgingen die Finessen der Abfertigung von Gütern, Tieren und Leichen, und der Ladearbeiter war erst recht nicht in der Lage, ein Stellwerk zu bedienen. Neben diesen großen Dienststellen blieb trotzdem eine Vielzahl von Bahnhöfen geringen Verkehrs, auf denen der Fahrdienstleiter „Mädchen für alles" war (siehe auch 4. Abschnitt).

Wer kennt heute all die Tätigkeitsbezeichnungen der einzelnen Hauptdienstzweige? Nach 1990 war eine neuerliche Harmonisierung der Tätigkeitsbezeichnungen zwischen denen der Deutschen Bundesbahn und der Deutschen Reichsbahn unvermeidlich: Da nur noch die der Deutschen Bundesbahn galten, werden viele der Deutschen Reichsbahn bald vergessen sein. Obendrein führte die

Wie wurde man Reichsbahnamtmann?[20]

Inhaber eines Versorgungsscheins[1]	Zivilsupernumerare	Aufstiegsbeamte (nichttechnische Eisenbahnassistenten und Anwärter zum Eisenbahnassistenten, Eisenbahnsekretär)
Bewerbung um Annahme	Bewerbung um Annahme	Antrag auf Zulassung zur Laufbahn (frühestens 1 Jahr nach dem Bestehen der Prüfung zum Eisenbahnassistenten)
Vorprüfung	...	Vorprüfung
Aufnahme in die Bewerberliste	Aufnahme in die Bewerberliste	Aufnahme in die Bewerberliste
Einberufung zum Vorbereitungsdienst als Eisenbahnaspirant	Einberufung zum Vorbereitungsdienst als Eisenbahnzivilsupernumerar	...
Ausbildung: 2 Jahre	Ausbildung: 3 Jahre	Auf Antrag Beschäftigung auf schwierigen Dienstposten des Bahnhofs- und Abfertigungsdienstes. Auf Wunsch auch Beschäftigung im Verwaltungsdienst (Dauer nicht über 2 Jahre)
Prüfung zum Eisenbahnobersekretär	Prüfung zum Eisenbahnobersekretär	Antrag auf Heranziehung zur Prüfung zum Eisenbahnobersekretär (auch ohne vorherige vorbereitende Beschäftigung zulässig)
Außerplanmäßiger Eisenbahnobersekretär	Außerplanmäßiger Eisenbahnobersekretär	Prüfung zum Obersekretär nach planmäßiger Anstellung als Eisenbahnassistent
Eisenbahnobersekretär	Eisenbahnobersekretär	Eisenbahnobersekretär
Eisenbahninspektor	Eisenbahninspektor	Eisenbahninspektor
Eisenbahnoberinspektor	Eisenbahnoberinspektor	Eisenbahnoberinspektor
Reichsbahnamtmann	Reichsbahnamtmann	Reichsbahnamtmann

[1] Für entlassene Militärangehörige

Deutsche Bahn wiederum neue, mitunter neckische Tätigkeitsbezeichnungen ein. So wurde aus dem Fahrkartenverkäufer der Reiseberater, als hätte der Fahrkartenverkäufer von einst nur Fahrkarten verkauft. Aus dem Zugschaffner wurde ein Reisebetreuer, als könnte das nicht auch ein Zugschaffner sein. Zu welcher Verwirrung unverständliche Berufsbezeichnungen in der Öffentlichkeit führen, lehrt uns die Nachricht der Deutschen Presse-Agentur vom 4. November 1999, nach der eine „Bahnberaterin" aus Elsterwerda einen Orden wegen Zivilcourage erhalte. Andrea G. hatte sich in eine Auseinandersetzung zwischen Rechtsextremisten und Russen eingemischt. Die „Bahnberaterin", man vermutet, sie berate die Deutsche Bahn, ist tatsächlich Zugführerin. Vermutlich passte eine von der Bahn genannte Tätigkeitsbezeichnung – Kundenbetreuer? – nicht in das Bild der Nachrichtenagentur. Abgesehen davon, der Zugführer wurde früher bereits mit dem Lokomotivführer verwechselt und wird es heute noch.

Die Sucht der Deutschen nach Gründlichkeit ist der Deutschen Bahn sehr eigen, die beispielsweise den Begriff „Dienst" aus ihrem Sprachschatz strich. Wohlgemerkt das Unternehmen, das zu den führenden Dienstleistern Deutschlands gehören will.

Wer sich danach sehnte, Eisenbahner zu werden, machte sich über die Vergangenheit eines Berufsstandes selten Gedanken. Sein Motiv war, den Uniformrock, das „Ehrenkleid", mit dem vielen Gold und Silber zu tragen oder in die Geheimnisse von Technik und Organisation einzudringen oder zu einem über die Ländergrenzen agierenden Unternehmen zu gehören oder mit der Freifahrt billig und unkompliziert zu reisen.

Aus der Zugschaffnerin wurde die Reisendenbetreuerin. Kurz nach Übergabe und Übernahme von der Deutschen Reichsbahn zu den Harzer Schmalspurbahnen am 1. Februar 1993 trägt die Schaffnerin die Bundesbahn-Dienstkleidung Foto: Glöckner

Mancher träumte von der roten Mütze des Aufsichtsbeamten, den Befehl zur Zugabfahrt geben zu dürfen. In der Rangliste der Berufswünsche ganz oben stand immer der Lokomotivführer.

Wie ein Berufswunsch in Erfüllung ging, beschrieb die Hannoversche Allgemeine Zeitung am 9. April 1999: „Vielleicht hätte Gerhard R. besser geschwiegen, damals, im Winter 1951, als er seinem Klassenlehrer erzählte, welchen Beruf er erlernen wollte.

Als Angelernter begann man „ganz unten" und hatte viele Prüfungen zu bestehen. Manche wurden Schrankenwärter und blieben es (nach 1920) Slg. Hörnemann

'Ich gehe zur Eisenbahn', hatte der 15-jährige mit leuchtenden Augen geschwärmt. Fortan durfte, ja musste Gerhard R. den kleinen Kanonenofen im Klassenzimmer heizen – 'dabei war gar nicht vorgesehen, dass ich Lokführer werde'.

Den Beruf hatte zwar sein Onkel für den Kriegswaisen ausgesucht – 'das war damals so üblich', erinnert sich R. – doch der Junge aus Minden fand schnell Geschmack am Eisenbahnerdasein. 'An den ersten Blick von der Brücke hinunter auf die breiten Schienenstränge der Ost-West-Strecke kann ich mich noch gut erinnern. Ich war überwältigt, denn als Kind war ich nie Eisenbahn gefahren.' R. begann am 1. April 1952 die Ausbildung als Jungwerker und wurde drei Jahre später Bahnunterhaltungsarbeiter. Fortan war er überall im Mindener Bahnhof zu finden: mal im Gleisbau, der Fahrkartenausgabe, mal in der Güterabfertigung oder im Stellwerk." Die umfassende Ausbildung, auf möglichst viele Dienstposten hineingerochen und die Eisenbahn von der Pike auf gelernt zu haben, machten den ganzen Eisenbahner aus. Wer das Glück hatte, bis in die Direktion aufzusteigen und dort entschied, wusste, was er tat. Nur so gewann er Ansehen.

Als in Preußen immer mehr Privateisenbahnen verstaatlicht wurden, mag man zu der Meinung gekommen sein, gut ausgebildete Eisenbahner seien besser als nur angelernte. Denn 1880 stellten die Königlich Preußischen Staatseisenbahnen Lehrlinge ein, aber nur für den Lokomotivführer- und Wagenmeisterdienst, später auch für die Instandsetzung der Fahrzeuge. Die Ausbildung war sorgfältig und erfreute sich eines guten Rufes.

Der für den Betriebs- und Verkehrsdienst[6] angelernte Eisenbahner hatte nach einer bestimmten Vorbereitungs- und Probezeit verschiedene Prüfungen zu bestehen. Bis 1914 war es vor allem Sache des Dienstvorstehers, für eine angemessene Ausbildung zu sorgen. Meist musste sich der Neue die Fachkenntnis im Selbststudium aus Lehrbüchern und Dienstvorschriften selbst aneignen. Eisenbahner, die ihn praktisch unterweisen sollten, fühlten sich gestört und beschränkten sich auf das Abfragen von Vorschriften. Der Anfänger musste die für ihn maßgebenden Bestimmungen aus den einzelnen Dienstvorschriften zusammensuchen. Die Zeit bis 1920 war auch die Zeit der Lehrbücher wie „Schule des Lokomotivführers".

Die Königlich Sächsischen Staatseisenbahnen unterhielten in Altenberg seit 1890 eine „Vorschule für Eisenbahnbeamte" mit Internat für „200 Zöglinge", die hinsichtlich ihres Lehrplans 1895 einer Realschule gleichgestellt wurde. In drei Jahren erlangten die Schüler die Qualifikation zum Eintritt in den mittleren Eisenbahndienst. Sechs ständige Lehrer und vier „ausserordentliche Lehrkräfte"

In der Rangliste weit oben: der Lokomotivführer. Dieter Beyer vom Bahnbetriebswerk Sangerhausen (1984) Foto: Preuß

---

[6] Betriebsdienst: Alle Handlungen, die mit der Bildung, Auflösung und Förderung der Züge im Zusammenhang stehen. Verkehrsdienst oder auch kommerzieller Dienst: die Abfertigung von Personen, Gütern, Tieren und Leichen.

Lehrlinge des Ausbildungsbahnhofs Dieskau mussten bei der Demonstration zum Tag des deutschen Eisenbahners in Halle die Fahnen tragen (1955)
Rbd Halle/Slg. Rampp

(Pfarrer, Königlicher Bahnverwalter, Amtsanwalt, Bürgermeister) lehrten neben Religion, deutscher Sprache und Literatur, Französisch und Englisch, Physik, Chemie und Geografie, Weltgeschichte, Mathematik, Schönschreiben, Zeichnen, Turnen, Stenografie, Registraturwesen (Aktenheften usw.) das Verwaltungsrecht des Deutschen Reiches und die Eisenbahnkunde.

An anderen Bildungseinrichtungen, deren Namen im Laufe der Jahrzehnte wechselten, fanden Lehrgänge, zum Beispiel für Unterassistenten und Eisenbahngehilfen, für Fahrdienstleiter und für Lokomotivführer statt. Um diese Lehrgänge besuchen zu dürfen, musste der Eisenbahner berufspraktische Voraussetzungen mitbringen, zum Beispiel Stellwerkswärter oder Lokomotivheizer gewesen sein.

Bis in die Jahre nach 1920 herrschte Mangel an eisenbahntypischer Fachschulausbildung. Im technischen Dienst besaßen die Bau- oder Maschineningenieure ihre akademische Ausbildung, waren aber nicht oder kaum auf die Besonderheiten des Eisenbahnbetriebes vorbereitet.

Ging es um die Berufsausbildung der Bahn, waren stets Handwerksberufe gemeint. Das blieb auch nach dem Ende des Zweiten Weltkriegs so, denn die Deutsche Reichsbahn (West) bzw. die Deutsche Bundesbahn bildete Schlosser, Dreher, Schmiede, Kraftfahrzeugmechaniker, Elektroinstallateure, Elektromaschinenbauer, Fernmeldemechaniker, Signalmechaniker, Schreiner, Tapezierer und Lackierer aus. 1952 gab sie ihre Werkberufsschulen auf, dagegen zog die Deutsche Reichsbahn 1958 ihre Lehrlinge von den Gewerblichen Berufsschulen ab und konzentrierte sie in den Betriebsberufsschulen.

1963 stellte die Deutsche Bundesbahn die Berufsausbildung auf Industriefacharbeiter-Berufe um, die von den Industriebetrieben anerkannt wurden. Das erleichterte ihr den Personalabbau und den Facharbeitern den beruflichen Neueinstieg. Anders bei der Deutschen Reichsbahn, die weder an Fluktuation noch an „Abwerbung" ihrer Facharbeiter interessiert war und insbesondere durch die Spezialisierungsrichtungen der Berufe erreichte, dass sie in der Industrie wenig kompatibel waren.

Für den sogenannten nichttechnischen Dienst – zu ihm gehörte die Abfertigung und die Beförderung von Personen, Gütern, Tieren und Leichen – gab es keine Berufe. Nach dem Ersten Weltkrieg versuchte man, das Ausbildungswesen der „Nichttechniker" neu zu ordnen, beschränkte sich dann doch auf das der technischen Berufe und blieb im Fahrwasser der Beamtenlaufbahnen, wo das Verwaltungsrecht dominierte. Ein staatlich anerkannter Ausbildungsberuf „Eisenbahner" für den Dienst auf Bahnhöfen und Güterabfertigungen analog den technischen, wie Schlosser, Tischler usw., entstand so nicht. 1922 wurden für den Bahnhof-, Abfertigungs- und Bürodienst zwei Laufbahnen eingerichtet: für die einfacheren Dienstvorrichtungen, die zum Betriebsassistenten führten, und für die schwierigeren, die der Eisenbahnassistent auszuführen hatte.

Als der Deutschen Reichsbahn durch die Einberufungen zum Militär in den vierziger Jahren die Eisenbahner des nichttechnischen Dienstes knapp wurden, erfand sie die Jungwerker und den Junghelfer, die unter erleichterten Voraussetzungen angelernt wurden. Jungwerker durften nicht jünger als 14 Jahre und nicht älter als 17 Jahre sein. Der ungelernte Reichsbahnarbeiter, ebenfalls eine neue Berufsbezeichnung, musste über 17 Jahre und körperlich geeignet sein. Der Jungwerker arbeitete zwei Jahre nach Arbeitsplan, eine Art Ausbildungsplan, der Reichsbahnarbeiter bis zu neun Monate als Reichsbahngehilfe im Innendienst, als Bahnhofs-, Bahnunterhaltungs-, Güterboden-, Rangierarbeiter, Arbeiter im Weichenwärterdienst, im Zugschaffnerdienst. Nach dieser Zeit wurde der Jungwerker zum Reichsbahn-Stammarbeiter ernannt, der Reichsbahnarbeiter erhielt ein ständiges Arbeitsverhältnis.

Beide konnten danach eine Eisenbahnfachschule besuchen, durch die sie sich die üblichen Vorprüfungen ersparten, wenn sie sich als Beamte bewarben. Der ehemalige Jungwerker musste mindestens 18 Jahre, der Reichsbahnarbeiter mindestens 20 Jahre alt sein, wenn er die Beamtenlaufbahn einschlug zum

- *Betriebswart (Aufstiegsmöglichkeit zum gehoben Dienst, Inspektor-Laufbahn)*
- *Zugbegleitbeamten (Aufrücken zum Zugführer und Oberzugführer, in beschränkter Zahl zum Zugrevisor)*
- *Rangierbeamten (Aufrücken zum Rangieraufseher, Rangiermeister und Oberrangiermeister)*
- *Weichen- und Stellwerksbeamten (Aufrücken zum Weichenwärter, Stellwerksmeister und Oberstellwerksmeister)*
- *Lagerbeamten (Aufrücken zum Lageraufseher, Lagermeister, Oberlagermeister)*
- *Leitungsaufsichtsbeamten (Aufrücken zum Leitungsaufseher, Leitungsmeister, Oberleitungsmeister).*

Penibel waren die Ausbildungs- und Wartezeiten, die Prüfungen und Nachweise geregelt, auch hatte die Deutsche Reichsbahn den Lokomotivjunghelfer (Laufbahn zum Lokomotivführer), den Baujunghelfer und Vermessungsjunghelfer (Laufbahn der technischen Assistenten) sowie den Fachschulpraktikanten (Nachwuchs für den gehobenen technischen Dienst) eingeführt.

Noch um 1980 galt bei der Deutschen Bundesbahn die Dienstvorschrift 128 21), nach der die ausgebildeten Jungwerker „und mit Erfolg geprüfte Bedienstete" die Befähigung für den Dienst als Bahnsteigschaffner, Ladebeamten, Weichensteller, Rangierleiter, Schrankenwärter und Streckenwärter besaßen, was der Laufbahn des Betriebsaufsehers entsprach. Die hatten eine vielseitige Ausbildung hinter sich, aber ein „richtiger" Beruf für den nichttechnischen Dienst war immer noch nicht zu Stande gekommen. Nach 1950 brachte es die Deutsche Reichsbahn in der DDR endlich fertig, einen Ausbildungsberuf für den Betriebs- und Verkehrsdienst zu konzipieren, der vom Amt für Arbeit und Löhne des Ministerrates registriert wurde. Der Facharbeiter nannte sich zuerst Betriebs- und Verkehrseisenbahner, später Facharbeiter für den Betriebs- und Verkehrsdienst der Deutschen Reichsbahn. Und für Abgänger der Klassen 6 bis 7 gab es den Gehilfen, der aber kein Facharbeiter war.

Schließlich hatte sich die Deutsche Reichsbahn dem einheitlichen Bildungssystem der DDR anzupassen, so dass in der Regel Zehnklassenschüler nach zweijähriger Lehrzeit Facharbeiter wurden

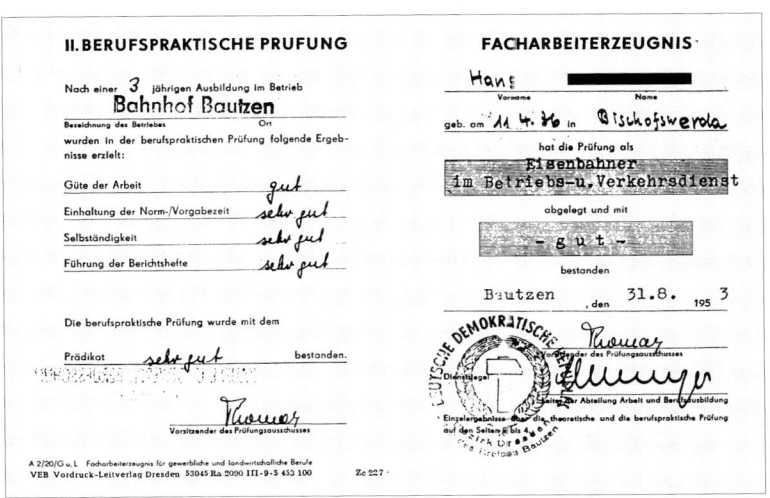

Zuerst hieß es nur „Eisenbahner im Betriebs- und Verkehrsdienst"
Slg. von Polenz

Berufe bei der Deutschen Reichsbahn bis 1990

	Voraussetzung	Dauer der Ausbildung in Jahren
Facharbeiter für Eisenbahntransporttechnik mit Spezialisierung: - Stellwerks- und Zugmeldedienst - Rangiertechnik und Zugbegleitdienst - Stellwerks- und Zugmeldedienst - Güterverkehr - Reiseverkehr	Abschluss der 10. Klasse	2 auch mit Abitur
Eisenbahntransportfacharbeiter	Abschluss mindestens der 8. Klasse	3
Facharbeiter für Eisenbahnbautechnik mit Spezialisierung: - Tiefbau - Gleisbau - Baumaschinen	Abschluss der 10. Klasse	2 auch mit Abitur
Gleisbaufacharbeiter mit Spezialisierung: - Tiefbau - Gleisbau	Abschluss mindestens der 8. Klasse	3
Elektromonteur mit Spezialisierung: - Wartung und Instandhaltung sowie Anlagenmontage - Freileitungs- und Erdungsanlagen	Abschluss der 10. Klasse	2 auch mit Abitur
Elektrosignalmechaniker mit Spezialisierung: - Elektromechanische Sicherungsanlagen - Elektrische Sicherungsanlagen	Abschluss der 10. Klasse	2 auch mit Abitur
Facharbeiter mit Nachrichtentechnik mit Spezialisierung: - Vermittlungs- und Signalanlagen - Übertragungsanlagen	Abschluss der 10. Klasse	2,5 auch mit Abitur
Fahrzeugschlosser mit Spezialisierung: - Triebfahrzeuginstandhaltung - Wagen und Container - Lokomotivführer/Triebfahrzeugführer - Kraftfahrzeugschlosser	Abschluss der 10. Klasse	2 auch mit Abitur
Fahrzeugwart	Abschluss mindestens der 8. Klasse	2,5

(siehe Tabelle), Achtklassenabgänger nach dreijähriger Lehrzeit. Auch wurden Abiturienten zum Facharbeiter ausgebildet. Übrigens nannten sich die künftigen Facharbeiter in der DDR einfach Lehrling und nicht wie in der BRD Auszubildende, neuerdings Ausbildlinge.

Für den gehobenen und den höheren Dienst hatte die Deutsche Reichsbahn bereits in den sechziger Jahren wegen des einheitlichen Bildungssystems die noch aus der Beamtenära herrührende B- und A-Ausbildung aufgeben müssen. An deren Stelle trat das Studium (auch Fernstudium) an den Fach- bzw. Ingenieurschulen in Dresden und Gotha mit dem Abschluss Techniker, Ingenieur, Ingenieurökonom oder Ökonom sowie an der Hochschule für Verkehrswesen „Friedrich List" Dresden mit dem Abschluss Diplom-Ingenieur, Diplom-Ingenieur-Ökonom, Diplom-Ökonom. Eisenbahner konnten genausogut an anderen Hochschulen studieren und erwarben dort ihre akademischen Grade, wie Diplom-Jurist, Diplom-Pädagoge, Diplom-Staatswissenschaftler, Diplom-Gesellschaftswissenschaftler. Zwei Bildungswege bestanden in der DDR:
1. *Abschluss der 10. Klasse – Fachschulstudium – Hochschulstudium oder Abitur – Hochschulstudium, Beruf,*
2. *Facharbeiter mit Zehnklassenabschluss – Fachschulstudium – Hochschulstudium oder Abitur – Hochschulstudium.*

Die Schulen, die Hochschulen und die Deutsche Reichsbahn bevorzugten Bewerber mit dem Facharbeiterabschluss und idealerweise zwei Jahren Tätigkeit „in der Produktion".

Die Eisenbahner des gehobenen nichttechnischen Dienstes der Deutschen Bundesbahn, das sogenannte mittlere Management, wurden an der Fachhochschule des Bundes für öffentliche Verwaltung in Brühl ausgebildet, zu der unter elf Fachbereichen einer für das Eisenbahnwesen in Mainz gehörte. Schwerpunkt dieses Studiums waren das Staatsrecht und die Verwaltungsorganisation, während das Studium an den Ingenieurschulen der DDR – auch das für den Betriebs- und Verkehrsdienst – mehr die technische und technologische Richtung verfolgte.

Berufsausbildung und Studium in der DDR waren solide und praxisorientiert und entsprachen bereits dem Ziel, das die Deutsche Bahn im Jahr 2003 erreichen will. Denn nach deren Sozialbericht 1994 bis 1998 soll das Verhältnis der Ausbildungsanteile bis Jahr 2003 wie folgt verändert werden (in Prozent): Berufsschule von 65 auf 20, Ausbildungszentrum/Lernzentrum von 25 auf 15, Praxis von 10 auf 65.

Die gründliche Ausbildung der DR-Eisenbahner bestätigt eine Kritik der Gewerkschaft der Eisenbahner Deutschlands von 1986, die sich gegen die verkürzte Ausbildungszeit für Fahrdienstleiter der Berliner Verkehrsbetriebe (BVG) wandte. Die BVG hatte den Betrieb und das Personal der S-Bahn in West-Berlin übernommen. „Der Tagesspiegel" stellte unter der Überschrift „Streit um Qualität der Ausbildung bei der S-Bahn" am 11. April 1986 fest: „Bei der ‚Reichsbahn' mußten Fahrdienstleiter ‚gelernte Eisenbahner' sein, sie konnten ihren Dienst auf Bahnhöfen erst nach einer dreijährigen

Uwe Dühr wechselt die Propanbehälter an einem der Hauptsignale in Bremen Hbf aus (1989). Bei Arbeiten in Gleisanlagen werden besonders hohe Anforderungen an die Tauglichkeit gestellt
Foto: Rotthowe

Ausbildung zum Facharbeiter aufnehmen. Eine solche 'Luxusausbildung' hält die BVG dagegen für überflüssig." Die Gewerkschaft beanstandete auch die Ausbildungszeit der Triebwagenfahrer: bei der BVG 70 Tage, bei der DR neun Monate.

Die Deutsche Bahn hält sich mit den Juniorfirmen, in denen Lehrlinge selbständig arbeiten und praxisnah ausgebildet werden, viel zugute. 1997 folgten das Juniorgleis zur Instandhaltung des Fahrwegs, 1999 die Juniorzüge im Regionalverkehr und die Junior-KiN [7]. All das gab es bei der Deutschen Reichsbahn bereits: Ausbildungs- oder Lehrschalter, Jugendbahnhöfe und Jugendobjekte. Nur im Betriebsdienst, zum Beispiel auf dem Stellwerk, durfte der Lehrling aus naheliegenden Gründen nicht selbständig arbeiten, musste für jede Bedienhandlung die Genehmigung des Wärters einholen. Seit 1. September 1990 wurden DR-Lehrlinge für anerkannte Ausbildungsberufe nach Bundesrecht ausgebildet. Analog zur Deutschen Bundesbahn musste sich die Deutsche Reichsbahn für die folgenden Ausbildungsberufe entscheiden:

- *Industriemechaniker in der Fachrichtung Betriebstechnik (Ausbildungsdauer 3,5 Jahre)*
- *Kommunikationselektroniker in der Fachrichtung Informationstechnik (3,5 Jahre)*
- *Kaufmann im Eisenbahn- und Straßenverkehr (3 Jahre)*
- *Tiefbaufacharbeiter/Gleisbauer (3 Jahre)*
- *Energieelektroniker in der Fachrichtung Anlagentechnik (3,5 Jahre).*

Das Hoch- und Fachschulstudium wurde ebenfalls dem BRD-Standard angepasst. Wer Wert darauf legte, liess sich – ggf. nach einem Zusatzstudium – den in der DDR erworbenen Abschluss anerkennen.

Was bei der Umstellung fehlte, war der Facharbeiter für den Betriebs- und Verkehrsdienst. An dessen Stelle wurde der Eisenbahner im Betriebsdienst (EiB) konzipiert, ein Lehrberuf, der bei der Deutschen Bundesbahn neu war.

Bei der Deutschen Bahn werden folgende Berufe ausgebildet (Stand 1999):
- *Dienstleistungs- und kaufmännische Berufe*
  - *Kaufmann für Verkehrsservice*
  - *Kaufmann im Eisenbahn- und Straßenverkehr*
  - *Kaufmann für Bürokommunikation*
  - *Reiseverkehrskaufmann (zum Jahresende 1999 bereits in Kaufmann für Verkehrsservice umbenannt)*
  - *Fachwirt für den Bahnbetrieb*
  - *Eisenbahner im Betrieb, Fachrichtung Lokomotivführer und Transport*
  - *Eisenbahner im Betrieb, Fachrichtung Fahrweg*
- *Gewerblich-technische Berufe*
  - *Energieelektroniker, Fachrichtung Anlagentechnik*
  - *Industriemechaniker, Fachrichtung Betriebstechnik*
  - *Fertigungsmechaniker*
  - *Elektroanlagenmonteur*
  - *Kommunikationselektroniker*
  - *Mechatroniker*
  - *Holzmechaniker*
  - *Bauzeichner*
  - *Vermessungstechniker*
  - *Tiefbaufacharbeiter*
- *Informations- und Telekommunikationsberufe*
  - *Fachinformatiker, Fachrichtung Systemintegration*
  - *Fachinformatiker, Fachrichtung Anwendungsentwicklung*
  - *Informations- und Telekommunikation-Systemintegrator*
- *Gastronomische Berufe*
  - *Koch.*

Praxisnah soll für Abiturienten auch die dreijährige Ausbildung zum Diplom-Betriebswirt und zum Diplom-Ingenieur an der Berufsakademie sein, die der Geschäftsbereich Cargo (= Güterverkehr) mit folgenden Fachrichtungen einrichtete:
- *Diplom-Betriebswirt (BA)*
  - *Fachrichtung Spedition und Transport*
  - *Fachrichtung Dienstleistungsmarketing*
- *Diplom-Ingenieur (BA)*
  - *Fachrichtung Engineering*
  - *Trinationale Ingenieurausbildung.*

---

[7] KIN = Kundenbetreuer im Nahverkehr

Nicht wenige hielten der Bahn die Treue. Otto Strümpel vom Bahnhof Dreileben-Drackenstedt sogar 60 Jahre lang! In solchen Fällen kam auch der Präsident Gebhardt von der Reichsbahndirektion Magdeburg zum Gratulieren (1969) Rbd Halle/Slg. Rampp

2. Die Zugmannschaft

Wer verreist, sieht auf alle Fälle jemanden von der Zugmannschaft, wie man bis 1946 das Zugpersonal nannte. Zu ihm gehörte das Lokomotivpersonal (siehe 3. Abschnitt) und das Zugbegleitpersonal. An dessen erster Stelle stand und steht der Zugführer, der weder Lokomotiv- noch Triebwagenführer ist, wie das in Büchern und Zeitungen immer geschrieben wird, sondern der unmittelbare Vorgesetzte für die im Zug tätigen Eisenbahner. Neben dem Zugführer gehörten zu den Zugbegleitern
- *Zugschaffner*
- *Fahrladeschaffner, auch Packmeister genannt*
- *Dienstfrauen, auch Personenwagenpflegerinnen genannt*
- *bei Güterzügen Rangierschaffner*
- *Wagenwärter und Wagenaufseher (für die Kohlenheizung der Wagen, bis 1917)*
- *Bremser (bis 1925)*
- *Schmierer (bis zum Ersten Weltkrieg).*

Zugrevisoren gehörten nicht zu den Zugbegleitern, auch nicht das Schlaf- und Speisewagenpersonal und auch nicht die Zugsekretärinnen sowie die Beschäftigten des Zugfunks.

Lokomotivführer und Zugbegleiter bilden das Zugpersonal. Die Bezeichnungen für die Zugbegleiter wechselten immer wieder, zum Beispiel wurde 1920 aus dem Oberschaffner der Zugführer, in den fünfziger Jahren machte die Deutsche Bundesbahn die Zugschaffner des „Komet" zu Stewardessen. Die Deutsche Reichsbahn zog, weil sie „Weltniveau" zeigen wollte, in den siebziger Jahren nach und ernannte die in den Expresstriebwagen tätigen Zugschaffnerinnen ebenfalls Stewardessen.

Zu Urgroßvaters Zeiten gehörten etwa zehn Beschäftigte zur Zugbegleitmannschaft, da die handgebremsten Züge mit Bremsern besetzt werden mussten. Noch mehr Bremser waren erforderlich, wenn der Zug über stark geneigte Strecken fuhr. Am Ende der Neigungsstrecke hielt der Zug sogar an, damit die zusätzlichen Bremser abstiegen und für den nächsten Zug der Gegenrichtung zur Verfügung standen oder „ohne Dienst" zurück zum Heimatbahnhof fahren konnten.

In der Hierarchie der Zugbegleiter auf der untersten Stufe standen die Schmierer. Ihre Aufgabe war es, das Heisslaufen der Achsen zu verhindern. Heissläufer waren nicht selten, bis die Wagen mit

Der Mann am Zuge: ein Zugführer auf dem Bahnhof Miltenberg (1972) Foto: Glöckner

Rollenachslagern ausgerüstet wurden. Befand sich in den Achslagerkästen zu wenig Schmiere, war der Wagen einseitig beladen oder gab es andere Mängel im Achslager, konnte es zum gefürchteten Heisslauf kommen, der, blieb er unentdeckt und wurde der Wagen nicht ausgesetzt, zum Abdrehen des Achsschenkels führte. Die Entgleisung des Wagens war unumgänglich, oft entgleiste auch der ganze Zug mit den schlimmen Folgen für die Reisenden oder das Gut.

Solange es sich die Bahn leisten konnte, setzte sie Schmierer ein. Einen für den ganzen Zug oder zwei. Einer bediente dann die Lager der einen Zugseite, der zweite die der anderen, keiner brauchte unter den Wagen hindurch zu kriechen, was gefährlich war. Der Schmierer schob den Deckel des Achslagergehäuses beiseite, drückte die starre Schmiere von oben in die Schmierbehälter oder flüssige Schmiere von oben oder unten – je nach Bauart –, und ein Docht führte das Öl zum Achslager. Der Schmierer prüfte auch mit an den Lagerkasten angelegter Hand, ob die Achse heissgelaufen war. Sie war es nicht, wenn er die Hand ohne Schmerzen anlegen konnte.

Die Schuld am Heisslaufen wurde immer dem Schmierer gegeben. Nicht der letzte musste der schuldige sein, in einem übernommenen Zug konnte bereits vorher ein Lager heissgelaufen sein. „Deshalb empfiehlt es sich, auf Bahnhöfen, wo gewohnheitsmäßig Wagen ausgesetzt werden, einen geeigneten Arbeiter als Wagennachseher zu beauftragen, der ein für allemal die Schmierbehälter der ausgesetzten Wagen zu untersuchen hat, ob sie noch einen kleinen Vorrat an Schmiere haben. Gerade bei Wagen, welche auf den dem Schmierer bekannten Stationen ausgesetzt werden sollen, wird gern gespart auf Kosten des nächstfolgenden Kameraden", hieß es in einem Aufsatz zur Schulung der Wagenmeister.

Als im Ersten Weltkrieg die Eisenbahner knapp wurden, sparte man die den Zug begleitenden Schmierer ein und ließ die Wagen nur noch auf den großen Zugbildungsbahnhöfen schmieren. Die nach 1950 sich verbreitenden Rollenachslager brauchten nicht mehr so häufig geschmiert zu werden. Seit wenigen Jahrzehnten prüfen Heissläuferortungsgeräte bei der Vorbeifahrt des Zuges, ob sich eine Achse erwärmt hat. In den meisten Fällen werden von ihr die Heissläufer an die nächste Betriebsstelle signalisiert.

Seit die Schmierer nicht mehr im Zuge waren, rutschte der Bremser auf die unterste Stufe der Zugbegleiter. Sein Arbeitsplatz war das zugige und ungeheizte Bremserhaus („die Hütte"), das nur bei mildem Wetter erträglich war. Da die Fenster durch Rauch und Eis undurchsichtig wurden, sind halboffene Bremserhäuser mit Längssitzen gebaut worden – im Winter sicherlich ein Vergnügen, darin zu sitzen! Selbst Filzstiefel schützten nur kurze Zeit vor kalten Füßen. Wattejacken kannte man früher nicht, Pelzmützen konnte sich kein Bremser leisten.

Regeln für die Bremser

- Pfeifsignal „Achtung" (ein mäßig langer Ton): zum Bremsen bereithalten
- Pfeifsignal „Bremsen mäßig anziehen!" (ein kurzer Ton),
- Pfeifsignal „Bremsen stark anziehen!" (drei kurze Töne schnell hintereinander): alle Bremsen anziehen, der letzte Bremser soll zuerst fertig sein, damit der Zug gestreckt wird und der hintere Wagen nicht auf die vorderen aufläuft
- Beim Durchfahren von Weichen und Herzstücken und beim Fahren über Brücken Bremsen möglichst schwach anziehen, damit die Räder nicht schleifen, auch nicht längere Zeit beim Befahren von Gefälle. Die Bremsen sind in kurzen Zwischenräumen fest anzuziehen und wieder etwas zu lösen, damit wenigstens nur abwechselnd verschiedene Stellen des Radreifens zum Schleifen kommen.
- Gibt beim nachgeschobenen Zug die Lokomotive das Bremssignal, muss der in Fahrtrichtung erste Bremser die Bremse schleunigst stark anziehen, damit er zuerst fertig wird. Anderenfalls laufen die Wagen vor und können die Kupplungen reissen.
- Auch ohne Bremssignal ist die Bremse, besonders die letzte im Zuge, anzuziehen, wenn der Zug im Gefälle eine zu hohe Geschwindigkeit erreicht, auf Bahnhöfen über den Halteplatz zu laufen droht und im Fall einer Gefahr, die durch rechtzeitiges Bremsen abgewendet werden kann.
- Pfeifsignal „Bremsen lösen" (zwei mäßig lange Töne hintereinander): alle Bremser lösen ihre Bremsen, möglichst so, dass der erste Bremser zuerst fertig wird.
- Reisst der Zug in zwei Teile, haben die Bremser auf dem hintersten, abgerissenen Teil sofort mit aller Kraft die Bremsen anzuziehen, um den abgerissenen Teil zum Halten zu bringen. Dagegen dürfen die Bremser auf dem vorderen, noch mit der Lokomotive verbundenen Teil unter keinen Umständen die Bremsen anziehen.

Er hatte zudem die Ohren offen zu halten für die Signale, die von der Lokomotivpfeife kamen. Der Lokomotivführer signalisierte, ob die Bremsen anzuziehen oder zu lösen waren.

Etwa eine halbe Stunde vor Abfahrt des Zuges sollte sich der Bremser beim Zugführer melden. Überliefert ist, dass der Bremser nicht den Bahnsteig betreten sollte, auch nicht im Winter während der Aufenthaltszeit des Zuges, wenn er sich vielleicht im Windschatten der Wagen die Beine vertreten und sich erwärmen wollte. Er sollte bereits beim An- und Abkuppeln der Wagen, wenn die Zug- oder Notleine gelegt wurde, bei der Bedienung der Zugsignale, beim Reinigen der Wagen, Verladen der Güter und Rangieren behilflich sein. Weitere Aufgaben des Bremsers waren die Untersuchung und Beaufsichtigung der Wagen mit Zubehör und der Ladung, das Schmieren der Achslager und sonstigen Wagenteile (zum Beispiel der Türen von Güterwagen), das Ölen der Achslager, wenn nicht besondere Schmierer im Zuge waren. Der dafür eingeteilte Bremser nannte sich dann Schmierbremser.

Gab der Zugführer mit der Mundpfeife einen mäßig langen Ton, nahmen die Bremser ihre Plätze im Bremserhaus ein. „Das Überkommen des Schlafes muss der Bremser mit aller Kraft von sich fernhalten, nicht nur im Zuginteresse, sondern auch im eigenen, damit er nicht etwa, vom Schlafe übermannt, von seinem Sitze fällt und verunglückt." [7]

Wenn der Zug auf freier Strecke ausserplanmäßig hielt, sollte der letzte Bremser zum nächsten Bahnwärter zurückeilen, damit dieser für einen etwa folgenden Zug das Haltesignal aufstellte. Wie er den wieder anfahrenden Zug erreichen sollte, ließ die Dienstanweisung offen.

Die bereits erwähnte Zugleine war eine Einrichtung, die die Eisenbahnbau- und Betriebsordnung auf Hauptbahnen forderte, bis sie durch die durchgehende und selbsttätig wirkende Druckluftbremse überflüssig wurde. In den Fahrdienstvorschriften von 1907 las sich das so: „An Zügen, die ohne durchgehende Bremse gefahren werden, ist eine Zugleine vom Platz des Zugführers oder eines anderen an der Aufsicht über den Zug beteiligten Beamten bis zur Dampfpfeife der Lokomotive zu führen." (Paragraf 26 Abs. 11) Dem Lokomotivführer konnte mit ihrer Hilfe – auch von den Reisenden! – signalisiert werden, dass Gefahr im Verzuge ist. „Wird die Zugleine erforderlich, so muss sie so lange angezogen werden, bis die Dampfpfeife ertönt; wenn sie den Dienst versagen sollte, weil sie sich verwickelt hat oder weil sie reisst, so müssen die Fahrbeamten die Bremsen anziehen und sodann auf jede mögliche Weise über Wagendächer, auf Trittbrettern zu der Lokomotive zu gelangen suchen." [7]

Um beim Wenden ("Kopfmachen") des Zuges auf Kopfbahnhöfen mit dem Umlegen der Zugleine nicht zu viel Zeit zu verlieren, wurde in der Regel eine zweite Zugleine auf die linke Seite in die Leinenhalter gelegt.

Die Bremsen im Zuge mussten so besetzt sein, dass weder die hinteren Wagen beim Anziehen der vorderen Bremsen aufliefen noch so stark gebremst wurden, dass es zu einem Ruck im Zug kam. Die Folge wären Überpufferungen, gerissene Kupplungen oder der Bruch einer Hauptzugstange eines Wagen gewesen. Bedeckte sowie beladene Wagen sollten besetzt werden sowie bei der ersten und letzten Bremse die zuverlässigsten und geschicktesten Bremser eingesetzt werden.

Ein fröhliches und vereinfachendes Bild vermittelt uns die Schilderung der Bremserin Martha Heinbach aus Ernsdorf-Kreuztal, die sich 1918 an dem Wettbewerb „Eisenbahnerinnen berichten aus ihrem Alltag" der Zeitschrift „Im Dienst und Daheim" beteiligte:

„Die Arbeit ist schnell getan. Nun muss die Handlaterne noch schnell in Ordnung gebracht werden, denn nichts geht des Nachts über eine schöne Beleuchtung! Nun noch Oel herbei, und fertig ist die Kiste. Da heisst es aber auch schon, '7875 hat Einfahrt in Gleis 2'. Die Kolleginnen werden schnell benachrichtigt und dann geht´s zum Zuge. Dem Zugführer wird der Zettel eingereicht und mit dem Namen versehen. Nun auf nach Dillenburg!

Es fängt schon an, Tag zu werden. [...] Froh und munter sitze ich auf meiner Bremse und summe auch auch zuweilen ein Liedchen vor mich hin. Dazwischen ertönt das Haltesignal des ‚Lokführers'. Meine Pflicht darf ich nicht vergessen, schnell die Bremse andrehen; dann auf einmal heisst es wieder Bremse lösen. So gehts nun weiter in den lachenden Frühlingsmorgen hinein. Nach zwei Stunden ist die Endstation erreicht."

Noch lange Zeit, als es keine Bremser mehr gab, wurde der letzte mit einer Handbremse ausgerüstete Wagen der Güterzüge vom Rangierschaffner besetzt, der lieber beim Zugführer im warmen Gepäckwagen an der Zugspitze gesessen hätte. Er war ja nur Schlussschaffner und durfte der Freuden und Leiden der früheren Kollegen Bremser teilhaftig werden. Warum musste der Zugschluss besetzt werden? Beim Reissen des Zuges (was auch vorkam) oder dessen Liegenbleiben hatte der Schlussschaffner die Aufgabe, den Zug zu sichern und zu schützen. Eigentlich wurde diese Aufgabe von den Fahrdienstleitern erledigt, die keinen anderen Zug in einen besetzten Streckenabschnitt einfahren lassen durften. Dessen ungeachtet schnitten die für die Fahrdienstvorschrift zuständigen Beamten den Zopf aus dem vorigen Jahrhundert – Sichern und Schützen des Zuges, mit Fackeln und/oder durch Auslegen von Knallkapseln! – nicht ab.

1904 gehörten beim Bahnhof Zittau 85 Eisenbahner zu den Zugbegleitern, und zwar 13 Oberschaffner, 49 Schaffner, 23 Bremser. Die Bremser und Bremswärter verschwanden nicht über Nacht von der Bildfläche, jedenfalls nicht im Güterzugdienst.

Die Einführung der Druckluftbremse machte die Bremser überflüssig, da die Züge nicht mehr handgebremst gefahren werden mussten. Die Umstellung der Bremsarten begann um die Jahrhundertwende, zog sich allerdings über Jahrzehnte hin und wurde durch den Ersten Weltkrieg verzögert. Schließlich beabsichtigte die Deutsche Reichsbahn, bis zum 1. April 1925 sämtliche in den Wagenpark der Deutschen Reichsbahn eingestellten Güterwagen der Privat- und Kleinbahnen mit vollständiger Luftleitungsausrüstung (also ohne Bremse, sogenannte Leitungswagen) zu versehen. Von diesem Tage an sollten sämtliche Güterzüge mit durchgehender Bremse gefahren werden.

Den Termin 1. April 1925 hielt die Deutsche Reichsbahn nicht ein, wenn sie auch mitteilte: „Die wenigen noch nicht mit Bremse oder Leitung ausgerüsteten Reichsbahngüterwagen wurden bis auf besondere Ausnahmen abgestellt; der bis dahin vorherrschende gemischte Hand- und Luftbremsbetrieb fiel damit in vielen Fällen fort. Der erstrebenswerte Zustand, dass alle Züge nur mit Luftbremse fahren, wird aber in absehbarer Zeit noch nicht eintreten, da die im Betrieb laufenden zahlreichen Fremdwagen ohne Luftbremse und Leitung dem entgegenstehen; ihre Zahl beläuft sich auf ungefähr 6 vH[1] aller behandelten Güterwagen. So erklärt es sich, dass im Durchschnitt nicht mehr als 89 vH der in den Zügen laufenden Wagen luftgebremst waren. Zu berücksichtigen ist dabei die insbesondere bei Nahzügen bestehende Unmöglichkeit, die Fremdwagen stets an den Schluss zu bringen, um wenigstens alle Reichsbahnwagen an die durchgehende Bremse anschließen zu können. Rein luftgebremste Züge werden im allgemeinen mit einem Zugführer und einem Schaffner besetzt. Eine stärkere Besetzung muss bei Wagen mit handgebremster Schlussgruppe sowie bei Rangier- und Ausladezügen eintreten. Durch die Einführung der durchgehenden Bremse ist eine Ersparnis an Güterzugbegleitpersonal von annähernd einem Drittel eingetreten." [6] Ende 1929 waren 97 Prozent der normalspurigen Güterwagen mit der Druckluftbremse oder der Druckluftleitung ausgestattet[2].

Bis 1925 war der Bremser ausgestorben, die Höchstgeschwindigkeit der Güterzüge konnte bis auf 80 km/h angehoben werden, die Reisegeschwindigkeit – also die Fahrzeit einschließlich der Aufenthaltszeiten – stieg von 30 km/h auf 40 km/h, die der Eilgüterzüge von 50 km/h auf 60 km/h. Mussten noch Handbremsen bedient werden, übernahm das der den Güterzug begleitende Zugschaffner oder Rangierschaffner. Die Züge durften nur mit Geschwindigkeiten von 30...50 km/h fahren[3]. So waren auch die Mindestbremshundertstel[4] nicht sehr hoch angesetzt; der Anteil der nichtgebremsten Wagen durfte etwa ein Drittel betragen. Obwohl über die weitere Verwendung der Bremser kaum etwas geschrieben wurde, ist anzunehmen, dass diese in den Zugbegleit-, Gepäck- oder Güterladedienst umgesetzt worden sind.

1929 hatte der Bahnhof Zittau zwar 100 Zugbegleiter, also 15 mehr als im Jahr 1904, davon einen Oberzugführer, 23 Zugführer, einen Reservezugführer, drei Oberzugschaffner, zwei Oberladeschaffner, 19 Zugschaffner, 15 Hilfszugschaffner, 36 Aushilfszugschaffner, jedoch keinen Bremser mehr.

Das Lokomotivpersonal gehörte zum Zugpersonal. Meist blieb es beim kurzen Plausch, wenn die Papiere übergeben wurden, wie hier in Münster (1968). Bremszettel nach oben, den Leistungszettel nach unten
Foto: Rotthowe

---

[1] vH = von Hundert = Prozent
[2] [10, S. 139] nennt nur die Kunze-Knorr-Bremse und keine Leitungswagen. Neben dieser Bremse waren aber viele Güterwagen mit der Westinghouse-Güterzugbremse ausgerüstet und das Verhältnis der Wagen mit Bremsen und Leitungswagen dürfte bei 60 Prozent gelegen haben.
[3] Die Fahrdienstvorschriften der Deutschen Reichsbahn von 1970 ließen bei handgebremsten Zügen 50 km/h Höchstgeschwindigkeit zu (Anhang XIII). Die Fahrdienstvorschrift der Deutschen Bahn – Stand 1998 – nennt keine Höchstgeschwindigkeit.
[4] Für maßgebende Neigung einer Strecke und für jeweilige Höchstgeschwindigkeit vorgeschriebene Bremshundertstel

Aus dieser Aufstellung lässt sich auch die sicherlich den Kollegen Neid erregende Abstufung erkennen. Wieviele Jahre mag es gedauert haben, bis aus einem Aushilfsschaffner ein Oberzugführer wurde? Die Deutsche Bundesbahn übertraf noch diese feudale Hierarchie, indem sie mit der Neufassung des Besoldungsgesetzes vom 14. Dezember 1969 neben dem Bundesbahnoberschaffner den Bundesbahnhauptschaffner einführte.

Bei den Preußischen Staatseisenbahnen überwachte jeder jeden. Diesen Eindruck gewinnt man beim Lesen der „Vorschriften für die Vorhaltung von Handtüchern, Seife und Rollenpapier in den Aborten 4achsiger Abteilwagen, die in Schnellzügen laufen". Eine der Pflichten des Zugbegleitpersonals war: „Die Überwachung der Handtücher, Seifenstückchen und des Rollenpapiers während der Fahrt liegt dem die Wagen bedienenden Wagenwärter und den Schaffnern unter Aufsicht des Zugführers ob. Sie haben, wenn der Bestand in einem Abort nahezu oder ganz aufgebraucht ist, alsbald eine Nachfüllung der Handtuch- und Seifenbehälter oder den Ersatz des Rollenpapiers aus dem im Gepäckwagen mitgeführten Beständen vorzunehmen sowie die gebrauchten Handtücher so oft wie möglich aus den Drahtkörben zu entnehmen und dem Zugführer zu übergeben. Bei der Herausnahme sind die Handtücher auf ihre Vollzähligkeit zu prüfen. Beim Fehlen von Handtüchern ist dem Zugführer Meldung zu machen, der Aufschreibungen hierüber im Vermerkbuch zu führen hat. Die Seifenbehälter sind beim Nachfüllen an der zur Herausnahme der Seife bestimmten Öffnung von den Seifenresten zu säubern." Perfekte Vorschrift, eine von drei Dutzend, die sich mit den Handtüchern, der Seife und dem Rollenpapier beschäftigt.

Dass, um auf die Aufstellung des Bahnhofs Zittau zurückzukommen, das Zugbegleitpersonal zahlenmäßig angestiegen ist, obwohl es keine Bremser mehr gab, lag sicherlich an der Leistungsverteilung. Jeder Fahrmeister – der Diensteinteiler und unmittelbare Vorgesetzte der Zugbegleiter – war interessiert, bei der direktionsweisen Leistungsverteilung die meisten Züge und dabei möglichst viele „attraktive" zu übernehmen.

Er stellte danach die Dienstpläne auf; im Dienstplan 1 wurden gewöhnlich die besseren Züge, also Express- und Schnellzüge, begleitet. Im „Plan 1" fuhren die erfahrenen, tüchtigen Zugbegleiter mit guten Umgangsformen. Jeder Ehrgeizige, der in einem niedrigeren Plan fuhr, war bestrebt, eines Tages in den „Plan 1" aufgenommen zu werden.

Über Jahrzehnte legte man Wert auf die feste Zusammensetzung von Zugführer und Zugschaffnern, was mitunter zur familiär heiklen Angelegenheit wurde. Auch war man bestrebt, weite Touren zu fahren, die allerdings – nicht bezahlte – „auswärtige Ruhen" und Übernachtungen bedingte. Noch heute stehen auf einigen Bahnhöfen oder in deren Nähe die Übernachtungsgebäude, die auch vom Lokomotivpersonal aufgesucht wurden. Übrigens fanden wir dort einen weiteren Arbeitsplatz, den des Übernachtungswärters.

Nicht jeder Fahrmeister, Zugführer oder Zugschaffner legte Wert auf die durchgehende Begleitung der Züge über weite Strecken. Folglich wechselten sie während eines Zuglaufs, um die Arbeitszeit nicht zu überschreiten. Was im Interesse der Bahnverwaltung und der Zugbegleiter ist, erfreut keineswegs den Reisenden, denn jeder Personalwechsel bedeutet neue Kontrolle der Fahrausweise. Im Intercity München – Hannover treten zum Beispiel die Zugbegleiter in München, Stuttgart und Köln an.

Am Zugbegleitereinsatz lässt sich auch die Arbeitsproduktivität ablesen. Sie erhöhte sich mit dem Hochgeschwindigkeitsverkehr wesentlich. Entweder werden für eine bestimmte Reiseweite weniger Zugbegleiter benötigt, oder ein Zugbegleiter kann innerhalb einer bestimmten Zeit mehrere Züge besetzen. Den Produktivitätsgewinn konnte man nach 1990 beim Berliner Zugbegleitpersonal ablesen, die den Intercity bis Braunschweig Hbf begleiteten. Mit dem seit 1993 eingesetzten Intercity-Express kamen einige bereits bis Kassel-Wilhelmshöhe, später wurde in Fulda „gewendet".

Um bei der Deutschen Bundesbahn Personalkosten zu sparen bzw. bei der Deutschen Reichsbahn dem Personalmangel abzuhelfen, wurde seit etwa 1960 bei den Güterzügen auf das Zugbegleitpersonal verzichtet. Das war schon deshalb möglich, weil zur Beschleunigung des Wagenumlaufs die Nahgüterzüge nur auf wenigen Unterwegsbahnhöfen rangierten, ansonsten die Kleinlokomotiven die Wagen auf die Unterwegsbahnhöfe verteilten, andererseits glaubte man, bei Durchgangsgüterzügen ohne Zugführer und Schlussschaffner auskommen zu können und führte die sogenannten Nullmannzüge ein. Die Aufgaben des Zugführers gingen auf den Lokomotivführer (auch die Mitnahme der Begleitpapiere) bzw. auf das stationäre Personal über. Bei der Deutschen Reichsbahn waren das der Zugfertigsteller und auf großen Zugbildungsbahnhöfen zusätzliche Helfer des Zugfertigstellers, bei der Deutschen Bundesbahn kurz Zughelfer genannt. Der Zugfertigsteller war für die pünktliche und betriebssichere Fertigstellung der Züge verantwortlich, der Helfer des Zugfertigstellers führte die entsprechenden Aufgaben hierfür unter Anleitung aus. Im einzelnen nannte der Gehaltsgruppenkatalog der Deutschen Reichsbahn dafür folgende Pflichten:

- *Durchführung der Bremsproben*
- *Prüfung der richtigen Zugbildung sowie Kuppeln*
- *Fertigen der Wagenzettels, Wagenlisten und Bremszettel*
- *Eintragungen im Triebfahrzeugdienstzettel sowie im Zugdienstzettel*
- *Ordnungsgemäße Zugschlusssignalisierung*
- *Abnahme der Signale nach Beendigung der Fahrt*
- *Prüfung, ob die Beladevorschriften eingehalten sind*
- *Bedienung der Umstelleinrichtungen an den Wagen (zum Beispiel Lastwechsel).*

Auch im Reisezugverkehr wurde das Zugbegleitpersonal rarer. Züge verkehrten als Einmannzüge oder als sogenannte Schaffnerzüge. Unter Einmannzügen verstanden die beiden Bahnverwaltungen Unterschiedliches. Bei der Deutschen Reichsbahn war der Einmannzug ein nur mit dem Lokomotivpersonal und dem Zugführer besetzter Zug, bei der Deutschen Bundesbahn war der Einmannzug ein Reisezug ohne Zugbegleiter. Zugelassen waren dafür – abgesehen von den Regelungen bei der Hamburger S-Bahn – bis 1993 Kurz- und Vollzüge der Baureihe ET 420 (S-Bahn), S-Bahn-Wendezüge an Rhein und Ruhr und Triebwagenzüge der Baureihen 627, 628, 796 und 515. Züge ohne Zugbegleiter wurden bei der Deutschen Reichsbahn als Nullmannzüge bezeichnet. In all diesen Fällen gingen die Aufgaben des Zugführers auf den Lokomotiv- bzw. Triebwagenführer über. Auf Bahnhöfen ohne Aufsicht sowie auf Haltepunkten hatte er sich selbst den Abfahrauftrag zu geben, nachdem für diesen die Voraussetzungen vorlagen. Wann und wieviele Zugbegleiter eingesetzt wurden, richtete sich nach der Zuggattung und nach der Streckenneigung. Salomonisch erklärten die Fahrdienstvorschriften: „Die Anzahl der Zugbegleiter richtet sich im übrigen nach dem Umfang der planmäßig anfallenden Arbeiten." [2]

Welche Aufgaben hatten und haben die Zugbegleiter? Nach der vom 1. Juni 1931 an geltenden Dienstanweisung für die Zugbegleitbeamten gehörten zu den allgemeinen Dienstpflichten:

Die Zugfertigstellerin „außen" in Saalfeld (Saale) sagte über Funk dem Zugfertigsteller „innen" die Wagenanschriften an, damit der den Wagen- und den Bremszettel fertigen konnte (1988)
Foto: Preuß

a) *die Züge nach den Fahrdienstvorschriften und sonstigen Betriebsvorschriften zu bedienen, zu beaufsichtigen und sicher und planmäßig durchzuführen,*
b) *bei der Beförderung von Personen, Reisegepäck, lebenden Tieren und Gütern gemäß den Personen- und Güterbeförderungsvorschriften mitzuwirken,*
c) *die Bahnpolizei auszuüben.*

Auf den vom Zuge berührten Bahnhöfen haben sie sich am Rangier- und Ladegeschäft des Zuges zu beteiligen und bei Bedarf auch sonstigen Bahnhofsdienst zu verrichten. [...] Die Sorge für die Sicherheit des Betriebs und der Reisenden geht jeder anderen Tätigkeit vor. Die Zugbegleitbeamten dürfen selbst im Augenblick grösster Gefahr ihren Posten nicht verlassen, ehe sie alles getan haben, um einen dem eigenen oder einem anderen Zug drohenden Unfall abzuwenden oder zu mindern.

Viel von Vorschrift und Bedrohlichem ist die Rede, nichts von der Hinwendung zu den Reisenden, die heute von den Zugbegleitern „betreut" werden sollen. Mancher Zeitgenosse sah in der Zugführertätigkeit eine Passion, die einen Vorzug hatte: Er kam viel herum. War das so? Der Dialog in einer Fachzeitschrift von 1925 soll uns einen lebendigen Einblick in die Aufgaben eines Zugführers geben:

Hochrot vor Erregung stürzte ein dicker Reisender unmittelbar vor dem Anfahren des Zuges in mein Abteil. Er konnte seinen Grimm nicht verschweigen, die Empörung über die bösen „Eisenbahner", die seinen so kleinen Ansprüchen nicht gerecht werden wollten, war zu groß.

„Diese faulen, bummligen Eisenbahner!" rief er mir zu, „stellen Sie sich vor, zehn Minuten vor der Abfahrt des Zuges habe ich mein Gepäck aufgeliefert, habe die ganze Zeit auf dem Bahnsteig aufgepasst, aber meinen Koffer habe ich beim Einladen des Gepäcks nicht entdecken können."

„Schelten Sie nicht zu sehr auf die Männer vom Flügelrad", entgegnete ich ihm lächelnd, „denn ich bin auch ein Eisenbahnbeamter. Wenn es auch nicht meine Aufgabe ist, Gepäck zu befördern, so kann ich Ihnen doch beweisen, dass die Gepäckbeamten weder 'bummlig' noch 'faul' sind."

„Das ist nicht böse gemeint, aber nachlässig ist es doch auf jeden Fall, dass mein Koffer nicht mitkommt. In zehn Minuten kann er ja vom Bahnhof Friedrichstraße nach dem Stettiner Bahnhof befördert werden, und hier braucht er doch nur so ein Stückchen von der Gepäckabfertigung bis zum Packwagen gefahren zu werden. Ich werde mich sofort beim Minister beschweren und vollen Schadenersatz verlangen."

„Mit der Beschwerde werden Sie nicht viel Glück haben. Zunächst ist nicht der Herr Reichsverkehrsminister die zuständige Stelle, die über Ihre Beschwerde zu entscheiden hat. Doch ich will annehmen, dass Sie mit dem Ausdruck Minister die höchste Stelle der Reichsbahn-Gesellschaft bezeichnen wollen. Das wäre dann der Generaldirektor der Deutschen Reichsbahn-Gesellschaft. Ich nehme an, dass Sie Kaufmann sind."

„Das stimmt."

„Wenn in Ihrem Betrieb sich ein Kunde über irgendeine 'Bummelei' eines Angestellten der 37. Filiale in Pankow beschweren will, wird wahrscheinlich auch nicht der Generaldirektor Ihrer Gesellschaft den Fall persönlich untersuchen."

„Allerdings, das macht der Filialleiter."

„Bei der Reichsbahn ist es genau so. Ich empfehle Ihnen also, zur Abkürzung des Verfahrens gleich an den Vorstand des zuständigen Verkehrsamtes zu schreiben. In Ihrem Falle würde ich mich aber überhaupt nicht beschweren."

„Das wäre ja noch schöner, soll ich mir eine derartige Behandlung der Reisenden gefallen lassen?" [...]

„Das Reisegepäck ist nach der Eisenbahnverkehrsordnung innerhalb der für die Lösung der Fahrkarten festgesetzten Zeit bei der Abfertigung aufzuliefern, indes kann die Annahme von Gepäck abgelehnt werden, weil sie es nicht spätestens 15 Minuten vor der Abfahrzeit aufliefern. Die Reichsbahn ist aber entgegenkommend. Der Gepäckabfertigungsbeamte hat noch eine innere Dienstvorschrift zu beachten, nach der das Gepäck grundsätzlich so lange abzufertigen ist, 'als dessen Mitgabe noch tunlich ist, ohne den Abgang des Zuges über die fahrplanmäßige Zeit aufzuhalten.' Diese Vorschrift hat der Beamte beachtet, obwohl es bei den Größenverhältnissen des Stettiner Bahnhofs sicher Schwierigkeiten gemacht hat, Ihren Koffer noch in den Zug zu bringen."

„Er ist doch aber nicht da! Ich habe ganz genau aufgepasst, mein Koffer war nicht dabei, ich kenne ihn aus hundert Gepäckstücken heraus."

„Vielleicht zeigen Sie mir freundlichst einmal Ihren Gepäckschein. Danke. Da steht ausdrücklich Aufgabe am 14. Juni 1925, zum Zug 133. So heisst unser Zug; Ihr Gepäck wird also mit aller Wahrscheinlichkeit mit uns im Zuge sein."

„Ich wünschte, Sie hätten recht! Diese Vorschriften sind mir allerdings ganz neu. Ich kann ja in Eberswalde den Zugführer fragen, ob mein Koffer da ist. Der hat doch weiter nichts zu tun, als seine Pfeife zu rauchen, da kann er auch einmal arbeiten und nach meinem Koffer sehen."

„Mit demselben Rechte kann ich behaupten, Sie sitzen in Ihrem Direktorenzimmer und wenden Ihre Zeit zum Rauchen von Havanna-Zigarren an."

„Ich muss doch sehr bitten!"

„Da wir gerade bei dem freundlichen Thema 'bequemes Leben der Reichsbahn-Beamten' sind, würde ich mich freuen, Ihnen auf den einzelnen Bahnhöfen, auf denen unser Zug hält, ein Bild von der Tätigkeit des Zugführers geben zu können, wenigstens soweit es einen Bruchteil seiner Arbeit, nämlich den Packmeisterdienst, betrifft. Wir sitzen ja dicht bei dem Packwagen."

„Mir soll es recht sein. Ich liebe zwar das ewige Aus-und Einsteigen nicht, aber was macht man nicht alles, um seine Kenntnisse zu erweitern."

„Nun sind wir in Eberswalde. Hier werden wenig Reisende aussteigen, aber immerhin einige hinzukommen. Wir werden hier sehr schön die Gepäckübernahme durch den Zugführer beobachten können."

„Nanu, hier ist ja ein ganz lebhafter Betrieb! Soviel Gepäck kommt sogar aus dem kleinen Eberswalde hinzu? Was rufen denn die Leute sich da zu?"

„Der Gepäckbeamte übergibt dem Zugführer die einzelnen Gepäckstücke. Er sagt ihm die Stücke einzeln nach Herkunft, Bestimmung und nach den Nummern der Beklebezettel an. Der Zugführer vergleicht die angesagten Stücke mit den Angaben in den Begleitpapieren und prüft das Gepäck auf seinen guten Zustand. Es könnte ja

leicht ein beschädigtes oder offenes Stück dabei sein. Sehen Sie, eben stellt er fest, dass bei einem Handkoffer ein Schlossbügel geöffnet ist. Er verlangt jetzt von dem Gepäckbeamten einen Meldezettel. Dieser hat noch keinen ausgefertigt, da das offene Schloss anscheinend zum ersten Male bemerkt wird. Der Zugführer wird den Meldezettel jetzt während der Fahrt ausstellen. Inzwischen ist die Abfahrtszeit herangerückt, die letzten Gepäckstücke können nicht mehr in der gleichen Weise übergeben werden. Sie werden nur laut gezählt. Jetzt heisst's aber einsteigen."

„Auf dem Bahnhof hatte der Zugführer ja allerdings reichlich zu tun. Aber nun kann er sich doch während der Fahrt ausruhen."

„Im Gegenteil, jetzt beginnt erst recht die Arbeit. Bis zum nächsten Bahnhof muss der Packmeister nun prüfen, ob die von ihm nur der Stückzahl nach übernommenen Gepäckstücke mit den ihm von den Gepäckbeamten übergebenen 'Packmeisterkarten' übereinstimmen. Auf diesen Karten muss er sein Namenszeichen eintragen, zum Beispiel 14/133 Sch. Kann er wegen Arbeitsüberhäufung [...] nicht alle Gepäckstücke vergleichen, dann

Nachdem die Gepäckstücke verladen sind, übergibt der Ortsladeschaffner dem Fahrladeschaffner die Expressgutkarten und die Gepäckbegleitscheine. In Halle (Saale) Hbf (1950)
Rbd Halle/Slg. Rampp

muss er vor seinen Namenszug den Vermerk 'n. vgl.' (nicht verglichen) zusetzen. Anderenfalls wird er für etwaige später entdeckte Schäden haftbar gemacht. Damit ist aber seine Tätigkeit allein beim Gepäck noch lange nicht zu Ende. Er muss innerhalb seines Packwagens das Gepäck ordnen. Unser Zug wird vielleicht 200 Gepäckstücke befördern. Die gehen nach den verschiedensten Orten, nicht allein in die Ostseebäder, sondern auch nach den abzweigenden Bahnstrecken. Da ist eine sehr sorgsame Einteilung des Raumes im Packwagen nötig. Der Packmeister kann auf den einzelnen Unterwegsbahnhöfen nicht erst aus den Gepäckbergen die auszuladenden Einzelstücke heraussuchen. Er muss seinen Raum so einteilen, dass die zuletzt auszuladenden Stücke ganz hinten und unten liegen. Dann geht es schichtweise weiter, so dass er immer die Stücke, die zuerst ausgeladen werden, leicht greifbar in der Nähe der Tür zu liegen hat. Das ist keine kleine Arbeit. Sie erfordert nicht allein körperliche Kraft, sondern auch lebhaften Sinn für Ordnung und Einteilung. Bei diesem Ordnen der Gepäckstücke soll der Zugführer darauf achten, ob sich unter dem Reisegepäck Stücke befinden, bei denen nach dem Gewicht oder nach der Verpackung anzunehmen ist, dass sie Gegenstände enthalten, die nicht zum Reisegepäck gehören."

„Warum denn das?"

„Nach der Eisenbahnverkehrsordnung dürfen als Reisegepäck nur Gegenstände aufgegeben werden, die der Reisende zur Reise braucht. Der Zugführer muss also auch genau die Bestimmungen der Eisenbahnverkehrsordnung, der Tarife und der Vorschriften kennen, damit er zweckentsprechend arbeiten kann. Findet er Gepäckstücke, die nach seiner Ansicht nicht als Reisegepäck anzusprechen sind, so muss er einen Prüfungszettel ausfertigen. Diesen bringt er nach seinen einzelnen Abschnitten teils auf dem Gepäckstück neben dem Beklebezettel, teils an der Packmeisterkarte an; den letzten Abschnitt behält er zurück. Die Empfangsgepäckabfertigung hat dann zu prüfen, ob es sich um Reisegepäck handelt und nötigenfalls den Unterschied zwischen Gepäck und Expressgutfracht oder die bestimmungsmässigen Frachtzuschläge zu erheben."

„Der Dienst ist doch nicht ganz so einfach, wie ich ihn mir vorgestellt habe."

„Wir sind noch lange nicht fertig! Gleich werden wir in Angermünde sein, da können wir den Verlauf weiter beobachten."

„Warum will denn der Zugführer dem Reisenden, der es so eilig hat, nicht das Gepäck herausgeben?"

„Grundsätzlich wird das Gepäck gegen Rückgabe des Gepäckscheins ausgeliefert. Nur wenn auf dem Bestimmungsbahnhof keine Gepäckabfertigung besteht, ist am Packwagen auszuliefern. Da Bestimmungsbahnhof des

Gepäckstücks Angermünde ist, musste der Zugführer den Reisenden an die Gepäckabfertigung verweisen."
"Aber da bekommt doch eben ein anderer Reisender von dem Gepäckbeamten sein Gepäck heraus, ohne dass er nach der Gepäckabfertigung geht!"
"Das ist richtig, der Fall liegt hier anders. Das Gepäck soll sofort mit einem Anschlusszug weiterbefördert werden, Zollgepäck ist es nicht, und da ist der Übernahmebeamte der Gepäckabfertigung, also nicht der Zugführer, berechtigt, das Gepäck gegen den Gepäckschein an den Reisenden auszuliefern."
"Warum will denn der Zugführer von dem Radfahrer das Zweirad nicht annehmen?"
"Das Rad hat eine abnehmbare Laterne, und vorn ist noch ein Bündel angebracht. Nach der Vorschrift hat der Reisende das am Rade befestigte Gepäck und die Laterne abzunehmen, wenn diese nicht so fest mit dem Fahrrad verbunden, d. h. verschraubt, ist, dass sie nicht ohne weiteres entfernt werden kann. Nur die Satteltasche, die innerhalb des Fahrradrahmens befestigte Gepäcktasche und der mit dem Rade fest verbundene Gepäckhalter dürfen an dem Rade bleiben."
"Diese Anordnung ist doch aber eine unnötige Belästigung der Radfahrer."
"Durchaus nicht, früher sind vielfach Streitigkeiten über angeblich entwendete Fahrradlampen und Gepäckstücke, die angebunden gewesen sein sollten, entstanden. Jetzt wird durch die neue Vorschrift, die genau festlegt, was an einem Rade bleiben darf, jede Möglichkeit zu einem Streit von vornherein ausgeschlossen."
"Was ist denn das für ein Zettel, den der Radfahrer von dem Zugführer bekommt?"
"Es ist ein Abschnitt der Fahrradkarte, auf dem der Zugführer den Empfang des Rades bescheinigt hat." [...]
"Ein Zugführer muss wirklich mächtig aufpassen, wenn er seine Vorschriften beachten will. Ich habe es mir doch viel einfacher vorgestellt."
"Der Zugführer fährt in seinem Packwagen nicht nur spazieren, wie leider viele Reisende annehmen. Allein beim Gepäckdienst ist noch manches zu beachten. [...] Die bisher geschilderte Schreibarbeit im Gepäckdienst stellt nur einen geringen Bruchteil der Gesamttätigkeit des Zugführers dar. Ich wünschte, Sie könnten sich durch eine Fahrt im Packwagen davon überzeugen, was der Zugführer neben diesem Dienst noch alles zu tun hat. Er muss Fahrberichte, Wagenaufschreibungen usw. führen, die zahlreichen Dienstbriefe ordnen, im Fahrkartendienst tätig sein, die Aufsicht über die Zugbeamten führen und auch noch von seinem Sitze aus die Strecke beobachten u. a. m. Sie sehen also, es ist ein Dienst, der einen vollen Mann fordert. Zum Pfeife rauchen, wie Sie es vorhin erwähnten, kommt er kaum. [...] Ähnlich wie mit ihm ist es

Fremde haben am Gepäckkarren nichts zu suchen! Stuttgart Hbf (1951) Slg. Rampp

mit den anderen Eisenbahnbeamten. Die Reisenden sehen sie eigentlich immer nur dann, wenn sie anscheinend nichts tun. Der eine guckt aus dem Stellwerksfenster hinaus, der andere geht am Zug umher, wieder ein anderer 'vergnügt' sich anscheinend damit, dass er mit einem langen Hammer immer an die Wagenräder klopft. Nur die Eingeweihten wissen, dass das scheinbare Nichtstun in Wirklichkeit eine vorgeschriebene, unbedingt nötige und dabei anstrengende Beobachtung betrieblicher Vorgänge ist." [...]
In Swinemünde steigen wir beide aus, gingen zur Gepäckabfertigung – und der schmerzlich vermisste, bang ersehnte Koffer war da!

Dieser für die Weiterbildung der Eisenbahner geschriebene Dialog ist nicht nur aufschlussreich, weil es keinen Stettiner Bahnhof in Berlin und dort keinen Eisenbahnverkehr mehr gibt, auch die Gepäcküberführung zwischen dem Stettiner Bahnhof und dem Bahnhof Berlin Friedrichstraße (innerhalb von zehn Minuten!) ist längst beseitigt wie überhaupt die Gepäck- und Expressgutbeförderung bei der Bahn abgeschafft wurde.

Die Zugmannschaft

Nicht erwähnt werden in diesem Dialog die Pflichten zum Vormelden:
- *schwerer, unhandlicher oder besonders vieler Güter*
- *leerer Abteile oder Wagen bei Verspätungen, damit die Reisenden auf den folgenden Bahnhöfen vom Aufsichtsbeamten darüber verständigt werden können, wo sie sich aufzustellen haben*
- *und weiterer 26 Anlässe für regelmäßige oder zu bestimmten Zeiten notwendige Vormeldungen.*

Die Anlässe waren in einer Dienstvorschrift aufgeführt.

In der viereckigen, ledernen Zugführertasche führte der Zugführer eine Vielzahl von Dienstvorschriften und Buchfahrplänen mit, auch Vordrucke, die er

Die Zugführertasche war nicht die einzige Last, die der Zugführer in einer Schicht herumschleppte. Belzig (1992)   Foto: Klein

im Regelbetrieb brauchte, wie Wagenzettel, Bremszettel, Dienstbuch und Fahrgastausweis.

Für Sonderfälle mussten folgende Vordrucke in der Tasche sein: rote Meldekarten, Zugführermeldezettel für Unfälle, Bemängelungszettel, Zählzettel, Vormeldezettel bei Reisezügen, alle Vordrucke für den Fall, dass der Zugführer auch den Dienst als Fahrladeschaffner ausüben und als Zugschaffner einspringen musste: Meldezettel, Bescheinigungsbuch für Einschreibsendungen, Block für die Nachabfertigung von Gepäck, Bescheinigungsbuch für Einschreibsendungen, Nachlösezettel, Telegrammvordrucke[6] und schliesslich Fahrkartenblöcke (blanko oder bereits vorgedruckte).

Je mehr im Zugbegleitdienst rationalisiert wurde, desto mehr mussten die je Zug immer weniger werdenden Zugführer mitschleppen. Zum Beispiel die Oberwagenlampen für das Zugschlusssignal, Bettwäsche zum Übernachten, Waschzeug, einen Hammer für die Bremsprobe, Behälter mit Knallkapseln, Verbandskästchen für die Erste Hilfe, Dichtungen für die Schlauchkupplung der Druckluftbremse, Zündvorrichtung für die Gasbeleuchtung.

Auch der Zugschaffner trug sein Päckchen. Zum persönlichen Gebrauch erhielt er und verwahrte die Bücher im Spind:
a) *Gemeinsame Bestimmungen für alle Beamten im Staatseisenbahndienst,*
b) *Fahrdienstvorschriften, Auszug B*
c) *Signalbuch,*
d) *Dienstanweisung für Schaffner,*
e) *Personenbeförderungsvorschriften,*
f) *Güterbeförderungsvorschriften, falls er im Fahrladedienst beschäftigt wird.*

Aber im Dienst mitführen musste er:
a) *seine Dienstanweisung,*
b) *sein Dienstbuch,*
c) *eine Signalpfeife,*
d) *die ihm überwiesenen Schlüssel,*
e) *bei Dunkelheit eine gut brennende Laterne,*
f) *bei Güterzügen die ihm überwiesenen Geräte und Stoffe, wie Ölkannen, Schmierhaken usw.*
g) *bei Personenzügen einen gültigen Fahrplan und die Lochzange,*
h) *eine richtiggehende Uhr.*

So war es zwischen den beiden Weltkriegen, und so blieb es noch eine lange Weile danach. Die Zugbegleiter diskutierten oft, ob sie Packesel wären. Die Bahnverwaltungen waren nur zögernd bereit, auf bestimmte Ausrüstungsgegenstände zu verzichten, wie die Knallkapseln. Auch die Zugbegleiter von heute müssen viel tragen, doch haben sie es leichter; wie die Stewardessen der Flugzeuge kommen sie mit dem „Gemüse-Porsche" in Metallic zum Zuge. Im Dialog wurde die Streckenbeobachtung erwähnt. Ja, der Zugführer hatte sich an der Beobachtung der Strecke und der Signale zu beteiligen und, sollte der Lokomotivführer ein haltzeigendes Signal übersehen haben, den Notbremshahn zu öffnen, damit die Schnellbremse einsetzte. Für die Signalbeobachtung war in erster Linie der Lokomotivführer verantwortlich. Aber nach Unregelmäßigkeiten und Unfällen fragte man den Zugführer, warum nicht er den Zug zum Halten gebracht habe.

---
[6] Die Reisenden konnten Privattelegramme aufgeben, die vom nächsten Haltbahnhof abgesetzt wurden

Nahgüterzug Lübbenau — Senftenberg mit dem Zugführerwagen. Die Beobachtungskanzel ist geschlossen worden (1971)   Foto: Preuß

Damit er Strecke und Signale beobachten konnte, hatte im Zugführerraum des Gepäckwagens, der möglichst hinter der Lokomotive eingereiht sein sollte, der Zugführer seinen Sitz hochoben, einen bequemen Ledersessel oder eine Lederbank. Auf dem Dach war eine Erhöhung mit Fenstern eingebaut, von der der Zugführer über den Wagenzug und über die Lokomotive die Vor- und Hauptsignale sehen konnte. Vom Zugführersitz aus ließ sich das Notbremsventil erreichen sowie die Manometer für die Dampfheizung und die Druckluftbremse ablesen.

Unten, auf dem Wagenboden, stand der Stuhl oder Sessel des Fahrladeschaffners, der wie der Zugführer einen Klapptisch und ein Regal für die „Papiere" vor sich hatte. Als auf die Strecken- und Signalbeobachtung des Zugführers verzichtet wurde, weil er sich an der Fahrkartenkontrolle beteiligen sollte, und obendrein die Mitgabe von Fahrladeschaffnern entfiel, saß der Zugführer unten, und die Erhöhungen auf dem Dach wurden beseitigt.

Zum Packmeister bzw. Fahrladeschaffner sollte werden, wer die Befähigung als Zugschaffner hatte und in den Bestimmungen über die Beförderung der Eisenbahndienstsachen (EDS) und des Dienstgutes[7], insbesondere der Geld- und Wertsendungen unterwiesen worden war, hatte er doch das Reisegepäck-, auch Eil- und Frachtgut (später Expressgut genannt), Tiere, Fahrzeuge, Leichen, Geld- und Wertsendungen und das erwähnte Dienstgut in Empfang zu nehmen, all diese Sendungen während der Beförderung vor Beschädigung, Verlust, Verderb, Verschleppung und Verzögerung zu schützen und auf den jeweiligen Empfangsstationen abzuliefern. Durch die vorbehaltlose Annahme der Begleit-

In einem Güterzug-Gepäckwagen Pwgs der Deutschen Reichsbahn: Beobachtungskanzel für den Zugführer, Platz für den Ladeschaffner und Kohlenofen
Archiv DWA Bautzen

papiere anerkannte er, dass er die Sendung nach Stückzahl und äußerer Beschaffenheit richtig übernommen hatte. Seine Fähigkeiten zeigte der Fahrladeschaffner, wenn er den oft zu kleinen Laderaum geschickt ausnutzte, das örtliche Ladepersonal beim Stapeln der Sendungen anwies und vor jedem Haltbahnhof die für diesen bestimmten Sendungen erkannte und rechtzeitig vor der Ladetür plazierte. Die Fahrladeschaffner kamen meist aus dem Güterzug- oder dem Gepäckladedienst zum Zugbegleitdienst, sofern sie körperlich geeignet und tauglich waren. Mit der Verknappung des Personals musste ein Fahrladeschaffner auch zwei Gepäckwagen besetzen. Andererseits wurden Gepäck- und Expressgutzüge (Gex) mit dem Zugführer und mehreren Fahrladeschaffnern, zum Teil auch ohne den Zugführer besetzt.

---

[7] Bei der Deutschen Bahn AG 1994 abgeschafft und auf Postsendungen umgestellt

Die Zugmannschaft

Zuggattungen, Stand 1998

1. Züge für den Schienenpersonenfernverkehr, Geschäftsbereich Fernverkehr

EuroCity	EC	Schnellfahrende Reisezüge im internationalen Verkehr mit besonderem Komfort und Zuschlag auf dem IC-Stammnetz
InterCity	IC	Schnellfahrende Züge mit besonderem Komfort und Zuschlag auf dem IC-Stammnetz
InterCity-Express	ICE	Hochgeschwindigkeitszüge mit besonderem Komfort und Fahrpreis
Metropolitan	MET	Schnellfahrende Reisezüge mit besonderem Komfort, die Ballungsgebiete direkt verbinden
Thalys	Thalys	Hochgeschwindigkeitszüge mit besonderem Komfort und Fahrpreis im internationalen Verkehr
Autoreisezug (AutoExpress)	AE	Schnellfahrende Reisezüge des Fernverkehrs, die überwiegend der Beförderung von Reisenden mit Kraftfahrzeugen dienen
Kooperationszug (mit Autobeförderung)	KA	Schnellfahrende Reisezüge des Fernverkehrs für Urlaubsreisende mit und ohne Auto, die von DB und Reiseveranstalter gemeinsam genutzt werden
InterRegio	IR	Schnellfahrende Reisezüge mit gehobenem Komfort
Kooperationszug mit dem Nahverkehr	RE	Reisezüge des Fernverkehrs, auf bestimmten Abschnitten in Kooperation mit dem Nahverkehr
Schnellzug	D	Schnellfahrende Reisezüge des Fernverkehrs
Schnellzug des Nachtverkehrs	D ICN EN	Schnellfahrende Reisezüge des Fernverkehrs, die vorwiegend Nachtreisenden dienen (ICN = InterCityNight, EN = EuroNight)
Schnellzug des Nachtverkehrs	D ENS EN	Schnellfahrende Reisezüge des Fernverkehrs, die vorwiegend Nachtreisenden dienen und auf Rechnung Dritter geführt werden (ENS = European NightService, CNL = CityNight Line)
Schnellzug	DZ M	Reisezüge, die im Sonder- und Spezialverkehr gefahren werden, außer Militär- und Autoreisezüge Messe-Schnellzüge, nur 1. Klasse
Militärreisezug	Dm	Reisezüge für Zwecke des Militärs, auch wenn sie Wagen für den öffentlichen Verkehr mitführen
Autoreisezug	Ek	Autoreisezüge im Lokal- und Übersetzverkehr
Fernverkehr für besondere Zwecke	FbZ	Züge für besondere Zwecke des SPFV – auch Lokomotivzüge
Schadwagenzug des GB F[1]	Schadw Schadl	Geschlossene Züge mit Schadwagen oder ausgebesserten Wagen des GB F nach und von den Ausbesserungswerken Züge zur Beförderung nichtarbeitender Triebfahrzeuge des GB F nach und von den Ausbesserungsstellen, auch mit eigener Kraft fahrende Triebwagen mit Steuer-, Mittel- und Beiwagen sowie Triebzüge

2. Schienenpersonennahverkehr (SPNV) – Geschäftsbereich Nahverkehr –

Regional-Express	RE	Beschleunigte Reisezüge des linienbezogenen Regionalverkehrs mit Systemhalten
Regional-Bahn	RB	Reisezüge des Regionalverkehrs mit Systemhalten
StadtExpress	SE	Reisezüge des linienbezogenen Verdichtungsverkehrs mit Systemhalten

[1] Geschäftsbereich Fernverkehr

S-Bahn	S	Reisezüge des linienbezogenen Ballungsverkehrs mit Systemhalten im dichten Takt mit S-Bahn-typischen Fahrzeugen
Regionalverkehr für besondere Zwecke	RbZ	Züge für besondere Zwecke des SPNV[2] – auch Lokomotivzüge –
Schadwagenzug des GB R[3]	Schadw	Geschlossene Züge mit Schadwagen oder ausgebesserten Wagen des GB R nach und von den Ausbesserungsstellen
Schadlokomotivzug, Schadtriebwagenzug des GB R	Schadl	Züge zur Beförderung nichtarbeitender Triebfahrzeuge des GB R nach und von den Ausbesserungsstellen, auch mit eigener Kraft fahrende Triebwagen mit Steuer-, Mittel- und Beiwagen sowie Triebzüge

3. DB Cargo-Züge

ExpressCargo	ExC	Züge bis 200 km/h für die Beförderung von Expreßgut und hochwertigen Sendungen (Betriebliche Durchführung als Reisezug)
TransEuro Com	TEC	Züge für den Euro-Mobi-Verkehr (Trans Europ Combinés)
InterKombi Express	IKE	Direktzüge des InterKombi-Verkehrs zwischen den Umladebahnhöfen (auch mit Unterwegsbehandlung)
InterKombi-Zug	IK	Züge des Drehscheibensystems für den InterKombi-Verkehr
InterKombi-Zug für Post und Pakete	IKP	Direkt- und Drehscheibenzüge für die Deutsche Post AG und für Paketdienste
InterKombi-Logistikzug	IKL	Logistikzüge für den InterKombi-Verkehr (Autologistik u. a.)
InterCargo-Zug	ICG	Züge zwischen den Wirtschaftszentren mit garantierten Beförderungszeiten sowie Ergänzungsverbindungen (InterCargo-Garantie)
TransEurop-Zug	TE	Qualitätszüge im internationalen Verkehr außerhalb von EUC-Verbindungen
InterCargo-Logistik-Zug	ICL	Logistikzüge im nationalen Verkehr außerhalb von InterKombi, ICG, KC- und GC-Verbindungen
EuroUnit	EUC	Qualitätszüge im internationalen Verkehr als Träger von EUC-Verbindungen
TransCargo-Zug	TC	Fernzüge im internationalen Verkehr, außer TE und EUC (Zuggattungen 58 und 60)
InterRegio	IRC	Züge des Grundangebots in den Verbindungen Rangierbahnhof zu Rangierbahnhof, Rangierbahnhof zu Knotenbahnhöfen, die an andere Rangierbahnhöfe angebunden sind, von Knotenbahnhöfen zu Rangierbahnhöfen, an die sie nicht direkt angebunden sind
MilitärCargo-	MCT/MCTL	Züge mit Reisezug- und Cargowagen für den Transport von Truppen mit Ausrüstung einschließlich Leerzüge
MilitärCargo-Versorgungszug	MCVL	Züge für die Versorgung der Streitkräfte einschließlich Leerzüge
Komplett-Cargo-Logistikzug	KCL/TKCL	Geschlossene Züge für Logistik-Transporte einschließlich Leerzüge in Pendelverkehren, im internationalen Verkehr
Komplett-Cargo-Zug	KC/TKC	Geschlossene Züge, die ganz oder in Wagengruppen ohne Unterwegsbehandlung von einem Versandbahnhof zu einem Bestimmungsbahnhof (Grenzeingangs-/Grenzausgangsbahnhof bzw. NE-Übergabebahnhof) verkehren, im internationalen Verkehr = TKC
Gruppen-Cargo-Zug	GC/TGC	Geschlossene Züge, die mit mehreren Wagengruppen mit Unterwegsbehandlung (Wagenaustausch) verkehren, im internationalen Verkehr = TGC

---

[2] Schienenpersonennahverkehr
[3] **Geschäftsbereich Nahverkehr**

Cargo-Leerwagenzug	CL/TCL	Züge für die Beförderung leerer Cargo-Wagen, im internationalen Verkehr = TCL
TransEurop-Kombi-Zug[4]	LTEC	Züge des EuroKombi-Verkehrs
Regional-Cargo-Zug	RC/TRC	Züge des Grundangebots in den Verbindungen Rangierbahnhof und ihren angebundenen Knotenbahnhöfen sowie von Knoten- zu Knotenbahnhof, die an den gleichen Rangierbahnhofangebunden sind, im internationalen Verkehr = TRC
Bedienungsfahrt im Kb	CB	Bedienungsfahrt im Cargo-Verkehr innerhalb eines Knotenbahnhofs
Bedienungsfahrt zwischen Kbf und SmR	CS	Bedienungsfahrt zwischen Knotenbahnhof und SmR[5] ohne Behandlung innerhalb eines Knotenbahnhofs
Regional-InterKombi-Zug	RIK	Züge für die Beförderung von Inter-Kombi-Sendungen außerhalb des Drehscheibensystems (z. B. Ringzüge und Gleisanschlußverkehre)
Inter-Regional-Zug für Stückgutfracht	IRS	Züge für den Stückgutfrachtverkehr in gedeckten Wagen
Regional-Zug für Stückfracht	RS	Züge für den Stückgutfrachtverkehr im Nahbereich
Cargo-Zug für besondere Zwecke	CbZ	Züge für besondere Zwecke der DB Cargo - auch Lokomotivzüge -
Schadwagenzug Cargo	SchadwC	Geschlossene Züge mit Schadwagen oder ausgebesserten Wagen der DB Cargo nach und von den Ausbesserungsstellen
Schadlokomotivzug Cargo	SchadlC	Züge zur Beförderung nichtarbeitender Triebfahrzeuge der DB Cargo von und nach den Ausbesserungsstellen

4. Dienstzüge des Geschäftsbereichs Netz

Hilfszug	Hilfz	Züge zur Hilfeleistung bei Bahnbetriebsunfällen, Bränden oder anderen außergewöhnlichen Ereignissen; hierzu zählen auch Züge auf der Rückfahrt von der Einsatzstelle
Messzug	Mess	Mess- und Überführungsfahrten mit Gleismeßfahrzeugen zur Inspektion des Oberbaues
Dienstzug für Sonderzwecke	Dsts (B)	Züge für sonstige Zwecke des Betriebs
Arbeitszug	Az	Züge nach und von Arbeitsstellen des Baudienstes
Bauzug	Bauz	Zugfahrten mit Bauzügen, soweit sie nicht als Arbeitszüge verkehren
Dienstzug (Bau)	Dsts	Züge für sonstige Zwecke des Baudienstes, soweit sie nicht als Arbeitszüge oder Bauzüge verkehren

5. Züge des Geschäftsbereichs Werke

Werke besondere Zwecke	WbZ	Züge für sonstige Zwecke des Geschäftsbereichs Werke (z. B. Probelokomotiven)

---

[4] mit Höchstgeschwindigkeit weniger als 100 km/h
[5] Satellit mit Rangiermitteln

6. Züge und Bereitschaftslokomotiven des Geschäftbereichs Traktion

Traktion besondere Zwecke	TbZ	Züge für besondere Zwecke der Traktion (z. B. Fahrten mit Unterrichtswagen), auch Lokomotivzüge, nicht aber Schadlokomotivzüge

7. Triebfahrzeugleerfahrten

Triebfahrzeugleerfahrt für Personenzüge	sLz	Leerfahrende Lokomotive, auch Kleinlok, Streckenleistungen im Personenzugdienst und für den Rangierdienst des Geschäftsbereichs Fernverkehr sowie Überführungsfahrten nach und von den Ausbesserungsstellen - gilt nicht für Triebwagen -
Triebfahrzeugleerfahrt Cargo	Lz (G)	Leerfahrende Lokomotive, auch Kleinlok, für Streckenleistungen der DB Cargo sowie Überführungsfahrten nach und von den Ausbesserungsstellen
Triebfahrzeugleerfahrt	Lz	Leerfahrende Lokomotiven, auch Kleinlok, für den Rangierdienst der DB Cargo

Selbst unter Eisenbahnern wurde manchmal gestritten, wem die Mitfahrt im Gepäckwagen zu erlauben war. Das Zugbegleitpersonal sollte nicht gestört werden, und wegen der im Gepäckwagen beförderten Dienstpost und Geldsendungen sollten Unberechtigte keinen Zutritt erhalten. Da die Zugbildung auch Gepäckwagen mitten im Zug vorsehen musste und den Reisenden das Durchlaufen im Gepäckwagen gestattet werden sollte, wurde bei einzelnen Gepäckwagen der Laderaum mit Drahtgittern so abgeteilt, dass ein Gang blieb. Übrigens setzte die Deutsche Reichsbahn auch Gepäckwagen mit Küchenabteilen (Gattung Pw4üK) und kohlengefeuerten Herden für die MITROPA ein. Doch Ausnahmen von der Regel gab es: Schornsteinfegermeister und Reisende mit stark verschmutzter Kleidung, die die Reisenden in den Abteilen verunreinigen könnten, durften im Gepäckwagen mitfahren. Ausserdem Personen mit einem entsprechenden Berechtigungsausweis. Solche Ausweise wurden auch für das Benutzen des Dienstabteils ausgegeben. In ihm durfte aber auch Zugpersonal fahren, das zu oder von einer Dienstleistung fuhr und den „Fahrgastausweis" besaß.

Was aber hatten die Zugschaffner zu tun? In [7] hat jemand geschrieben: „Wie der Puffer an dem Wagen bestimmt ist, die diesen treffende Stöße aufzufangen und zu mildern, so steht der Schaffner jederzeit und immer zwischen der Eisenbahnverwaltung und dem Publikum." Der Dienst begann gewöhnlich bei Schnellzügen eine Stunde, bei anderen Zügen eine halbe Stunde vor der Abfahrt des Zuges („Aufrüstzeit") und, was den Zugbegleitdienst wenig angenehm machte, zu ungewöhnlichen Zeiten. Viele Züge setzten in den frühen Morgenstunden ein; folglich begann der Dienst gegen 2 Uhr, 3 Uhr oder 4 Uhr. Häufig hatte der Zugführer früher als es der Dienstplan vorsah seinen Dienst angetreten, hatte sich in der Schaffnerstube die Aushänge angesehen, ob es Veränderungen beim Diensteinsatz gab (ein anderer Dienst, zusätzliche Begleitung von Zügen?), ob Fahrplanänderungen oder -anordnungen vorlagen und sich danach bei der Aufsicht gemeldet, dort nach Besonderheiten erkundigt. Er schrieb, wenn er seine Sachen im Gepäckwagen abgelegt hatte, als erstes in einer Liste – Wagenzettel, heute Wagenliste genannt – einige der an den Wagen angeschriebenen Parameter auf. Bei Dunkelheit benutzte er die in ein Brustleder eingehängte Karbildlaterne, später die elektrische Handlampe. Der Zugführer trug auf dem Wagenzettel unter anderem die Wagennummern, die Gruppenzeichen[8], die Zahl der Achsen, die Zahl der Sitzplätze, das bediente Bremsgewicht nebst Zeichen, ob der Wagen über eine Handbremse verfügt, ob die Bremse einlösig ist, ob die Bremsklötze aus Plast statt aus Gusseisen[9] bestehen, den Abgangs- und den Empfangsbahnhof ein. Die Summe der Achsen, des Gewichts der Ladung und das durch eine Formel errechnete Gewicht der Reisenden ergab die „Belastung" des Zuges. Sie wurde auf dem Bremszettel dem Lokomotivführer bekanntgegeben, wie auch das Verhältnis von gebremster zu

---
[8] zum Beispiel AB für Wagen 1. und 2. Klasse, D für Gepäckwagen
[9] 1999 wurden bei der Deutschen Bahn die Plastbremssohlen als Neuerung gewürdigt; die gab es bei der Deutschen Reichsbahn bereits früher

ungebremster Zugmasse, ausgedrückt in Bremshundertsteln, so dass er über die Bremsverhältnisse im Zuge informiert war.

Eine Durchschrift des Wagenzettels blieb im Zug, eine erhielt der Zielbahnhof, und das Original blieb beim Zugführer. Die Wagenliste – früher Wagenzettel – wiederum diente bzw. dient als Nachweis für den Einsatz der Wagen (falls einer gesucht wurde) und für die Ermittlung der Betriebsleistung des Bahnhofs.

Beim Zugführer meldete sich der Zugschaffner, der gegebenenfalls als Schlussschaffner (oder als Fahrladeschaffner bzw. als Bremser) eingeteilt wurde. Dafür bestimmte gewöhnlich der Zugführer, wenn er unter mehreren Schaffnern wählen konnte, den erfahreneren. Auch beim Reisezug galt der bereits genannte alte Zopf, dass für den Fall, der Zug hielt auf freier Strecke ausserplanmäßig, der Zug nach hinten zu sichern war. Die Strecke sollte auf einen eventuell nahenden Zug beobachtet werden. Die Bahn fürchtete das Auffahren eines Zuges. Bei längerem Halt war die Handlampe rot abzublenden und/oder es waren Knallkapseln auszulegen.

Wer als Schaffner noch nicht 18 Jahre alt war – das kam nach 1945 bei Junghelfern oder Facharbeitern (siehe 1. Abschnitt) öfter vor – durfte nur Verkehrsschaffner sein, folglich keine betrieblichen Aufgaben wahrnehmen, sondern nur Fahrkarten kontrollieren und Auskunft erteilen.

Zur „Aufrüstung" des Zuges gehörte, zu prüfen, ob beim Gaslicht oder beim elektrischen Licht die Lampen in Ordnung sind. Die Dampfheizung wurde entsprechend der Aussentemperatur eingestellt.

Bauarten der Heizeinrichtungen im Zuge

Hochdruckdampfheizung	Hhz
Niederdruckdampfheizung	Nhz
Vereinigte Nieder- und Hochdruckdampfheizung	Nhhz
Umlaufdampfheizung (Nieder- und Unterdruckdampfheizung)	Nuhz
Dampfheizung in Verbindung mit elektrischer Heizung, Warmwasserheizung	Whz
Warmwasser-Abgaszusatzheizung in Verbrennungstriebwagen	Whzv
Presskohlenheizung	Phz
Ofenheizung	Ohz
elektrische Heizung	elHz

Man schloss geöffnete Schieber der Belüftung des Oberlichts, brachte die Papierstreifen, auch Schlaufen aus rotem Karton, der Platzreservierung an, ausserdem an Türen und Fenster der dafür vorgesehenen Wagen Schilder oder Beklebezettel mit den Angaben „Frauenabteil", „Abteil für Schwerbeschädigte", „... für Mutter und Kind", „Für Militärangehörige", kennzeichnete bestellte Wagen und Abteile und schloss sie ab. In Notzeiten kam es vor, dass der gesamte Zug für jemanden vorgesehen oder reserviert war, so dass für „gewöhnliche Reisende" gar keine Plätze blieben. Auf die Auseinandersetzungen mit diesem Publikum konnte der Schaffner bereits gefasst sein.

Wichtig war auch, um späteren Streitigkeiten zwischen den Reisenden vorzubeugen, die Wechselschilder von Nichtraucher und Raucher innen und aussen anzupassen und für das vorgesehene Verhältnis (einst 1 : 2, später ein Drittel Raucherabteile, zwei Drittel Nichtraucherabteile) zu sorgen. Der Schlussschaffner brachte das Zugschlusssignal an. Waren diese Aufgaben erledigt, meldeten die Zugschaffner dem Zugführer den Zug fertig. Während die Vorbereitungszeit ablief, hatte sich die Lokomotive an den Zug gesetzt. Bei sehr niedrigen Temperaturen und wo eine Vorheizanlage fehlte, war die Heizlokomotive bereits am Zug, und der Wagenmeister hatte für die Entwässerung der Dampfheizung gesorgt. Das Absperrventil am letzten Wagen wurde weit geöffnet, so dass der volle Dampfdruck durch die Heizleitungen zischte. Anschließend wurde das Absperrventil so weit geschlossen, dass nur leichte Dampfschwaden entweichen konnten. Nach der wagentechnischen Untersuchung und der Bremsprobe meldete der Wagenmeister dem Zugführer und dem Lokomotivführer die „Bremsen in Ordnung". Der Wagenmeister gehörte nicht zum Zugbegleitpersonal. Er war ein technischer Beamter, der zum Bahnbetriebswerk und, als die Dienststellenstruktur verfeinert wurde, zum Bahnbetriebswagenwerk oder zur Wagenmeisterei gehörte.

Ehe die Abfahrtszeit heranrückte, konnte es sein, dass der Zugführer auf der Grundlage der „Belastung" oder, weil es der Lokomotivführer wegen der Überlast forderte, bei der Aufsicht vom Abgangs- oder einem Unterwegsbahnhof eine Vorspann- oder Schiebelokomotive bestellte.

Sofern sich der Zugführer im öffentlichen Raum bewegte, trug er das lederne, rote Erkennungsband (nach 1945 bei der Deutschen Reichsbahn auch aus

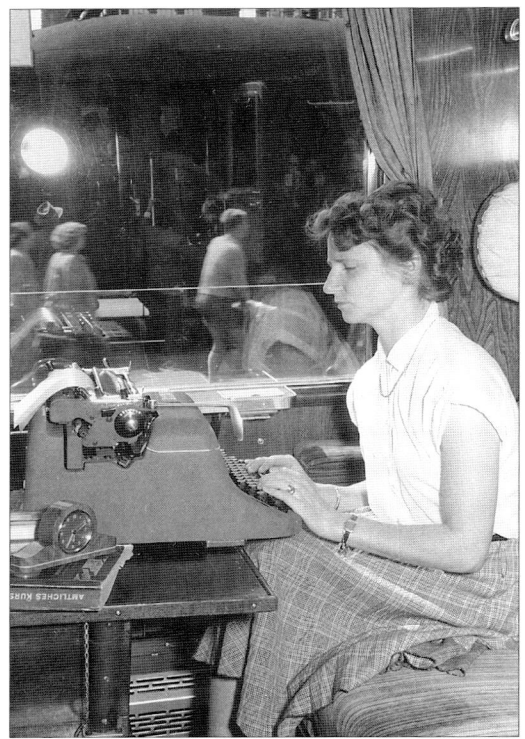

Wer früher mit der Deutschen Bundesbahn reiste, dem ist die Zugsekretärin im Schreibabteil noch in Erinnerung (1952) Slg. Rampp

Igelit; manches Lederband wurde „vererbt"). Dieses diagonal über die Brust getragene Band war ein Relikt von der Umhängetasche, die einst der Kondukteur trug. Die Umhängetasche muss im Dienst hinderlich gewesen sein und wurde abgeschafft, aber das Band blieb und zeigte den Reisenden wie den Eisenbahnern: Das ist der Zugführer!

Da diese zunehmend zum Entkuppeln oder Kuppeln der Wagen sowie zum Ent- und Beladen des Gepäcks und Expressgutes herangezogen wurden, war nun auch das Erkennungsband hinderlich. Die Deutsche Reichsbahn in der DDR gestattete, während der Ladearbeiten das Band abzulegen. Die Deutsche Bundesbahn führte am 1. Februar 1975 bei den Zugbegleiter-Heimatbahnhöfen Duisburg Hbf, Freilassing, Neumünster und Ulm Hbf Ansteckspangen mit der Aufschrift „Zugführer" ein[10] und erklärte, das Erkennungsband sei nicht nur hinderlich, sondern auch nicht mehr zeitgemäß. Die Ansteckspange scheint sich nicht bewährt zu haben, denn später wurde die rote, gold umsäumte Armbinde als Kennzeichen des Zugführers eingeführt, bei der Deutschen Reichsbahn erst nach 1990.

Die Zugschaffner hatten, wenn der Zug bereitgestellt war, auf dem Bahnsteig zu stehen, den Reisenden gegebenenfalls die Plätze anzuweisen und beim Einsteigen behilflich zu sein. Das Anweisen der Plätze war ursprünglich weniger Kundendienst der Schaffner als eine Pflicht. Einem Ratgeber für Bahnkunden ist zu entnehmen: „Die Conducteure sind verpflichtet, Dir Deinen Platz anzuweisen, und hast Du Dir's selbst zuzuschreiben, wenn Du ihnen nicht folgst, Dich in ein anderes Coupé setzest, und auf deiner Bestimmungsstation beim Aufsperren des Wagens übersehen wirst; denn schau, die Wägen besetzt man stationsweise, sonst würde der Conducteur zu lange brauchen, um die Reisenden aus dem ganzen Zuge herauszufinden." [11]

Unmittelbar vor jeder Abfahrt des Zuges war die wichtigste Aufgabe das Türenschließen. Kein Zug sollte mit offener Tür fertig gemeldet werden. Im Zuge widmete sich der Schaffner alsbald der Fahrkartenkontrolle – ein Mittel, damit es nicht zur „Fahrgeldhinterziehung" kam. An der Höhe der Fahrgeldeinnahmen, also an den Nachlösungen, erkannte der Fahrmeister den fleißigen Zugschaffner. Die Auskunft über die Anschlussverbindungen – mehr oder weniger unaufgefordert gegeben – war bereits eine Dienstleistung, heute „Service" genannt.

So wie die Lautsprecherdurchsagen auf den Bahnsteigen und im Zuge üblich sind, ist das Ausrufen der Stationen unbekannt geworden. Der Zugschaffner hatte auf dem Bahnsteig den Stationsnamen laut auszurufen, gegebenenfalls mehrmals. Betrug die Aufenthaltszeit mehr als fünf Minuten, sollte auch die Aufenthaltszeit ausgerufen werden: „Wilthen! 25 Minuten Aufenthalt!" Hatte der Zug Verspätung, so war den Reisenden laut zuzurufen: „Bitte schnell einsteigen, Zug hat Verspätung". Wurde der fahrplanmäßige Aufenthalt wegen der Zugverspätung gekürzt, so war auszurufen: „Nur ... Minuten Aufenthalt".

Auch bei folgendem Sonderfall blieb die Vorschrift keine Antwort schuldig: die ansteckende Erkrankung. Solche Reisende hatte der Schaffner sofort dem Zugführer zu melden und sich dann dem Kranken nach besten Kräften anzunehmen, musste aber selbst jede Berührung mit anderen Personen vermeiden. Sämtliche Mitreisenden des Kranken waren aus dem Abteil zu entfernen und in einem

---

[10] Derartige Ansteckspangen gab es auch für Zugrevisoren und wurden bis 1993 getragen

anderen Abteil, abgesondert von den übrigen Reisenden, unterzubringen. Falls es sich um einen Cholerakranken handelte (wie sollte der Schaffner das wissen?), waren die Reisenden aus allen Abteilen zu entfernen, die mit dem des Erkrankten auf denselben Abort angewiesen waren[11]. Der Schaffner hatte sich sorgfältig zu reinigen, wenn er mit dem Erkrankten in Berührung gekommen war.
Streitigkeiten mit den Reisenden blieben nicht aus. Allgemeines Ärgernis war die Heizung. Mal gab der Lokomotivführer zu viel, mal zu wenig Dampf in die Heizleitungen. Es schien nicht einfach, die Dampf- aber auch die elektrische Heizung entsprechend der Aussentemperatur vernünftig zu dosieren. In einem vor der Jahrhundertwende geschriebenen Beitrag „Eisenbahnhygiene und Eisenbahnkrankheit" warnt jemand: „Die Eisenbahn trägt oft selbst die Schuld an Erkrankungen der Passagiere, denn die Temperatur in den Waggons ist meist eine sehr ungeregelte. Im Winter Eisenbahnfahrten zu machen, gehört sowieso zu den unangenehmsten und zugleich ungesündesten Dingen. Jeder hat es sicher schon durchgekostet, in einem Wagen fahren zu müssen, dessen Temperatur ungefähr der eines Eisschrankes gleichkam, und der sich schließlich erst am Ende der Fahrt ein wenig erwärmte [...] Oder ein anderes Mal erhält man auf Staatskosten ein Dampfbad, um sich dann beim Aussteigen zu erkälten."

Das sahen die Fahrmeister nicht gern, wenn sich das Zugbegleitpersonal ständig im Gepäckwagen aufhielt. Zugrevisor Helmut Hoffmann, Zugschaffner Fred Truppel und Zugführer Horst Fischer in Löbau (Sachs) (1972) Foto: Paulsen, Slg. Schwarzbach

Auch in Zeiten klimatisierter Hochgeschwindigkeitszüge bleibt wegen des Raumklimas der Ärger mit den Zugbegleitern, den „Reisendenbetreuern" nicht aus.

Bereits vor dem Ersten Weltkrieg war dem Schaffner streng verboten, sich in einen Wortwechsel einzulassen. Wenn Reisende seinen höflichen, aber bestimmten Anordnungen nicht folgten, ihn beleidigten, musste er trotzdem selbst schweigen, hatte dies aber dem Zugführer zu melden. Zwist konnte zum Beispiel entstehen, wenn der Zugschaffner sich weigerte, Briefe, Pakete oder andere Gegenstände zu ausserdienstlichen Zwecken mitzunehmen. Das verbot ihm das sogenannte Postregal. Auch Wünsche, Speisen oder Getränke herbeizuschaffen, musste der Schaffner höflich ablehnen – was sich nach 1985 in den Intercitys grundlegend ändern sollte –, dagegen hatte er auf dem Bahnsteig anwesende Verkäufer der Bahnwirte auf Wunsch heranzurufen.

Solange unter den Bürgern unbedingte Staatsgläubigkeit herrschte, die auch den Untertanengeist förderte, wurden die Beamten als Autorität hingenommen, der man sich zu fügen hatte. Thomas Mann schrieb darüber: „Sieh diesen Schaffner an mit dem Lederbandelier, dem gewaltigen Wachtmeisterschnauzbart und dem unwirsch wachem Blick. Sieh, wie er die alte Frau in der fadenscheinigen schwarzen Mantille anherrscht, weil sie um ein Haar in die zweite Klasse gestiegen wäre. Das ist der Staat, unser Vater, die Autorität und die Sicherheit. Man verkehrt nicht gern mit ihm, er ist streng, er ist wohl gar rauh, aber Verlass, Verlass ist auf ihn, und dein Koffer ist aufgehoben wie in Abrahams Schoß." [9]

Die Autoritätsgläubigkeit nahm im Ersten Weltkrieg Schaden, doch bei der jungen, ins Defizit schlitternden Deutschen Reichsbahn sollte sich das Personal verkehrswerbend zeigen und freundlich zum Publikum sein. Besonders den während des Zweiten Weltkriegs eingestellten Schaffnern mangelte es am diplomatischen Geschick, Meinungsverschiedenheiten ohne Nachhall zu beenden. Da die Züge zunehmend überfüllt waren und jeder ohne Rücksicht auf den Mitreisenden seinen Platz erkämpfte, waren unschöne Szenen zwischen Reisenden und Eisenbahnern nicht selten. In den siebziger Jahren kam ein weiteres Phänomen in den

---

[11] Die Bauart der Abteilwagen ließ den Reisenden eines oder mehrerer Abteile nur die Benutzung eines Abortes zu

Auseinandersetzungen hinzu, die tätliche Beleidigung bis zur schweren Körperverletzung, vor allem durch jugendliche Reisende.

Da auch heute mehr oder weniger heftige Meinungsverschiedenheiten nicht ausbleiben, werden die Zugbegleiter der Deutschen Bahn einem Verhaltenstraining unterzogen. Es soll einwöchige Seminare geben [3], auch für die im Nahverkehr eingesetzten Mitarbeiter. Inhalt: Psychologie, Verhalten bei Problemfällen, Erscheinungsbild.

Denken wir nicht weiter darüber nach, sondern sehen, was zu tun ist, wenn der Zug auf dem Zielbahnhof angekommen ist und die Reisenden verschwunden sind. Jetzt begann das „Abrüsten", die Abschlusszeit: den Zugschluss und die Schilder entfernen, die Fenster und Lüftungsklappen schließen, nach Liegengebliebenem sehen (die Fundsachen waren bei der Aufsicht abzuliefern), das Licht löschen. Der Rangierleiter konnte den Zug in die Abstellanlage bringen.

Am schnellsten ging der Dienst beim Personalwechsel zu Ende. Nach wenigen Worten zu den Verhältnissen und Besonderheiten im Zuge verabschiedete man sich und wartete im nach Fußbodenöl und Tabakqualm riechenden Aufenthaltsraum auf die „Rückleistung".

Zu Zeiten, da nicht jede Wohnung ein Bad besaß, war die – nicht bezahlte – Pause auf einem Bahnhof mit Badeanstalt und Kantine angenehm und scheinbar rasch zu Ende.

Vergessen wir nicht den Zugrevisor, der unter den besten Zugführern ausgewählt werden sollte und mit den Zugbegleitern eng verbunden war. Bei der Deutschen Reichsbahn gehörte er zur Gruppe bzw. Fachabteilung Reiseverkehr beim Reichsbahnamt bzw. zur Verwaltung S-Bahn der Reichsbahndirektion Berlin[12]. Er kontrollierte die Reisenden als auch das Zugbegleitpersonal und fuhr bei der Deutschen Reichsbahn stets in Uniform, bei der Deutschen Bundesbahn in Zivil.

Im Gehaltsgruppenkatalog für die Beschäftigten der Deutschen Reichsbahn wurden seine Aufgaben so beschrieben: „Kontrolliert die Dienstausführung des Aufsichts- und Ladedienstes und des Zugbegleitpersonals in verkehrlicher Hinsicht und wertet die Mängel mit den Beteiligten aus. Überwacht den Festtags- und Sonderzugverkehr sowie den Schienenersatzverkehr, kontrolliert die Einhaltung

Das rote Lederband des Zugführers war ein Überbleibsel der früheren Umhängetasche; auf dem Band stand „Zugführer". Halle (Saale) Hbf (1950)   Slg. Rampp

der Fahrpläne, Zugbildungspläne, Lade- und Beförderungspläne und der Arbeitsschutzanordnungen, die ordnungsgemäße Beschilderung, Beleuchtung und Beheizung der Züge sowie die Übereinstimmung des Leistungsangebots mit dem Verkehrsbedürfnis und leitet daraus Vorschläge für die rationelle Nutzung des Wagenparks ab." [...] Prüft vom Zugbegleitpersonal kontrollierte und verkaufte Fahrausweise, nimmt Beschwerden der Reisenden entgegen, hospitiert beim Dienstunterricht für Zugbegleiter. Überwacht Reisendenzählungen. Leitet die Zugbegleitpersonale fachlich an und kontrolliert die Realisierung der Dienstaufgaben." (Auszug)

Als am 15. Januar 1994 die Druckschrift – so nannte man bei der Deutschen Bundesbahn die Vorschrift, bei der Deutschen Bahn wurde aus ihr die Richtlinie! – „Aufgaben des Team-Leiters wahrnehmen" in Kraft trat, war die Richtlinie für Zugrevisoren der Deutschen Bundesbahn und die Anweisung für

---

[12] Die S-Bahn beschäftigt noch Kontrolleure (von Berlinern Kontrollettis genannt), die in Zivil, „perfekt getarnt", die Fahrgäste kontrollieren

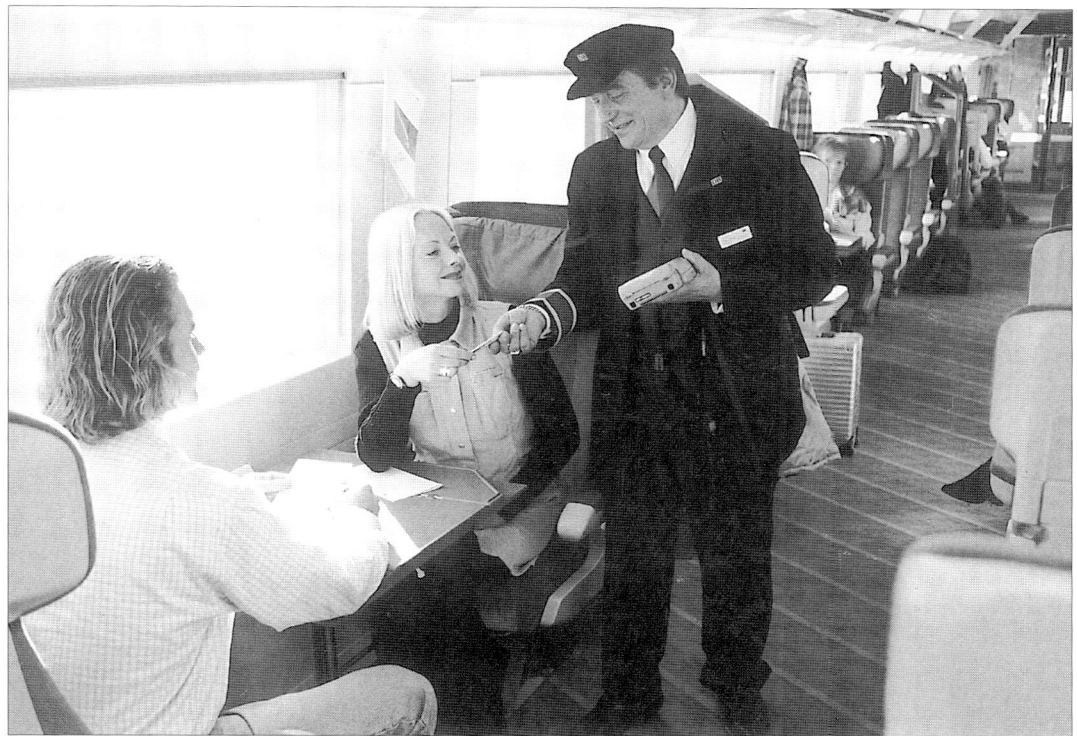

Erst sind die Fahrscheine zu kontrollieren und gegebenenfalls zu verkaufen, dann ist den Fahrgästen der 1. Klasse Kaffee und Imbiss zu servieren. Der Zugchef ist an der roten Armbinde zu erkennen (1996) Foto: DB/Jet-Foto

Zugrevisoren der Deutschen Reichsbahn eingearbeitet worden. Seitdem gibt es keine Zugrevisoren mehr.

Das Berufsbild und die Berufsbezeichnungen haben sich seit den achtziger Jahren bei der Deutschen Bundesbahn und nach 1990 auch bei der Deutschen Reichsbahn sehr verändert. Beim „Produktrevival IC '85" fiel jemandem ein, dass der Zugbegleiter „nicht mehr im eigentlichen Sinne 'Begleiter des Zuges' sondern vielmehr 'Begleiter der Fahrgäste' ist." [3] Wer hätte das gedacht? Der Zugführer führte auch nicht den Zug, sondern war der Zugchef oder, um es amerikanisch zu sagen, der Team-Chef. Im Intercity hiess er nun IC-Chef. Doch selbst die seit 1998 geltende Fahrdienstvorschrift macht nicht jede Mode mit und beließ es bei den Bezeichnungen Zugbegleiter, Zugführer, Zugschaffner. [4]
Deren betriebsdienstliche Aufgaben haben infolge von Rationalisierung und Automatisierung und auch durch neue Technik (zum Beispiel Türschließvorrichtungen, Heizung, Beleuchtung, Belüftung) abgenommen, aber es gibt noch eine Reihe davon. Deshalb fordert auch die eine der Eisenbahnergewerkschaften folgende Mindestforderungen für Zugbegleiter:
1. *Zugschaffner: Ein Monat Beschäftigung im Betriebs- und Verkehrsdienst und fünf Tage Ausbildung als Schaffner einschließlich der Unterweisung in der Bedienung der Brems-, Heiz- und Beleuchtungseinrichtungen und, wo erforderlich, ein Tag als Rangierleiter.*
2. *Zugführer: Drei Monate Beschäftigung im Betriebs- und Verkehrsdienst und zwei Wochen Ausbildung als Zugführer einschließlich des Fahrdienstes auf Betriebsstellen bei Zugleitbetrieb.* [5]

Tatsächlich hatte sich das Berufsbild des Zugbegleiters bei der Deutschen Reichsbahn in Ansätzen auch bereits vor 1990 erheblich geändert.

Zum Gast wurde der Bahnbenutzer erst, als die Bahnvorstände um den Umsatz besorgt sein mussten. Das war in der alten BRD früher, in der DDR später der Fall. DB-Vorstandsmitglied Hemjö Klein verdeutlichte 1989, was er unter dem Wort Kundennutzen verstand, und er wollte nicht, dass sich die Zugbegleiter nach der

Fahrausweiskontrolle in das Dienstabteil zurückziehen. Zumindest in der 1. Klasse haben sie die Fahrgäste mit Imbiss, Getränken und Zeitungen zu bedienen. War zunächst der Widerstand der Zugbegleiter gegen diese neue Art von Dienstleistung zu überwinden, für die sie nun auch im Trainings-Speisewagen ausgebildet wurden, schien das größte Hindernis in den beamtenrechtlichen Vorschriften zu liegen. Der Reisende ist es gewohnt, dem Kellner Trinkgeld zu geben. Was sollte der Zugschaffner mit den überschüssigen Münzen anfangen, die ihm nach dem Servieren gegeben wurden? Als Beamter durfte er doch kein Trinkgeld annehmen. Nach jahrelangem Lamentieren in der DB-Zentrale ist das Problem seit 1994 erledigt, da die Deutsche Bahn sich die Beamten lediglich ausleiht. Nicht ausgestanden ist die unzuverlässige Betreuung der 1.-Klasse-Reisenden, die nun nicht von der Minibar der MITROPA bedient werden. Solange der Zugschaffner Fahrausweise kontrolliert – zum Beispiel im ICE von Frankfurt (Main) bis Fulda, vom neuen Personal von Fulda bis Kassel-Wilhelmshöhe – wird nicht bedient.

Eine alte und wieder neue Sache ist, ob der Zugbegleiter über die Gesamtstrecke im Zug bleiben soll oder je nach den Erfordernissen (optimale Dienstdauer, wenig Pausen, keine auswärtigen Ruhezeiten, angepasst an die Besetzung des Zuges) wechseln soll. 1976 hatte die Deutsche Reichsbahn in den Städte-Expresszügen feste Kollektive, 1985 die Deutsche Bundesbahn in den Intercitys feste Teams eingesetzt. Am 27. September 1998 wurden diese Teams (gewöhnlich 1 Zugchef und 2 Zugbegleiter) zerrissen, weil die Zugbegleiter den Zug entsprechend der Besetzung des Zuges begleiten. Das können neben dem IC-Chef mal ein, mal zwei oder auch vier Zugschaffner sein, jeder über unterschiedlich lange Streckenabschnitte. Der Leidtragende ist der Reisende, dessen Fahrausweise bei jedem Personalwechsel kontrolliert werden, zwischen Hamburg und Köln bis zu fünf Mal!

Im Nahverkehr sollte mit dem neuen Begriff vom Kundenbetreuer im Nahverkehr (KiN) ein neuer Geist einziehen: Der Zugbegleiter als „Partner der Reisenden, als Gastgeber im Zug". Musste diese Rollenänderung in das Kürzel KiN (Kundenbetreuer im Nahverkhr) eingekleidet werden? Bis 1998 hatte sich es sich bereits vervielfacht:

- KiN M   Multifunktional, Lokomotivführer, Triebwagenführer und Schaffner
- KiN B   Betrieb
- KiN F   Fahrgeldsicherer
- KiN C   Chef, Teamleiter
- KiN S   Stellvertreter des Teamleiters
- KiN V   Verantwortlicher
- KiN K   Koordinator der KiN-Gruppen in der Region
- KiN T   Trainer.

Warum man nicht die früheren Bezeichnungen, wie Fahrmeister, Wanderlehrer, Zugschaffner oder Dienstplangemeinschaftsleiter, beibehielt, statt dessen verklausulierte Abkürzungen und Tätigkeitsbezeichnungen einführte, unter denen sich nicht einmal die Eisenbahner des betreffenden Geschäftsbereiches etwas vorstellen können, lässt sich nur schwer erklären.

Dass bei der Deutschen Bahn mitunter die rechte Hand nicht weiß, was die linke tut, erhellt sich am Beispiel des Fahrgeldsicherers, des KiN F. Er soll die Fehlbeträge, die durch „Graufahrer" entstehen (jährlich etwa 130 Millionen Mark) in der Bilanz des Geschäftsbereichs Regio auffüllen helfen, die dadurch entstanden sind, dass zum Beispiel aus sechs Wagen bestehende Doppelstockzüge nur mit einem KiN gefahren werden.

Hatte die Deutsche Bahn nicht auf Vorwürfe zum Personalabbau stets erwidert, am Servicepersonal werde nicht gespart, es werde sogar aufgestockt? In den Nahverkehrszügen fahre oft die Angst mit, klagten die Zugbegleiter, da die Bereitschaft zur Gewalt in der Gesellschaft zugenommen habe. Die Bahn wollte 1998 darauf wie folgt reagieren:

- *Praxistraining der KiN im Umgang mit schwierigen Kunden und über ihre Rechte gegenüber den Fahrgästen*
- *Durchgehende 1 : 1-Besetzung der Züge (1 Zugführer, 1 KiN) in bestimmten Regionen und in den Abendstunden*
- *Vermeidung langer Fußwege für die KiN von und zum Zug*
- *Stärkere Unterstützung der KiN durch Zweigniederlassungen und Regionalbereich im Konfliktfall mit Fahrgästen.*

Wohin die Reise mit den Zugbegleitern geht, scheint noch offen: Sicherung der Fahrgeldeinnahmen oder Kundenbetreuung? Ansonsten sind nur die Begriffe ausgetauscht, die Probleme jedoch uralt. Der 1999 eingesetzte DB-Vorstandsvorsitzende Hartmut Ehdorn beabsichtigt, im Nahverkehr ganz auf Zugbegleiter zu verzichten.

3. Der Stolz der Lokomotivführer

Der bekannteste unter den Eisenbahnern war der Lokomotivführer; zumindest in der Zeit, als die Eisenbahn noch mit dem Dampflokomotivbetrieb gleichgesetzt wurde und man den Lokomotivführer auf dem Führerstand auch sah. Doch, gemessen an den Fernsehserien und Liebesromanen mit der Hauptperson von Pfarrer, Lehrer, Frauen- oder Landarzt macht sich der Lokomotivführer in der Literatur rar. Sein Vorgänger, der Postkutscher, war schon eher Gegenstand von Volksliedern und manch kritischer Erzählung, wenn ihm beispielsweise aufdringliche Schnurrerei nachgesagt oder er verdächtigt wurde, mit den Gastwirten im Bunde zu stehen und absichtlich die Aufenthalte zu verlängern.

Beim Lokomotivführer war so etwas unmöglich. Die Schienengebundenheit seines Fahrzeugs zwang zur Einhaltung des Fahrplans. Mit dem Lokomotivführer war, anders als beim Postillion, der unmittelbare Kontakt unmöglich geworden. Selbst wenn man in heutigen Triebwagen dem Lokomotivführer über die Schulter schauen kann, ist er den Fahrgästen ferner als der Busfahrer.

Das könnte zumindest im Nahverkehr anders werden, wenn es der Unternehmensleitung Regio der Deutschen Bahn gelingt, die Kombination von Kundenbetreuer und Lokomotivführer, den KiN M, durchzusetzen, der mal die Fahrausweise kontrolliert und den Anschlusszug nennt und mal den Triebwagen führt. Dieses Abgleiten des Lokomotivführers in die Sphäre des Busfahrers stösst noch auf Widerstand.

Vielleicht war es gerade die Abgeschiedenheit des Lokomotivführers vom Reisepublikum, die die romantische Verklärung seines Berufsstandes förderte und immer wieder einmal zu dem Seufzer über einen Berufswunsch führte, der nicht in Erfüllung gegangen war. „Lokomotivführer zu werden, erschien uns als Gipfel der Seligkeit. Das Spiel mußte ersetzen, was uns die Wirklichkeit nicht geben konnte", schrieb Arno König 1922. In Bernard Shaws Roman „Cashels Byrons Beruf" von 1886 lesen wir: „Die Lokomotive ist eines der Wunder moderner Kindheit. Kinder scharen sich auf einer Brücke, um den Zug darunter hindurchfahren zu

Der Personenzug nach Rheine hat in Coesfeld einige Minuten Aufenthalt, da kommt der Lokomotivführer auch mal zur linken Seite (1971)
Foto: Erdmann/Slg. Hörnemann

Ob auf der Schnellzugmaschine oder auf der Lokomotive 52 2430 des Bahnbetriebswerks Falkenberg (1953), der Beruf des Lokomotivführers besaß immer viel Sozialprestige   Rbd Halle/Slg. Rampp

mend der Elektronik Platz. Anforderungen an den Beruf ändern sich. Es wird nicht mehr nur zugelassen, wer eine handwerkliche Lehre vorzuzeigen hat." Sie beschreibt die Veränderungen der letzten Jahrzehnte: „Fahrpläne und Signale sind dichter, Geschwindigkeiten höher geworden, früher als einst übernehmen Lokführer selbständig immer schwerere Züge."

Wo immer wir etwas über den Lokomotivführer lasen, es blieb das Bild: achtenswerte gesellschaftliche Stellung und ein besonderer Beruf, der Wunschtraum der Jugend war. Bei der Deutschen Reichsbahn in der DDR hatte zwar das Sozialprestige der Eisenbahner arg gelitten, doch der Lokomotivführer stellte immer etwas Besonderes dar. Er gehörte zur Arbeiterklasse, die in jeglicher Hinsicht vornan stand. Er war finanziell besser gestellt als vergleichbare Eisenbahnersparten. Das konnte man in den Bahnbetriebswerken und unter den Stellwerken beobachten. Während der Fahrdienstleiter sich für den Weg zum und vom Dienst ein Moped zusammensparte, kam der Lokomotivführer bereits mit dem Trabant zum Dienst. Bald reichten die Betriebsparkplätze nicht mehr, man fuhr in einer höheren

sehen. Kleine Jungen stolzieren die Straßen entlang und pfeifen und pusten dabei, um die Maschine nachzuahmen. [...] Ich sah noch nie einen Lokomotivführer, der nicht den Eindruck eines ausnehmend intelligenten Menschen machte."

Um die Jahrhundertwende behauptete ein Almanach, der Beruf des Lokomotivführers sei sehr verantwortungsvoll und gefährlich. „Nur vollkommen gesunde Personen sind dafür geeignet, um allen Einflüssen der Witterung standhalten zu können. Außerdem muß der Lokomotivführer Besonnenheit, Geistesgegenwart und äußerste Gewissenhaftigkeit an den Tag legen und an entschlossenes Handeln gewöhnt sein. Oft ist der Lokomotivführer auch genötigt, selbst Reparaturen an seiner Maschine auszuführen und muß er zu diesem Zwecke auch im Maschinenbauwesen eine gründliche Ausbildung besitzen."

Dem widerspricht 90 Jahre später Renate Amstutz in einer Schweizer Zeitung von 1992. Sie beschäftigte sich mit dem Arbeitsplatz des Lokomotivführers: „Die Mechanik in den Zugpferden macht zuneh-

Donnerwetter, eine schöne Anerkennung   Slg. Preuß

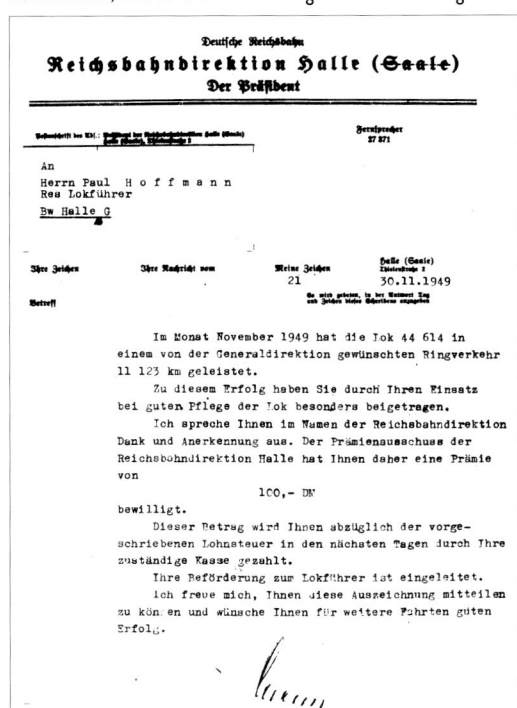

Da habe ich in das Feuerloch gesehen, aber warum bin ich nicht Lokomotivführer geworden? Foto: DB/Slg. Reinshagen

Klasse vor, mit dem Wartburg oder dem Lada 2107. Als Geld allein den unregelmäßigen Schichtdienst nicht attraktiv werden ließ, wurden die Titel Oberlokomotivführer und Hauptlokomotivführer wieder eingeführt, und nach 30 oder 40 Dienstjahren über den Plandienstrang hinaus befördert. Jetzt trug man das Gold der Inspektorenschulterstücke. Selbstverständlich fuhren der Lokomotivführer und seine Familie auf Freifahrtschein in der 1.Klasse.

Das größte Ansehen genoss sicherlich der erste Lokomotivführer auf deutschem Boden, der Engländer William Wilson, der im Dienst der Königlichen Privilegierten Ludwigs-Eisenbahn-Gesellschaft stand.
Der Dampfwagen und die mit ihm verbundenen Menschen wie das Verkehrsmittel überhaupt schufen einen neuen Beruf, den des Eisenbahners. Mit einem Dampfwagen umgehen durften allein ausgebildete und erfahrene Männer. Die fand man zunächst nur in England, weshalb man sie von dort „importierte". Als Johannes Scharrer, der Direktor der Ludwigsbahn, am 19. Mai 1835 bei Robert Stephenson & Co in Newcastle den Dampfwagen mit Tender bestellt hatte, forderte er auch den Führer dazu an. „Sie werden zugleich die Güte haben, uns mit dem Dampfwagen einen Mann zu senden, der mit der Leitung, Beheizung und Behandlung desselben völlig vertraut ist und der solange hierbleibt und besoldet wird, bis er einen anderen hierin unterrichtet hat, der alsdann an seine Stelle treten kann", hieß es in dem Brief. William Wilson traf am 17. Oktober 1835 in Nürnberg ein und wohnte im Gasthof „Wilder Mann". Er war am 18. Mai 1809 in Wallbotle (bei Aberdeen) als Sohn des Mechanicus Wilson geboren und trat 1829 als Maschineningenieur in den Dienst bei George bzw. Robert Stephenson.
Wenn er auf der Lokomotive ADLER als Remorquermeister – wie man den Lokomotivführer anfangs nannte – vornehm gekleidet und allen sichtbar – stand, musste er die Menschen beeindrucken. Wie der Postillion thronte er auf dem Dampfross. Er war für die Zuschauer und Berichterstatter der Gentleman auf der Lokomotive, der Beherrscher des Schienenreichs.
Friedrich Schulze, ein Zeitgenosse Wilsons, schrieb anlässlich der Eröffnungsfahrt am 7. Dezember 1835: „Jede Schaufel Steinkohlen, die er nachlegte, brachte er mit Erwägung des rechten Maßes, des

Schillings und Goldschmitts Bild mit dem falschen Lokomotivnamen – DER ADLER statt ADLER – von 1935 hat Deutschlands ersten Lokomotivführer William Wilson bekannt gemacht   Slg. Preuß

rechten Zeitpunktes, der gehörigen Verteilung auf den Herd. Keinem Augenblick müßig, auf alles achtend, die Minute berechnend, da er den Wagen in Bewegung zu setzen habe, erschien er als der regierende Geist der Maschine und der in ihr zu der ungeheuren Kraftwirkung vereinigten Elemente."

Weitgehend unbekannt blieb der erste Heizer: Johann Georg Hyronimus, zu dessen Aufgaben die Aufsicht über den Dampfwagen und Tender gehörte. Täglich hatte er sie zu reinigen, zu scheuern, zu schmieren und gehörig herzurichten – im übrigen alle Aufträge Wilsons zu erledigen, auch die, die die Wagen betrafen.

Wilson musste Josef Bauer, einen Lehrer an der Polytechnischen Schule, unterrichten, wie man eine Dampfmaschine behandelt und führt. Anfangs brauchte er dazu einen Dolmetscher. Bis Ende 1843 erhielt der Engländer jährlich 1500 Gulden, was seiner herausgehobenen Stellung entsprach, empfing der Direktor der Gesellschaft doch nur 1200 Gulden Lohn. Hinzu kamen 400 Gulden Vergütung, die man Wilson für die Ausbildung des Lehrers Bauer bezahlte.

Im zweiten Vertrag wurde Wilson ein noch höheres Gehalt zugesichert, musste er doch zusätzlich die Leitung der zweiten, 1836 gelieferten Lokomotive PFEIL und die Aufsicht über die mechanische Werkstätte, über das Eisenwerk sowie über die Bahn und die Wagen übernehmen. Auch hatte er mehrere junge Mäner auszubilden.

Nach sieben Jahren Dienstzeit bewilligte man Wilson sechs Wochen Urlaub, während dem ihn der Gehilfe Bockmüller vertrat. Vom 1. Januar 1844 an gestand die Bahngesellschaft ihrem ersten Lokomotivführer nur noch 1000 Gulden zu; der entrüstete Wilson wollte die Gesellschaft verlassen. Also schrieb man einen neuen Vertrag, und die Gesellschafter kamen ihm mit 1200 Gulden entgegen.

1860 erkrankte Wilson, das Gehör hatte sich verschlechtert. Mit 53 Jahren starb er am 17. April 1862.[1]

1852 gab es bei den deutschen Bahnen über 700 Lokomotivführer, allerdings besaßen sie nicht mehr die Sonderstellung Wilsons, sondern waren einem strengen Reglement unterworfen. Das aus dem Französischen übersetzte „Handbuch für Locomotiven-Führer" von 1842 zweifelte an der „Sittlichkeit der Arbeiter in den Maschinenwerkstätten", warnte die Lokomotivführer vor ihnen. Er dürfe nicht so handeln wie ein gewöhnlicher Maschinenarbeiter, der „nur seine tägliche Arbeit verkauft, ohne irgendeine Ergebenheit dem zu bezeigen, welchem er sie verkauft."

Verstöße gegen die Vorschriften oder Unpünktlichkeit wurden mit Strafe belegt. Häufig mußte der Lokomotivführer-Anwärter, um den Beruf ausüben zu können, eine Kaution hinterlegen. Andererseits bezogen die Lokomotivführer und Feuerleute ausser ihrem Gehalt noch Meilengelder, und zwar der Führer 6 Pfennig pro Meile, der Heizer 3 Pfennig, und auch die Kohlenprämie für erspartes Heizmaterial gab es bereits sehr früh.

Die Löhne der Bahngesellschaften waren sehr unterschiedlich, weshalb man die Berufsgruppen in dieser Hinsicht nur schwer vergleichen kann. Ein Bahnwärter erhielt 1848 rund 100 bis 190 Reichstaler im Jahr (das Existenzminimum einer fünfköpfigen Familie lag bei 175 Talern), aber ein Lokomotivführer brachte es auf 250 bis 800 Taler.

Die Bahngesellschaften ließen sich die Verantwortung, die „der Schwarze" an der Spitze der Züge für die Reisenden und auch für die Güter trug, etwas kosten. Solide Lebensführung sowie die Treue zum Dienstherrn und zum Staat waren neben der technischen Ausbildung die Voraussetzung, zum Lokomotivführer aufzusteigen und Beamter zu werden. Zur Ausbildung als Lokomotivführer wurden vor dem Ersten Weltkrieg (danach sahen die Voraussetzungen nicht viel anders aus) nur jene Heizer zugelassen, die

- *das Staatsbürgerrecht besaßen*
- *der Heerespflicht Genüge geleistet hatten*
- *zwischen dem 18. und 32. Jahr standen*
- *ein ehrenhaftes Vorleben aufwiesen*
- *von kräftiger Körperbeschaffenheit waren*
- *die genaue Kenntnis der Bauart der Lokomotive sowie aller Bedingungen für deren guten Gang und deren verläßliche Instandhaltung besaßen.* [2]

Ein Hallodri durfte der künftige Lokomotivführer nicht sein. Schließlich schrieb die Dienstanweisung für Lokomotivführer von 1911 vor: „Vom Lokomotivführer wird erwartet, daß er selbst im Augenblick größter Gefahr mit Geistesgegenwart und Entschlossenheit handelt." (Paragraph 1 Absatz 3)

Dass wir in Andreas Möller einen Lokomotivführer vor uns haben, sehen wir an der Lokomotive am Kragen (1915) Slg. Hörnemann

Dafür hatte jeder Lokomotivführer den Minister der öffentlichen Arbeiten zum Vorgesetzten – viele andere Eisenbahner übrigens auch, wie es in den verschiedenen Dienstanweisungen stand. Beim Lokomotivführer waren die Vorgesetzten aber in übergroßer Zahl vertreten. Vielleicht, weil sie sich für die für sie fremde Maschine und den Maschinisten interessierten, oder meinten sie, die Verantwortung für die Sicherheit des Bahnbetriebes ginge hauptsächlich vom Lokomotivführer aus? Die bereits genannte Dienstanweisung zählt folgende Vorgesetzte auf:

a) *der Minister der öffentlichen Arbeiten und seine Kommissare,*
b) *der Präsident, die Mitglieder und Hilfsarbeiter[1] der Eisenbahndirektion,*
c) *die Vorstände der Betriebs-, Maschinen-, Werkstätten-, Verkehrsämter sowie der Bauabteilungen und die bei den Ämtern und Bauabteilungen beschäftigten Regierungsbaumeister,*

---

[1] Die Bezeichnung Hilfsarbeiter war seinerzeit nicht abwertend, sondern kommt vom Wort „helfen". Heute heißt so etwas Leitungsassistent. Robert Garbe, der berühmte Lokomotivingenieur, war von 1895 an Hilfsarbeiter in der Eisenbahndirektion Berlin.

d) die Betriebsingenieure,
e) die Kontrolleure innerhalb ihres Geschäftsbereichs,
f) die Werkstättenvorsteher und Betriebswerkmeister,
g) der Vorsteher der Heimatstation, auf der sich ein Betriebswerkmeister nicht befindet,
h) die Vertreter der Genannten,
i) die vorstehend unter b) bis h) genannten Beamten anderer preußisch-hessischer Direktionsbezirke sowie die gleichartigen Beamten außerpreußischer Eisenbahnverwaltungen, solange der Lokomotivführer in deren Dienstbereich dienstlich tätig ist.

Etwas fällt uns heute auf, wenn wir die Dienstanweisung lesen: „Bei Anwesenheit von Vorgesetzten auf der Lokomotive hat sich der Lokomotivführer dienstlich zu melden." (Paragraph 2 Absatz 2) Solche dienstlichen Meldungen waren auch für andere Berufsgruppen angeordnet, wie Stellwerkswärter, Schrankenwärter, und bei der Deutschen Reichsbahn bis in die achtziger Jahre Gepflogenheit. Sie ist ganz aus der Mode gekommen. „Lokomotivführer Schulze. Keine besonderen Vorkommnisse", lautete solch eine Meldung.

Über Jahrzehnte hielt die Bahn daran fest, dass der Normaltyp eines Lokomotivführers ein handwerksmäßig vorgebildeter Beamter zu sein habe. Am besten war es, wenn sich jemand bewarb, der Maschinenschlosser gelernt hatte. Ehe er Beamter wurde und ehe er selbständig eine Lokomotive bewegen durfte, musste er im Führerstand auf der linken Seite als Lokomotivheizer fahren. Der brauchte kein Handwerker zu sein. Heizer, ebenso wie die bis zur Einführung der Zugleine (siehe 2. Abschnitt) eingesetzte und daher wenig bekannte Tenderwache (sie hatte rückwärts den Zug und die Bremser zu beobachten und Unregelmäßigkeiten zu melden), war nur eine angelernte Tätigkeit.

Der preußische Lokomotivheizer nach 1919

Lokomotivheizer, bisher Feuermann

Lokomotivanwärter, bisher Hilfsheizer

Eisenbahnanwärter, bisher Aushelfer

Reservelokomotivführer, Lokomotivheizer mit bestandener Lokomotivführerprüfung

Nach einem Erlass des preußischen Ministers der öffentlichen Arbeiten vom 30. August 1919 [7]

Wer unter den Heizern kein Handwerker war, dem blieb allerdings der Aufstieg zum Lokomotivführer verschlossen, bis 1922 die Deutsche Reichsbahn versuchte, sogenannte Berufsheizer, wie man die Nichthandwerker nannte, als Lokomotivführer auszubilden. Im Geschäftsbericht für das Jahr 1925 stellte sie fest, diese Verwendung habe sich bewährt. Es blieb aber beim zuvor genannten Prinzip, dass der Lokomotivführer ein Handwerker sein sollte. Das Prinzip besteht immer noch und nennt sich Zugangsvoraussetzung.

Diese Haltung kam von der Ansicht, ein Lokomotivführer solle die Dampfmaschine nicht nur fahren, sondern sie beherrschen. Das schloss die Wartung, Überprüfung und kleinere Nacharbeiten ein. Während der Anfänge des Eisenbahnbetriebs war es üblich, den Lokomotivführer während der Hauptreparatur seiner Lokomotive als Schlosser oder Monteur in der Werkstatt einzusetzen.

Die vom 1. Oktober 1957 an geltenden Dienstanweisung für die Lokomotiv- und Triebwagenpersonale der Deutschen Reichsbahn verlangte: „Der Lokomotivführer muß die Bauart und alle Einrichtungen der ihm zugeeilten Triebfahrzeuge kennen sowie die Bedienungsweise und Behandlung beherrschen. Er muß sich auch allgemein mit den übrigen seinen Dienst berührenden Einrichtungen, Neuerungen und Änderungen vertraut machen."

Keine Schrift, die sich ernsthaft mit dem vielseitigen Dienst und den notwendigen Kenntnissen von Lokomotivführern beschäftigte, kam mit wenigen Zeilen aus. Darüber wurde mindestens so viel geschrieben, wie über den Fahrdienstleiter (siehe 4. Abschnitt). Der Lokomotivführer hatte ja nicht nur eine mobile Dampfmaschine zu meistern, er musste zugleich Fachmann für die Bremsen und die Wagentechnik sein, die Strecke genau kennen und die vielfältigen Betriebsvorschriften befolgen.

Die für ihn wichtigste Vorschrift stand – und steht – im Signalbuch, und die heisst „Halt". Der Lokomotivführer darf nicht am Halt zeigenden Signal vorbeifahren. Freilich, es gibt Ausnahmen, und diese strenge Vorschrift zu befolgen, wurde ihm durch die mechanische (zum Beispiel bei der S-Bahn) oder durch die induktive Zugsicherung erleichtert. Trotzdem: Die unzulässige Vorbeifahrt an einem Haltsignal war und ist gefährlich, ein ernster Disziplinverstoß, der streng geahndet wurde. Im Dienst-Reglement für die König-Frederik des Siebenten-Süd-Schleswigsche Eisenbahn von 1854 hieß es

Da die meisten Menschen Rechtshänder sind, ist des Heizers Seite links, und da die Signale in Deutschland rechts standen, steht der Lokomotivführer rechts. In Leipzig-Wahren
Rbd Halle/Slg. Rampp

kurz und bündig: „Der Locomotivführer, welcher ein ihm gegebenes Signal nicht beachtet, oder gar ein 'Gefahr'-Signal passirt, wird augenblicklich aus dem Dienst der Gesellschaft entlassen." (Paragraf 93).

Die erwähnte Dienstanweisung der Deutschen Reichsbahn von 1957 zählt neben vielen allgemeinen Pflichten („Zur Schutzkleidung ist die Dienstmütze zu tragen.") 19 besondere Dienstpflichten auf.

Der Lokomotivführer hat:
1. das ihm zugewiesene Triebfahrzeug so zu bedienen, zu führen und zu pflegen, daß die Fahrten mit der größten zulässigen Geschwindigkeit unter Anwendung der wirtschaftlichsten Fahr- und Feuerungstechnik ohne Gefahr unter Einhaltung der vorgeschriebenen Fahrzeiten ausgeführt werden können,
2. die ihm schriftlich gegebenen Befehle (Befehl A und B, Vorsichtsbefehl) genau zu beachten,
3. die Einrichtungen zur Verhütung des Funkenfluges vor Antritt der Fahrt auf ihren guten Zustand zu kontrollieren und die Kennzeichen für feuergefährliche Streckenabschnitte (Fackel) besonders zu beachten,
4. dafür zu sorgen, daß das Triebfahrzeug während des Einsatzes mit den vorgeschriebenen Signalen gekennzeichnet ist,
5. bei der Führung des Triebfahrzeuges die Strecke und Bahnhöfe zu beobachten sowie die Signale und Kennzeichen zu beachten,
6. sich mit dem Fahrplan, den Fahrplananordnungen, den besonderen Anordnungen für die von ihm zu befahrenden Strecken und Bahnhöfe vertraut zu machen,
7. unter besonderen Verhältnissen (Lokleerfahrten, Lokzüge, Züge ohne Zugpersonal und Züge mit Einmannbesetzung) die Aufgaben anderer Betriebseisenbahner (Zugführer, Wagenmeister) wahrzunehmen,
8. die vorgeschriebenen Aufschreibungen zu machen, die Erledigung seiner Meldungen und die Wirtschaftlichkeit des Triebfahrzeuges zu verfolgen,

9. durch organisierte Pflege für einen guten Betriebszustand und für Ordnung und Sauberkeit des Triebfahrzeuges zu sorgen,
10. den betriebssicheren Zustand der Bremseinrichtungen des Triebfahrzeuges vor Antritt der Fahrt zu prüfen und den Bremszettel gemäß „Fahrdienstvorschriften" [...] zu beachten,
11. durch sorgfältige Pflege des Kesselspeisewassers, sofern es im Kessel chemisch behandelt wird, einen guten wärmetechnischen Zustand der Lokomotive zu erhalten und den Lokomotivkessel regelmäßig und ordnungsgemäß abzuschlammen,
12. mit darauf zu achten, daß die Abmessungen des Triebfahrzeuges den Vorschriften entsprechen. Ist er im Zweifel, ob die Grenzmaße noch eingehalten sind, so veranlaßt er bei der Dienststellenleitung (Gruppenleiter für die Lokunterhaltung) die Nachmessungen,
13. den Lokomotivheizer oder Beimann über die sachgemäße und rechtzeitige Verrichtung seiner Dienstobliegenheiten zu unterweisen und ihn hierbei zu beaufsichtigen,
14. die Arbeitsschutzbestimmungen bei seiner Dienstausübung zu beachten und dafür zu sorgen, daß sie auch von seinem Lokomotivheizer oder Beimann befolgt werden,
15. die ihm zur Ausbildung zugeteilten Eisenbahner in der Bedienung, Führung und Pflege des Triebfahrzeugs zu unterrichten,
16. die volle Verantwortung zu tragen, wenn er eine seiner eigenen Dienstverrichtungen dem Lokomotivheizer oder Beimann oder einem Auszubildenden zu dessen Ausbildung oder aus einem anderen zwingenden Grunde vorübergehend überträgt. Weist sich ein im Führen von Triebfahrzeugen Auszubildender als solcher durch eine Bescheinigung einer vorgesetzten Stelle aus, so hat ihm der Lokomotivführer das Führen des Triebfahrzeuges zu gestatten, bleibt jedoch voll verantwortlich und hat erforderlichenfalls entsprechend zu handeln,
17. die selbständige Führung des Triebfahrzeuges einem Mitfahrenden auf dessen Ersuchen nur zu überlassen, wenn dieser die vorgeschriebene Berechtigungskarte besitzt. In diesem Fall wird der Lokomotivführer von der Verantwortung für die Fahrt entbunden, nachdem er ihn über alles Wissenswerte unterrichtet hat,
18. keinesfalls durch Unbefugte das Triebfahrzeug in Gang setzen oder führen zu lassen,
19. im Dienst eine richtig zeigende Uhr bei sich zu tragen, welche vor Beginn der Zugfahrt mit der des Zugführers zu vergleichen ist.

In diesen Vorgaben fehlen spezielle Ermahnungen, wie auf keinen Fall Reisende durch Pfeifen zu erschrecken oder das Qualmen zu unterlassen. In Dresden „glaubten einige Anwohner der dicht an den Häuserreihen entlang führenden Dresden-Bodenbacher Staatseisenbahn, daß ihre Beschwerden wegen Rauchbelästigung als übertrieben und unwahr keine Beachtung gefunden hätten, und griffen zu dem Mittel, rauchende Lokomotiven samt ihren Führern zu photographieren, um so gleich den besten Beweis zu den Akten geben zu können." [4] Die Anwohner schienen schlechte Karten zu haben, denn der Verfasser dieser Geschichte ergriff für die Lokomotivführer Partei, die sich nicht ärgern, sondern höchstens dazu lachen sollten. „Weiß er doch und wissen es doch mit ihm seine Vorgesetzten, daß er eben Dampf entwickeln muß, um die Fahrzeit einzuhalten und schwere Lasten fortbewegen zu können. Es wird jener Lokomotivführer recht behalten, der einem der höchsten Eisenbahnbeamten auf die Frage, wie wohl der Rauchbelästigung am besten abzuhelfen sei, die treffende Antwort gab: 'Ja, solange wir nicht weiße Kohlen zum Anfeuern bekommen, sondern schwarze, wird es wohl auch weiter schwarz rauchen!'"

Inzwischen raucht es, abgesehen von Einsätzen der Museumslokomotiven, gar nicht mehr, die Klagen indes sind geblieben, über zu laute Diesellokomotiven, die Schaltgeräusche der Baureihe 141 und über die Eisenbahn überhaupt.

Bevor ein Lokomotivheizer zum ersten Mal als Lokomotivführer selbständig einen Zug in Bewegung setzen durfte, waren eine umfangreiche Prüfung, deren Fragen in [3] nachgelesen werden können, und eine „gründliche Streckenkenntnis" Voraussetzung. Die erwarb der Lokomotivführer durch mindestens drei Belehrungsfahrten bei Tag und drei bei Dunkelheit in jeder Richtung. Er konnte sie übrigens auch verlieren, wenn er eine Strecke länger als zwölf Monate als Lokomotivführer nicht mehr befahren hatte.

Und im Schnellzugdienst durfte, zumindest bei der Deutschen Reichsbahn, der Lokomotivführer nur mit einem -heizer oder einem Beimann fahren, der die physischen Voraussetzungen nach der Tauglichkeitsvorschrift besaß und vorbildliche Leistungen zeigte sowie mindestens drei Monate Rangierdienst, sechs Monate Güterzugdienst und neun Monate Personenzugdienst nachweisen konnte.

Doch ehe der Lokomotivführer in den Schnellzugdienst aufrückte, kam er in die untergeordneten Dienste. Die nachfolgend zitierte Druckschrift

Im nachgebildeten Führerraum der Bundesbahnschule München lernt ein angehender Lokomotivführer die Armaturen und Bedienelemente kennen (1964)
Slg. Rampp

046/148 der Deutschen Bundesbahn von 1990 berücksichtige bei der Ausbildung von Lokomotivführern gegenüber den zuvor genannten Pflichten den Wandel der Traktionsumstellung. Eines aber wird deutlich: So sehr die Deutsche Bundesbahn um ihre Wirtschaftlichkeit bemüht und die Deutsche Reichsbahn vom Arbeitskräftemangel gerade unter Lokomotivführern geplagt war, beide Bahnverwaltungen ließen Abstriche an der Ausbildung ihrer Lokomotivführer nicht zu (die Zahlen hinter dem Ausbildungsgebiet geben die dafür anzusetzenden Arbeitstage an).

- *Dienstaufnahme bei der Heimatdienststelle (1)*
- *Einführung in den Eisenbahndienst eines Lokomotivführers (4)* [2]
- *Einführungslehrgang Produktion* [3] *(10)*
  - *Ausbildung im technischen Wagen- und Bremsdienst (20)*
- *Fachlehrgang 1 Technik der Triebfahrzeuge (10) und Ausbildung im Rangierdienst (15)*
- *Fachlehrgang 2 Betriebsdienst des Triebfahrzeugführers (20), Fahrdienst des Triebfahrzeugführers (5)*
- *Fachlehrgang 3*
  - *Technik der Brennkrafttriebfahrzeuge (5)*
  - *Ausbildung auf Brennkrafttriebfahrzeugen der Baureihen 290 oder 291, ersatzweise 360 oder 365 (20)*
  - *Dienstausübung unter Anleitung und Überwachung (30)*
- *Zwischenprüfung*
- *Selbständige Dienstausübung in eingegrenzten Bereichen unter zeitweiliger Betreuung (Praxiseinsatz) (35 bis 50)*
- *Fachlehrgang 4 V*
  - *Technik der Brennkrafttriebfahrzeuge, Teil 2 (Streckenlokomotiven) (15)*
  - *Ausbildung auf Brennkrafttriebfahrzeugen der Baureihe 211/212 oder 215 oder 216 oder 218 und ggf. im Steuerwagen,*
    a) Unterricht und Praxistraining (10),

---

[2] Zur Deutschen Bundesbahn nach 1990 versetzte Lokomotivführer der Deutschen Reichsbahn, die bereits im Schnellzugdienst eingesetzt waren, mussten die Spurweite der Gleise aufsagen!
[3] bei der Deutschen Reichsbahn Betriebsdienst genannt

b) *Fahrbetrieb und Praxistraining (15)*
- *Dienstausübung unter Anleitung und Überwachung auf Brennkrafttriebfahrzeugen der Baureihe 211/212 oder 215 oder 216 oder 218 und ggf. im Steuerwagen (20)*
- **Zwischenprüfung**
- **Fachlehrgang 4 E Technik der elektrischen Triebfahrzeuge (15)**
  - *Ausbildung auf elektrischen Triebfahrzeugen der Baureihe 110/112/139/140 oder 111 und Steuerwagen a) Unterricht und Praxistraining (10), b) Fahrbetrieb und Praxistraining (15)*
  - *Ausbildung auf elektrischen Triebzügen der Baureihe 420*
    a) Unterricht und Praxistraining (10),
    b) Fahrbetrieb und Praxistraining (15)
  - *Ausbildung auf Triebzügen der Baureihe 470/471*
    a) Unterricht und Praxistraining (16),
    b) Fahrbetrieb und Praxistraining (14)
  - *Dienstausübung unter Anleitung und Überwachung auf vorgenannten Baureihen (15), auf Baureihe 470/471[4] (10)*
- **Zwischenprüfung**
- *Ausbildung auf einem weiteren Triebfahrzeug a) Unterricht und Praxistraining (10), Fahrbetrieb und Praxistraining (5)*
- *Dienstausübung unter Anleitung und Überwachung (15)*
- **Zwischenprüfung**
- *Sicherheitstraining (5)*
- *Ausbildung und Erste Hilfe (3)*
- *Selbständige Dienstausübung in eingegrenzten Bereichen unter zeitweiliger Betreuung (19 bis 29)*
- *Abschlusslehrgang einschließlich schriftliche Laufbahnprüfung (10)*
- *nochmals selbständige Dienstausübung in eingegrenzten Bereichen unter zeitweiliger Betreuung einschließlich mündlicher Laufbahnprüfung (10)*
- *Urlaub (18).*

Die Ausbildung über fast 18 Monate erscheint lang; sie ergab allerdings einen praxiserprobten Lokomotivführer für fast alle Baureihen, die 1990 bei der Deutschen Bundesbahn eingesetzt waren. Die Ausbildungszeit ließ sich verkürzen, wenn man all jene Baureihen aus dem Ausbildungsplan nahm, für die der künftige Lokomotivführer nicht vorgesehen war.

Auch und gerade die Lokomotivführer der Dampftraktion waren gründlich ausgebildet worden. In Altenburg (1978)   Foto: Preuß

Die Deutsche Reichsbahn hatte für die Lokomotivführerausbildung in den siebziger Jahren eine Art Bausteinsystem eingeführt, nach dem ein technisches und betriebsdienstliches Grundwissen gelehrt wurde, für die jeweils benötigten Baureihen mussten Lizenzen erworben werden.

Bis 1998 ist die Ausbildung radikal auf 124 Arbeitstage verkürzt worden, obwohl eine technische Vorbildung nicht gefordert wird. Der Lokomotivführer kann auch Bäcker sein. Nur sechs bis sieben Monate dauert die Ausbildung, wenn der Anwärter einen gewerblich-technischen Beruf erlernt hat oder aus einem anderen „technischen Bereich" der Bahn kommt, etwa aus dem Stellwerksdienst.

1998 wurden die Lokomotiv- und Triebwagenführer auf die Geschäftsbereiche Reise & Touristik, Cargo und Regio aufgeteilt, und nun wird, namentlich bei Regio, weiter versucht, die Ausbildungszeit drastisch zu verkürzen.

---

[4] Diese Ausbildung ist gegenüber der vorangegangenen um 5 Tage verlängert, der folgende Abschnitt wurde deshalb um 5 Tage gekürzt
[5] Eisenbahner im Betriebsdienst, Fachrichtung Lokomotivführer/Transport

Pilotausbildung vom Triebfahrzeugführer zum KiN M bei der Deutschen Bahn AG 1998
- Allgemeine Einführung
- Kundenservice und Qualitätsstandards
- Beratung/Verkauf/Mobilterminal
  - schriftlicher Test
- Bei Bedarf: Kundenorientierter Umgang mit Wagentechnik: Technische Einrichtungen der Wagen kennen, Störungen beseitigen
- Bei Bedarf: Betriebliche Aufgaben der Zugführer im Nahverkehr, Rangieren von Nahverkehrszügen (Die Befähigung zum KiN - M enthält die Befähigung zum Rangierleiter.)
  - schriftlicher Test
  Praxis nach Bedarf
- Prüfung
- Schulung bei Lufthansa: Kommunikation, Serviceorientierung

Pilotausbildung vom KiN B zum KiN M, Baureihe 628 bei der Deutschen Bahn AG 1998
- Einführung, Grundlagen des Bahnbetriebs, der Triebfahrzeugtechnik, der Bremsen, der Sicherheitseinrichtungen
- Betriebsdienst für Triebfahrzeugführer
  - schriftlicher Test
- Technik der Triebzüge, der Triebfahrzeugführer im Betrieb (Unterricht, Praxistraining, Fahrbetrieb)
  - schriftlicher Test
- Bei Bedarf: Streß- und Konfliktmanagement
- Praxistraining, Übungsfahrten (Dienstausübung unter Anleitung und Überwachung durch den planmäßigen Triebfahrzeugführer)
- Wiederholung, Prüfungsvorbereitung
- Prüfung zum Triebfahrzeugführer

Wer einen Triebwagen fahren darf, hat entweder eine dreijährige Ausbildung als EiB-T[5] abgeschlossen – und dabei das 21. Lebensjahr erreicht – oder wurde binnen sieben Monaten zum Triebfahrzeugführer ausgebildet. Das setzt aber eine abgeschlossene Ausbildung in einem technischen Beruf voraus oder eine mindestens zweijährige Tätigkeit als Eisenbahner.

Die Kurzausbildung stößt auf Widerstand, wie die zum KiN M, dem „multifunktionalen Kundenbetreuer im Nahverkehr". Die Deutsche Bahn möchte von den Erfahrungen der Nichtbundeseigenen Eisenbahnen profitieren, wo der Eisenbahner seit jeher „Mädchen für alles" ist: vormittags in der Werkstatt, nachmittags den Triebwagen im Berufsverkehr fahren und Fahrscheine verkaufen.

Auf Strecken mit schwachem Verkehr, so mag eingewendet werden, mag das angehen, aber auf Hauptbahnen mit dichter Zugfolge und hohen Geschwindigkeiten? Seitdem jedes Eisenbahnverkehrsunternehmen den Fahrweg der Deutschen Bahn benutzen darf, kommen auch die Triebwagen- und Lokomotivführer dieser Bahngesellschaften mit Kurzausbildung auf die DB-Schienenwege. Die Gewerkschaft der Eisenbahner ist wachsam und fordert einen sogenannten Lokführerschein. „Jedes Eisenbahnverkehrsunternehmen soll ausschließlich Lokomotivführer beschäftigen, die eine besondere Qualifikation zum Führen von Triebfahrzeugen nachweisen können." [5]

Die Deutsche Bahn wirbt in einem abschreckenden Deutsch für die Alleskönner, bei denen zu der Betriebskompetenz die Servicekompetenz als Basis der Kundenbetreuung kommen soll: „Die Arbeit der ersten drei Pilotgruppen in Saalfeld, Naumburg und Mühldorf soll Aufschluß über die Praktikabilität und Wirtschaftlichkeit des KiN/M-Projekts geben.[...]" Die Ausbildung basiert auf den Modulen der Funktionsausbildung zum KiN/B[6] sowie auf der Ausbildungsanweisung und Prüfungsregelung zur Aus- und Fortbildung der Tf[7]. Ziel ist die bedarfsgerechte und handlungsbezogene Vermittlung derjenigen Befähigungen, die der KiN und Tf jeweils benötigen, um Kunden zu betreuen und Triebwagen fahren zu dürfen. In speziellen Eignungstests geht es deshalb um Servicekompetenz, Serviceorientierung, Betriebsbefähigung und Teamfähigkeit. Die schon vorhandenen Qualifikationen bleiben dabei ausgeklammert." [6]

Die meisten Triebfahrzeugführer sind gegen diese Ausweitung ihrer Arbeitsaufgaben und werden dabei von der Gewerkschaft der Lokomotivführer unterstützt. Deren Vorsitzender Manfred Schell klagte: „Der Bahn wäre es am liebsten, wenn die

---
[6] Kundenbetreuer im Nahverkehr, Betrieb
[7] Tf = Triebfahrzeugführer. Die Deutsche Bahn benutzt in ihren Publikationen grundsätzlich Abkürzungen

Ein richtiger Lokomotivführer ist mehr als ein Lokomotivfahrer. Wenn er technisch vorgebildet ist, kann er auch eine Treibstange ausbauen. Eilenburg (1995)
Foto: Bodo Schulz

Mindestforderungen für die Ausbildung bei Nichtbundeseigenen Eisenbahnen

- Zugschaffner
  Ein Monat Beschäftigung im Betriebs- und Verkehrsdienst und fünf Tage Ausbildung als Schaffner einschließlich der Unterweisung in der Bedienung der Brems-, Heizungs- und Beleuchtungseinrichtungen und, wo erforderlich, einen Tag als Rangierleiter

- Zugführer
  Drei Monate Beschäftigung im Betriebs- und Verkehrsdienst und zwei Wochen Ausbildung als Zugführer einschließlich des Fahrdienstes auf Betriebsstellen bei Zugleitbetrieb.
  Für den Einsatz von Triebfahrzeugführern, Bedienern von Kleinlokomotiven und das Führen von Nebenfahrzeugen als Zugführer genügt eine Ausbildung von fünf Tagen.

- Triebfahrzeugführer
  Drei Monate Beschäftigung im Betriebs- und Verkehrsdienst, erforderlichenfalls auch in der Instandhaltung von Fahrzeugen, und zehn Tage Fahrausbildung als Triebfahrzeugführer auf der Triebfahrzeugart, für die seine Verwendung vorgesehen ist. [8]

Lokomotivführer zwischendurch auch noch im Speisewagen bedienen würden." [9] Denen geht es weniger um ihre Ausbeutung, sie fürchten die Monotonie, wenn sie an eine Strecke gebunden sind, um ihre Lizenz für andere Lokomotivbaureihen, wenn sie nur noch den Triebwagen 628/928 fahren, um ihre Bedeutung und ihr Ansehen. Bekannte gucken erstaunt, wenn der Lokomotivführer Fahrscheine kontrolliert und im Kursbuch blättert. Hat der sich etwas zu schulden kommen lassen?

Mit Hilfe des Fahrsimulators wollen alle Geschäftsbereiche die praktische Ausbildung verkürzen, sogar ersetzen. Die Deutsche Bahn bestellte für 40 Millionen Mark bei Krauss-Maffei und bei Dornier zwölf Simulationssysteme. Jenes in Fulda war das erste und wird zur Ausbildung von ICE-Führern benutzt. In Berlin steht der zweite Simulator, mit denen die Lokomotivführer für die Baureihen 101, 145 und 152 trainiert werden können.

Schauen wir uns nicht die Ausbildung von drei Lokomotivführern auf der Baureihe 101 an, sondern, wie sie geprüft werden.

Im Neigetriebwagen der Baureihe 611 (1996). Wer Eisenbahner war, wird in sieben Monaten zum Triebwagenführer ausgebildet
Foto: DB/Mann

Das Feuer auf dem Rost der Dampflokomotive faszinierte jeden, der hinter die geöffnete Feuertür sah. Auch diesen Künstler, der den Führerstand exakt wiedergab
Slg. Reinshagen

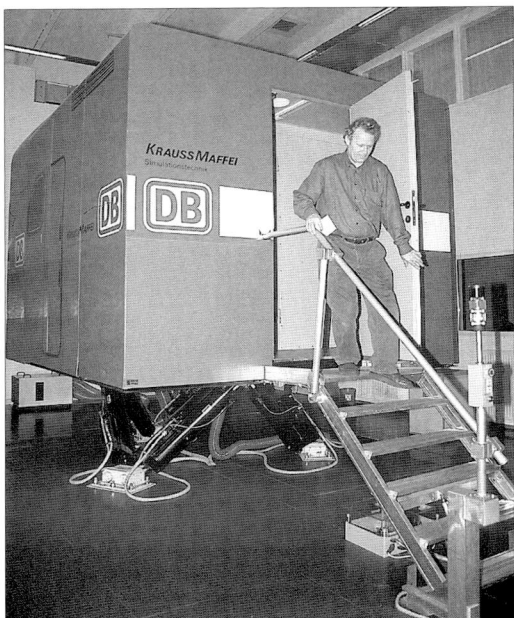

Von außen sieht der Simulator, den der Prüfer Holger Kunze verlässt, überhaupt nicht wie ein Führerraum aus (1998)
Foto: Preuß

Der Berliner Lokomotivführer Ronald Grail hat für die Eleganz des nachgebauten Führerraums kein Auge, denn er wird von einer künstlichen Stimme aus dem Lautsprecher in Anspruch genommen, die ihn mit „Störung! Störung!" in Anspruch nimmt. „Oh Gott, oh Gott", entfährt es Grail, doch der hilft ihm nicht, aber das Display zur linken Seite. Wenn der Lokomotivführer dort hinsieht, darf er trotzdem nie die auf ihn zukommenden Signale aus dem Blick lassen. Das Display zeigt ihm die Art der Störung an, und er kann die nötigen Handlungen abfragen. „Fahrmotorlüfter bei Antriebsanlage 3 ausgefallen". Ein Fingerdruck auf das Display: Er darf mit höchstens 140 km/h fahren. Halb so schlimm, er darf ohnehin nur 100 km/h schnell sein, als er auf das Einfahrsignal des Bahnhofs Rottendorf zufährt. Wir sind zwischen Würzburg und Nürnberg unterwegs. Grail blickt kurz ins Geschwindigkeitsheft, wann er wieder schneller werden darf, da meldet sich die nächste Störung.
„HBU 3 gestört". Mit dem Hilfsbetriebeumformer ist etwas. Er bringt den Fahrschalter in die Nullstellung und schaltet wieder hoch. Der HBU scheint wieder zu laufen. Er schaltet zum Grundbild zurück, bremst elektrisch, so daß die überschüssige Energie nicht als Wärme verpufft, sondern als Strom in die Oberleitung zurückkehrt. Und er fährt mit nur drei Antriebsanlagen weiter. Der IC 805 ist ein leichter Zug, da darf so etwas sein.

Unser Lokomotivführer hat nicht einmal Zeit, sich zu freuen, dass der Zug so gut nach Nürnberg rollt, da erschreckt ihn das Ausfahrsignal von Buchbrunn-Mainstockheim, das plötzlich auf Halt fällt. Seine erste Reaktion ist die Schnellbremsung, dann geht Grail zur Betriebsbremsstellung über, damit der Zug nicht ins Gleiten kommt. Durch die Magnetschienenbremsen bringt es der Zug auf 219 Bremshundertstel[8], und mit der Betriebsbremsung kommen die Reisenden nicht ins Stolpern, die Gläser auf den Tischen rutschen nicht weg. Der Bremsweg bis zum Signal reicht aus. Besorgt fragt der Fahrdienstleiter: „Kollege, stehst Du schon am Signal? Ich habe eine Störung (der also auch!), das dauert fünf Minuten."

Die nutzt unser Lokomotivführer, um sich mit seiner Störung zu befassen. Er tippt auf das Display, was war und was er tun kann, geht in den Maschinenraum. Sieht dort den abgefallenen Motorschutzschalter, den er einschaltet.

Der Unterwegshalt ist fast obligatorisch, damit der Lokomotivführer Gelegenheit hat, die Störungen zu beseitigen. Manche vergessen das, wie sie auch nicht mehr wissen, welcher Fahrmotor abgeschaltet ist, wenn sie im Maschinenraum sind. Da hilft nur, auf dem Display nachzusehen. Das in die Fahrtstellung wechselnde Signal verleitet einige dazu, mit nur drei Fahrmotoren weiterzufahren. Der Lokomotivführer muss entscheiden, ob er sich das leisten kann.

Jetzt wechselt auch das Signal in „Fahrt". Der letzte Wagen des IC steht sicherlich noch am Bahnsteig. Grail muss aus dem Fenster sehen, den Abfahrauftrag vom Zugchef entgegennehmen – dann erst darf er abfahren.

Da blinkt es abermals auf dem Display. „Störung ZGS-Steuerung". ZGS steht für Zugsammelschiene, vermutlich ist die Heizung beteiligt. Er stellt den Fahrschalter auf Null und schaltet ihn erneut ein und damit auch die Zugsammelschiene. „Das ist ja wieder ein Knaller", kommentiert Ronald Grail den Vorgang.

---

[8] Das bedeutet, zum Abbremsen der Zugmasse (Lokomotiv- und Wagengewicht + Gewicht der Reisenden, das sogenannte Fleischgewicht) steht mehr als das Doppelte an Bremsmasse zur Verfügung

Starker Tobak auf der 101? „Du hast doch richtig gehandelt. Hast ja nichts verkehrt gemacht", sagt ihm eine Stimme. Grail lacht und meint: „Das baut auf." Ihn hat die Realität zurückgeholt. Er war nicht zwischen Würzburg und Nürnberg und auch nicht auf dem Führerstand einer 101 unterwegs, sondern im Berliner Simulationszentrum der Deutschen BahnAG. Die Drei, Ronald Grail, Gerd Rosin und Joachim Schröder, erwerben ihre Lizenz für die neue Lokomotivbaureihe. Und sie erregen sich, was jedesmal gesagt und geschrieben wurde, wenn ein Fahrsimulators in Betrieb ging. Man könne Tausende von Mark sparen, weil durch den Simulator die Ausbildung in der Praxis unnötig wäre.

„Das stimmt nun nicht!", sagen sie, „der Simulator kann die praktische Ausbildung nicht ersetzen, nur unterstützen. Holger Kunze vom Geschäftsbereich Fernverkehr, der die Prüfung abnahm, erklärt den Ausbildungsgang: „Wer Lokomotivführer ist und bereits andere Baureihen fährt, erhält ein vier Tage dauerndes computer-personalgestütztes Training und erlebt einen Tag das Praxistraining auf der wirklichen Lokomotive", wozu die Vorbereitungs- und Abschlussarbeiten gehören.

Wenn die Lokomotivführer die Ausbildung auf der reellen Lokomotive nicht missen möchten, kommen sie nicht umhin, die Vorteile des Simulators anzuerkennen. Was sie hier an Störungen und anderen Einflüssen erleben und abarbeiten müssen, das bringt die Praxis nicht, selbst wenn sie viele Tage unterwegs wären. Man kann nicht einen Intercity eine Stunde anhalten, um beim angenommenen Schleifleistenbruch realitätsnah die Oberleitung prüfen zu lassen. Viele „Schikanen" können geübt werden, ohne dass auch nur ein Reiser der etwas davon bemerkt, etwa zum „Wetter": „Leichter Schneefall", wenn die Flocken an die Scheibe des Führerraums klatschen. Oder Nebel, der die Sicht auf die süddeutsche Landschaft verdeckt In der Steigung kann der Trainer das „Reibungsverhältnis Rad-Schiene" verändern, so dass die Lokomotive zu schleudern beginnt.

Die Wirkung, die vom Simulator ausgeht, ist verblüffend. Zuerst glaubt man an ein Spiel, wenn sich die digitalisierten Kulissen der Eisenbahnlandschaft auf den Lokomotivführer zu bewegen. Doch bald fühlt man sich in die Wirklichkeit versetzt, glaubt sich tatsächlich im Maintal, selbst wenn sich regelmäßig die Waldstreifen und Häuserzeilen am Horizont aufklappen. Auch die Bahnhöfe sehen wie schlechtgemachte Aquarelle aus, aber der echte Führerstand, die Geräusche wie aus dem Maschinenraum und die ständigen, zum Handeln zwingenden Überraschungen versetzen den Lokomotivführer rasch in die Traumwelt, in die des nachgestellten Zuges.

Wäre es nicht so, fluchte der Lokomotivführer nicht bei dem nervenden „Störung! Störung!", perlte ihm nicht der Schweiß von der Stirn, wären nicht aus einer halben Stunde vermeintlich zehn Minuten geronnen. Der Simulator bietet keine Unterhaltung, sondern führt zum Stress, wie er im täglichen Dienst vorkommen kann.

Für die Lokomotivführer der Dampflokomotive bedeutet der Traktionswechsel eine große Umstellung: sauber, zugluftfrei, allein. Ob sich der Lokführer auf der starken, schnellen und schönen 103 109 wohlfühlt? (1974) Slg. Rampp

1996 nahm die Deutsche Bahn in Fulda den ersten Fahrsimulator für den Intercity-Express in Betrieb Foto: DB

Unten, hinter den Glasscheiben und vor dem Counter des Trainers sitzen die Kollegen und verfolgen, was sich in dem roten, auf und ab, nach vorn und zurück bewegenden Kasten abspielt, wo man bei einer Fahrt im Gleisbogen tatsächlich an die Wand gedrückt wird, alle Fliehkräfte beim Bremsen und Anfahren spürt. Sie sehen auf den Monitoren den Lokomotivführer, das Streckenbild und alle Anzeigen, wie es sie auch auf dem Führerstand und im Maschinenraum gibt.

Holger Kunze und Ingolf Sube verfolgen an den Monitoren, was im „Führerraum" geschieht (1998) Foto: Preuß

Der Traumberuf hat auch seine Schattenseiten. Die Überzeugung, den richtigen Beruf gewählt zu haben, kann dann ihren Knacks bekommen, wenn der Lokomotivführer seine erste Erfahrung mit einem Selbstmörder gewinnt. Nur wenige stecken das Geschehene weg und reden nicht mehr darüber. Die meisten fürchten sich davor und wissen danach nicht, wie sie mit dem „Knall" an ihrer Lokomotive umgehen sollen. Sie grübeln: Warum hat er sich gerade meinen Zug ausgesucht? Bin ich plötzlich zum Mörder geworden?

Der Tod im Gleis ist ein sicherer Tod. Lebensmüde möchten kein Risiko eingehen, kleiden sich schwarz, um nicht gesehen zu werden: Sie stellen sich aufrecht ins Gleis. Und es gibt berüchtigte Stellen, oft in der Nähe psychiatrischer Kliniken. Da die Deutsche Bahn AG jährlich rund 1000 Selbsttötungen auf ihren Gleisen registriert (bei den Schweizerischen Bundesbahnen sind es 130), ist statistisch jeder Lokomotivführer einmal in seinem Berufsleben betroffen. „Sie lernen bereits in der Ausbildung, sich darauf einzustellen, dass sie die Schienen nicht verlassen können, wenn ein Objekt vor ihnen auftaucht", behauptet die Deutsche Bahn.

Ein Lokomotivführer in Süddeutschland wurde in seinen 38 Dienstjahren mit mehr als einem Dutzend Selbstmördern konfrontiert. Auf diesen Rekord ist er überhaupt nicht stolz. Aber was sollte er tun?

Angenehme Arbeitswelt im Führerraum eines Doppelstock-Steuerwagens – so scheint es (1998) Foto: DB/Reiche

Sieht er einen Menschen im Gleis, sind es bei 500 t Last selbst mit der Schnellbremsung 500 m bis 1 km, bis der Zug nicht mehr rollt. Danach müsste der Lokomotivführer aussteigen, bis zum Unfallort zurückgehen und Erste Hilfe leisten. Dann erst hätte er über den Zugfunk die Meldung abzusetzen, währenddessen der Zugführer den Reisenden erklärt: „Meine Damen und Herren, wir werden uns leider verspäten. Wir haben einen Personenschaden im Gleis."
Tatsächlich sitzt der Lokomotivführer wie gelähmt auf seinem Stuhl, begnügt sich nach einer Weile mit der telefonischen Meldung und wartet auf die Weisung zur Weiterfahrt, alles andere im Gleis ist Sache des Bundesgrenzschutzes und der Staatsanwaltschaft. Die Betriebsleitung ist gehalten, einfühlsam mit dem Lokomotivführer zu sprechen und ihn keinesfalls zur Weiterfahrt zu drängen, nur weil der Fahrplan eingehalten werden soll.
Der Schock sitzt tief. Mediziner unterscheiden zwei Phasen. In der ersten, die von Stunden bis zwei Tagen reicht, tritt eine akute Belastungsreaktion auf mit dem Gefühl, wie betäubt zu sein. Selbst einfache Dinge gelingen nicht mehr, wie die Tasche vom Führerstand mitzunehmen. Die einen sind von tiefer Apathie oder lähmender Passivität erfasst, die anderen überkommen wechselnde Gefühle wie Depression und Angst, Aggressivität und Wut.

In der zweiten Phase stellen sich die Symptome einer chronischen Belastungsreaktion ein. Es ist die Angstkrankheit mit Schlafstörungen, Übererregbarkeit, körperlicher Erschöpfung und zwanghaftem Wiedererinnern. Unterdessen geht unter den Kollegen die Frage um, „Hast Du schon gehört, wen's wieder erwischt hat?", was die Sache nicht einfacher macht.

Um die Nachsorge war es immer schlecht bestellt. Der Arbeitgeber schenkte dem Problem wenig Aufmerksamkeit, obwohl zwei Eisenbahnergewerkschaften ständig die Intensivierung der Vorsorge, die Betreuung am Unfallort und die Nachsorge forderten. Das galt auch für Tötungen durch Unfall. Erst seit 1994, bei der Deutschen Bahn AG, soll das ein wenig anders geworden sein. Zwei, drei Wochen Freistellung nach einem Unfall mit Personenschaden, dann kann sich der Betroffene an einen Vertrauensmann wenden oder an einen Psychologen. Diese beginnen, das Geschehen Bild für Bild abzurollen, tasten sich an das Ereignis heran oder überspringen es zunächst. Wenn der Moment des Aufpralls beschrieben ist, sei das Schlimmste überstanden, meinen sie. Das sei mehr wert, als Beruhigungstabletten einzunehmen. „Der Lokomotivführer muss lernen, die Bilder und Geräusche, die ihn quälen, zu akzeptieren. Und er muss sich die Frage, hätte ich das verhindern können, mit Nein beantworten, der Bremsweg ist einfach zu lang. Er ist nicht der Täter, sondern das Opfer, das ausgewählt wurde wie im Roulette, ohne ein System", sagt ein Psychologe.

Das Psychologische Institut der Freiburger Universität befasste sich mit den posttraumatischen Störungen von Lokomotivführern in Baden und befragte sie. Ein Drittel kam mit der psychischen Bewältigung gut zurecht, der Rest kaum oder überhaupt nicht. Ein Freiburger Bahnarzt behauptete: „Je länger man die Lokomotivführer krank schreibt, desto schwerer fällt der Wiedereinstieg. Am besten wäre es, er bliebe im Dienst."

Ein Lokomotivführer in Bern hat das Erlebnis durch Darüberreden verarbeitet. Als er wieder fuhr, sagte er sich dauernd: Du fährst gut! Jedesmal, wenn sich „das Bild" vor seine Augen schob, konzentrierte er sich auf den Sonnenuntergang, den er sich vor dem Anprall eingeprägt hatte. Dieses schöne Bild wollte er sehen und nicht das andere.

Martin P. aus Karlsruhe ist, nachdem sein Zug einen Sicherungsposten überfahren und getötet hatte, in den Urlaub gefahren und dachte nach der Rückkehr, jetzt habe er sich im Griff. Erster Arbeitstag. Es fährt kein Zug: „Personenschaden auf der Strecke..." Das passierte zweimal an diesem Tag. Da sollte er seinen eigenen Fall vergessen?

Nicht nur wegen solcher Erfahrungen ist vom Traumberuf Lokomotivführer eigentlich keine Rede mehr. Ohne dass sie es geahnt haben, kam die Umwälzung mit dem Traktionswechsel, also mit der Umstellung von der Dampflokomotive zur Diesel- oder elektrischen Lokomotive. Über 125 bis 150 Jahre hatte die Dampflokomotive das Bild der Bahn und den Rhythmus in den Bahnbetriebswerken bestimmt, galt der Dienst auf und an der Lokomotive als eine schmutzige Sache. Mancher konnte sich deswegen manchmal selbst nicht leiden. Und nun wurde vieles anders.

Lokomotivführer und -heizer bildeten auf dem Führerstand eine Gemeinschaft, in der man miteinander mehr oder weniger vertraut und aufeinander angewiesen war. Auch wenn es zwischen dem Lokomotivführer und dem Lokomotivheizer einen Dünkel gegeben haben soll, der angeblich in einigen Fällen zum Kreidestrich auf dem Boden des Führerstandes führte, den der Heizer nicht übertreten sollte. Sie konnten sich das Berufsleben schwer machen oder erleichtern. Der Lokomotivführer brauchte viel Dampf zum Ingangsetzen schwerer Züge oder zum Befahren einer Steigung und wenig Dampf im Stillstand des Zuges, damit nicht unnötig die Sicherheitsventile (die „Ackermänner") abbliesen. Und der Heizer musste sich mehr als nötig placken, wenn sein Führer mit der Fahrkunst keine Rücksicht auf den Kohlenhunger der Maschine nahm.

In der Regel waren die Lokomotiven mit einem Lokomotivführer und einem Lokomotivheizer besetzt. Die Einmannbesetzung war selten. Allerdings wurden die Heeresfeldbahnlokomotiven für 600 mm Spurweite und die „Glaskästen", eine bayerische Lokalbahnlokomotive, gebaut, um Personal zu sparen.

Die Waldeisenbahn Muskau kannte keine Lokomotivheizer, ihre Lokomotiven — auf dem Hof steht 99 3315 — waren für Einmannbesetzung zugelassen (1973)

Mit einer langstieligen Schaufel entfernte der Ausschlacker im Bahnbetriebswerk Lauda die Lösche, die unverbrannten Rückstände, die bis zur Rauchkammer getragen worden waren (1972)

Fotos: Glöckner

Bei neuen Fahrzeugen – wie im ICE-T – hat der Lokomotivführer seinen Platz in der Mitte (1999)   Foto: Preuß

Andererseits konnte bei besonders langer Dienstdauer, auf schwierigen Strecken und bei minderwertigen Brennstoffen ein zweiter Heizer mitgegeben werden, bei der Deutschen Reichsbahn auch Beimann genannt. Bei den europäischen Bahnen wurden die Lokomotiven immer einfach, doppelt oder mehrfach besetzt, das heißt, zu einer Lokomotive gehörte immer ein- und dieselbe Mannschaft. Die wechselnden Besetzungen mit zwei oder mehr Bemannungen oder die Gruppenbesetzung waren selten. Bei letzterer waren im „Dienst abwechselnd durch die Anzahl von Bemannungen, die kleiner ist als die Anzahl der von diesen Bemannungen zu bedienenden Lokomotiven (amerikanisches System)", so die Enzyklopädie von Röll.

Der Traktionswechsel machte nicht nur den zweiten Mann auf dem Führerstand überflüssig, auch wenn beide deutsche Bahnverwaltungen den Heizer eine Weile als Beimann beschäftigten, bei der Deutschen Bundesbahn bis 1993 bei Zügen, die mehr als 160 km/h fuhren, bei der Deutschen Reichsbahn auf Lokomotiven, denen die wege- und zeitabhängige Sicherheitsfahrschaltung (Sifa) fehlte und so nicht zuverlässig ständig die Dienstfähigkeit des Lokomotivführers geprüft werden konnte[9]. Der Dienst wurde monoton, einige vermissten den frischen Fahrtwind und hatten ständig mit der Müdigkeit zu kämpfen, jeder zweite klagte über Bandscheiben-Probleme. Neuartige Stühle sollten die Vibration des Führerraums fernhalten.

Der Bahnvorstand der Deutschen Bundesbahn war der Meinung, die Arbeit des Triebfahrzeugführers sei erleichtert worden, der Wandel des Berufsbildes sei von der körperlichen Arbeit zu einer überwiegend informationsverarbeitenden Tätigkeit eingetreten. Das 550 Seiten starke, vom Hauptpersonalrat und der Gewerkschaft der Eisenbahner Deutschlands in Auftrag gegebene „Arbeitswissenschaftliche, arbeitsmedizinische und psychologische Zusammenhanggutachten über die Belastung und Beanspruchung des Triebfahrzeugpersonals" von 1992 stellte fest, dass 73 Prozent (57 Prozent bei der S-Bahn) der Lokomotivführer ihren Beruf gern ausübten – am Beginn ihrer Laufbahn waren es 90 Prozent –, aber fast jeder zweite klagte über Schäden im orthopädischen Bereich, fast jeder zweite litt an Schlafstörungen und nur acht Prozent der 150 untersuchten Lokomotivführer zeigten keine besondere Beanspruchung.

Viele kleine Verbesserungen mussten mit der Verwaltung zäh erkämpft werden, seien es nur die

---

[9] Bei der aus der UdSSR importierten V 200 bzw. Baureihe 120 wurde die Sifa nur wegeabhängig geliefert, weshalb die Lokomotive anfangs mit einem Beimann besetzt werden musste

Was beim Restaurieren aus dem Aschkasten in den Schlackekanal fiel, musste selbstverständlich herausgeholt werden. Eibenstock ob Bf (1973) Foto: Glöckner

Rollos oder die Isolierung der Fußräume in den Triebwagen der Baureihe 420. Um das Problem Toilette für Lokomotivführer drückt sich der Vorstand der Bahn seit jeher, was zum Beispiel im S-Bahn-Dienst problematisch ist, wo auch die Wagen keine Toilette besitzen.

Um die kostbare Arbeitszeit des Lokomotivführers zu verkürzen, übernahmen andere die Wartung der Lokomotive. Der Triebfahrzeugwart, unterstützt vom Helfer des Triebfahrzeugwarts, untersuchte die Lokomotiven auf Schäden und Mängel, prüfte die Steuerungs- und Regelsysteme, führte Einstellarbeiten und Funktionsproben aus und veranlasste die Instandhaltung. Der Triebfahrzeugwart und sein Helfer waren technisch versierte Kräfte, die aber nicht oder nicht mehr auf die Strecke fuhren. Der Gehaltsgruppenkatalog der Deutschen Reichsbahn forderte von beiden den Facharbeiterabschluss als Schienenfahrzeugschlosser oder Elektromonteur, die Berechtigungsnachweise – zum Beispiel die Berechtigung zur Bremsprobe – und beim Triebfahrzeugwart langjährige Berufserfahrung.

Die Schienenfahrzeuge von heute rationalisierten die technischen Arbeiten im Betriebswerk noch weiter. Der Intercity-Express liefert mit Hilfe des Systems DAVID[10] bereits während der Fahrt die Daten über den Zustand des Zuges und eventuelle Mängel. Das Vorwärmen der Fahrmotoren bei Dieselfahrzeugen stellt eine Schaltuhr ein, so dass die Vorbereitungszeit des Lokomotiv- oder Triebwagenführers auf ein Minimum beschränkt werden konnte.

Das amerikanische System der Lokomotivbesetzung war mit Hilfe der computergestützten Einsatzsteuerung möglich geworden, der Umlauf der Lokomotiven von dem des Personaleinsatzes getrennt. Der Lokdienstleiter bzw. Triebfahrzeugdienstleiter, der den wirtschaftlichen Einsatz der Lokomotiven disponierte und für die gattungsgerechte Bespannung der Züge, die pünktliche Übergabe der Lokomotiven an den Betrieb und den effektiven Personaleinsatz sorgte – so stand es in der Charakteristik der Arbeitsaufgabe – wurde zum Bereitstellungsleiter. Viel zu disponieren hat er nicht mehr.

Fehlte es dem Führer des Akkumulatorentriebwagens 515 629 am Glanz des Lokomotivführers alter Prägung? (1981)   Foto: Glöckner

[10] DAVID = Diagnose-, Aufrüst- und Vorbereitungsdienst mit integrierter Displaysteuerung

Die Dieseltraktion ermöglichte die Funksteuerung, bei der Deutschen Bundesbahn seit den achtziger Jahren häufiger angewandt als bis dahin der Einsatz der Kleinlokomotive ohne Fernsteuerung. Bei der Deutsche Bahn waren 1999 mehr als die Hälfte der Rangierlokomotiven funkferngesteuert. Die Aufgaben des Lokomotivführers und des Rangierleiters sind zusammengefasst; der Lokomotivführer ist nicht mehr an den Führerraum gebunden, so dass er einen Standort einnehmen kann, von dem er am besten den Fahrweg und die Signale beobachten kann. Für die neue Funktion wurde die Bezeichnung Lokrangierführer geschaffen.

Kaum beachtet wurde eine andere Abkehr von der Tradition. Auf deutschen Strecken wurde rechts gefahren, standen die Signale rechts, und der Lokomotivführer hatte seinen Platz auf der rechten Seite des Führerstandes. Hier konnte er am besten am Langkessel entlang die Signale sehen. Dementsprechend hatte der Lokomotivheizer auf der linken Seite seinen Platz, was dem Rechtshänder beim Kohlenschaufeln und Beschicken des Feuers entgegenkam. Die „moderne Traktion" hat keinen Führerstand mehr, sondern einen Führerraum, der normalerweise an beiden Enden der Lokomotiven liegt. Von hier – oder auch vom Steuerwagen geschobener Züge – kann der Lokomotivführer die Strecke gut übersehen, so dass es, hinsichtlich der Sicht auf die Signale, gleichgültig ist, ob er auf dem linken oder auf dem rechten Gleis fährt.

Genausogut gibt es keinen Grund, seinen Platz im Führerraum rechts anzuordnen. Er kann auch in der Mitte sitzen. So sind auch die Führerräume der neuen Steuerwagen, des ICE-3 und des ICE-T gestaltet.[11]

---

[11] ICE-3 = Intercity-Express der 3. Generation, ICE-T = Intercity-Express Technik (Neigezug)

Ein Lokomotivführer auf der 18 490, einer legendären bayerischen Schnellzuglokomotive. Er muss die Bauart und alle Einrichtungen beherrschen

Slg. Reinshagen

01 2050 hat Berlin Ostbahnhof erreicht. Das Dampflokpersonal war bereits in der Minderzahl (1977)   Foto: Kersting

Nur noch wenige Lokomotivführer fahren bei der Deutschen Bahn, die den planmäßigen Dampflokomotivbetrieb erlebt haben, ehe sie auf die Diesel- bzw. elektrische Traktion umschulten. Sie mussten die größten Umstellungen in ihren Gewohnheiten hinnehmen. Einer von ihnen war der Dresdner Lokomotivführer Hans-Jürgen Guder, der 1999 in den Ruhestand verabschiedet wurde. Ihm war es bis zum letzten Dienstantritt vergönnt, im Geschäftsbereich Reise & Touristik geführt zu werden und über die Strecke Pirna – Meißen hinauszukommen. 35 Jahre war er Lokomotivführer, und auf diese Bezeichnung legte er Wert, nicht auf das neumodische Triebfahrzeugführer, das die Berufsbezeichnungen Lokomotiv- und Triebwagenführer vereinen sollte. Er hat diesen Beruf gern gewählt. Schmutz, Kälte und Hitze machten ihm nichts aus. Für ihn war der Führer da oben immer etwas Besonderes.

Er war es auch, der am 24. September 1979 den letzten dampflokomotivbespannten Schnellzug von Berlin nach Dresden führte. Guder hatte die Dienste auf dieser Strecke gezählt, es war der 1045. Er führte seinerzeit den Zug nicht, sondern war der Heizer auf der 01 2207. Er war damals bereits Lokomotivführer, umgeschult, weiterqualifiziert für die elektrische Traktion.

Guder verließ an dem Sonnabend im alten Fahrplan die 01 und stieg am Montag im neuen Fahrplanabschnitt auf eine Lok der Baureihe 250, die 1992 in 155 umbenannt wurde. Lokomotivführer für Diesel war er nie geworden, aber die Reichsbahn-Baureihen 211, 242, 243 und nun die der Bundesbahn 112 und 120 beherrschte er.

Wie aufregend war der Intercity-Lokomotivführerdienst 1998? Morgens hatte er in Dresden Hbf die mächtige und schnelle Lokomotive der Baureihe 120 übernommen, die den Intercity von Leipzig gebracht hatte, war mit dem Leerzug nach Dresden-Reick gefahren und in den Steuerwagen gewechselt. Von ihm aus dirigierte er den Intercity 605 Dresden – Basel bis Leipzig Hbf. Mit dem den Zug übernehmenden Kollegen aus Magdeburg konnte er nicht viele Worte wechseln. Fünf oder acht Minuten blieben bis zur Abfahrtszeit, waren für den Richtungswechsel vorgesehen. Man hörte sich nur noch über den Bordfernsprecher. Das reichte nicht, mehr als das Nötigste zu sagen.

Bis zum IC 655, den er nach Dresden zu bringen hatte, blieben anderthalb Stunden. Er mußte sich sputen, um ins „Bw West" zu kommen, wie man in Leipzig immer noch sagt. Dort meldete er sich zum 655 und erfuhr, dass dafür die Lokomotive 112 129 auf ihn warte. Er suchte sie im Schuppen und fand sie am Stand 3. Sehr bald rückte er aus, um für den von Frankfurt (Main) kommenden Intercity bereitzustehen.

Zurück nach Dresden, als Leerzug nach Reick, umsetzen ans andere Zugende, wieder zum Hauptbahnhof, wo am Bahnsteig 18 erwartungsvolle Reisende auf ihren Zug warteten. Für ihn war nach 10 Stunden und 3 Minuten der Feierabend gekommen. Der einsame Alltag eines Lokomotivführers von heute. Die Einsamkeit im Dienst schien ihn nicht zu stören. War das nicht schöner, immer zu zweit unterwegs zu sein? Hat es nicht unter den Lokomotivführern einen besonderen Zusammenhalt gegeben? „Ja doch, den gab's und gibt es noch." Die Dienstplangemeinschaften, eine der DDR-Reichsbahn eigene Organisationsform? „Die kommen wieder", hatte er gehört, „ein Teamchef und 30 Mann." Der Lokomotivführer soll doch kein „Einzelkämpfer" bleiben.

Guder wollte nicht klagen. „Der Dienst ist leichter geworden. Nein, die Dampflok hält den Vergleich mit dem Funkenblitz nicht aus. Der Führerstand einer 112 ist sauberer als der auf der 01." Und sonst? „Wir sind weniger Leute geworden. Eine neue, veränderte Generation von Lokomotivführern ist da." Ein Moment des Schweigens. „Ganz unversehens gehöre ich zu den zehn ältesten Lokomotivführern in Dresden. Und wir müssen immer noch lernen. Ich muss zum Lehrgang für die LZB", wie er knapp die Linienförmige Zugbeeinflussung nannte, die notwendig geworden war, weil die Züge zwischen Riesa und Leipzig bis zu 200 km/h fahren durften. „Wenn zum Fahrplanwechsel in Berlin die Stadtbahn fertig ist, werden wir bis Hamburg fahren." Gern? Er schüttelte den Kopf und antwortete als sächsischer Lokalpatriot: „Eine fremde Strecke." Berlin war für einen Sachsen immer ausserhalb.

Je moderner sich die Bahn auch mit ihren Lokomotiven, Triebwagen und Expresszügen gab, desto mehr verlor das Bild vom Lokomotivführer an Glanz. Dass sie bei der Deutschen Reichsbahn seit Ende 1990 nicht mehr gebraucht (während bei der Deutschen Bundesbahn 1000 Lokomotivführer fehlten) und sogar umgeschult wurden, war eine der schlimmsten Erfahrungen dieses Berufsstandes. Die Lokomotivführer der Deutschen Bundesbahn hatten den schleichenden Verlust ihres Sozialprestiges bereits hinter sich.

Er mag mehrere Ursachen haben: Die Technik der elektrischen oder der Diesellokomotive ist nicht mehr sichtbar; sie beeindruckt weniger, mag sie gegenüber dem Dampfross von einst noch so stark und raffiniert sein. Die Lokomotive von heute ist so aufregend wie eine Waschmaschine.

Der Wechseldienst, der seltene Nachtschlaf im eigenen Bett und die Einsamkeit auf dem Führerstand reizen nur noch jene, die der „alleinige Herr" sein möchten, sich an der Technik begeistern.

Die Gammelpausen und das Mutterseelenalleinsein, obendrein nachts, gehören zum Güterzugdienst wie zum Regionalverkehr. Wer gern mit einem Kollegen plaudert, am Freitag immer zum Kegeln oder sonntags zum Fußball gehen möchte, ist als Lokomotivführer im falschen Beruf. Der Lokomotivführer-Alltag ist der Öffentlichkeit weitgehend unbekannt.

Bereits in den achtziger Jahren wurde bei der Deutschen Bundesbahn der Personalmangel in den Betriebswerken akut, und noch heute wirbt die Deutsche Bahn AG junge Leute, sich den Traumberuf zu gönnen, 1999 wurden 400 ausgebildet, die meisten erleben nicht das Zehnjährige im Führerraum einer Lokomotive, zumal der „Traumberuf" nicht gerade

Ein Zugrevisor der Berliner S-Bahn (1993). Seit 1995 sind sie nicht mehr in Uniform, sondern getarnt, in den Zügen anzutreffen
Foto: Preuß

üppig bezahlt wird. 1999 bekam der Anfänger im ersten Jahr 3200 Mark brutto, 2005 könnte er auf 3500 Mark kommen. Wer den ICE fährt, sieht monatlich 4100 bis 4400 Mark auf dem Gehaltskonto. Nachtdienste und Ausbleibezeiten werden mit 600 Mark monatlich vergütet.

Trotz regelmäßiger Werbeaktionen der Bahn können sich junge Leuten unter dem Beruf Lokomotivführer kaum etwas vorstellen und einordnen. Bei einer Umfrage des Magazins „Focus" unter 1000 Kindern 1999 rangierte der Fußballer an erster Stelle, gefolgt vom Polizisten (!), Piloten und Kraftfahrzeugmechaniker. Mädchen bevorzugten die Berufe Tierärztin, Ärztin und Krankenschwester. Der Lokomotivführer, der noch 1994 den neunten Platz einnahm, landete auf der letzten Stelle der Rangfolge. Er ist ein weithin unbekannter Beruf geworden.

Vielleicht sollten die Bahnmanager dem „Piloten des Schienenstrangs" doch wieder eine schmucke Uniform verpassen, damit er nach dem Absteigen vom ICE nicht anonym in der Masse der Reisenden und Bahnhofsbummler verschwindet.

Die Besetzung des Hilfszuges kam insbesondere den Eisenbahnern der Lokomotivunterhaltung zu. In Wanne-Eickel wird ein neuer Beleuchtungswagen vorgeführt, der einmal ein Sitzwagen 4. Klasse war (etwa 1925)
Slg. Hörnemann

4. Das Stationspersonal

1910 reiste ein Fotograf auf der mecklenburgischen Eisenbahn, um alle Bahnhöfe zu fotografieren. Da stellten sich alle hin, die gesehen werden wollten
LA Schwerin

Für heutige Verhältnisse ist eine solche Ansammlung von Eisenbahnern ganz ungewöhnlich, wie sie das um die Jahrhundertwende aufgenommene Bild vom mecklenburgischen Bahnhof Lübz zeigt. Neun Eisenbahner sehen wir, abgesehen vom Lokomotivpersonal links. Viel Personal für einen kleinen Bahnhof!

Wir wissen nicht, ob alle zum Bahnhof gehörten, ob sich nicht der Bahnmeister oder ein Bahnwärter dazu gestellt haben. Vielleicht hat auch ein Betriebsinspektor der Bahnverwaltung den Fotografen begleitet und sich mit aufnehmen lassen.

Selbst wenn man die Zaungäste abzieht, bleiben viel mehr Eisenbahner des Bahnhofs, als sie zu Reichsbahn-Zeiten üblich waren. Die Bahn konnte sich reichlich Personal leisten, ohne die Betriebsergebnisse wesentlich zu beeinflussen, denn die Entlohnung der Eisenbahner war alles andere als fürstlich.

Vergleichen wir die Personalzahlen früher und heute, fiele uns auf jedem Bahnhof auf, dass sich entweder das Personal vermehrte, weil die Größe des Bahnhofs wegen des angestiegenen Verkehrsvolumens und durch die Erweiterung der Bahnanlagen zugenommen hatte, oder das Personal wurde weniger, weil im Laufe der letzten Jahrzehnte rationalisiert worden ist. Einige Bahnhöfe verloren bereits vor der Jahrhundertwende Aufgaben, wenn in deren Nähe für bestimmte Aufgaben spezialisierte Bahnhöfe gebaut wurden, wie Verschiebe-, Abstell-, Umlade-, Post-, Vieh-, Ortsgüterbahnhöfe, große und selbständige Güter-, Eilgut- oder Expressgutabfertigungen und Fahrkartenausgaben.

1861 kam der Bahnhof Gera Pr. Stb. mit zehn Eisenbahnern aus, und zwar einem Fürstlichen Regierungs-Commissar, Stellvertretenden Oberingenieur und Königlich Preußischen Baumeister, Bahnhofsinspektor, Eilgutexpedienten, Güterassistenten, Billeteur, Telegraphisten, Portier sowie zwei Weichenstellern. Im Jahr darauf wurde das Personal um zwei Kofferträger und je einen Bahnhofs-Inspectionsassistenten, Assistenten bei der Güterverwaltung, Abteilungsleiter, Bahnhofswächter

Bahnhöfe sind Brennpunkte des Betriebs und Verkehrs; den Betrieb steuert der Fahrdienstleiter. Befehlsstellwerk Wiesbaden (1935)
Foto: Göllner/Slg. Gottwaldt

aufgestockt. [2] Offenburg erhielt von 1906 bis 1908 einen Ortsgüterbahnhof, von 1911 bis 1913 einen Rangierbahnhof, 1909 ein Ausbesserungswerk, von 1907 bis 1909 einen Werkstätten- und Lokomotivbahnhof, zwischen 1906 und 1911 wurde der Personenbahnhof erweitert. Zur Blütezeit der Offenburger Eisenbahn vor dem Ersten Weltkrieg wurden 5000 Eisenbahner beschäftigt; die Stadt gehörte den Eisenbahnern, 1998 waren es nur noch 1400.

Elm waren schon wegen der Spitzkehre mitten in der Verbindung Berlin – Frankfurt am Main ein typischer Eisenbahnerort geworden. 1927 beschäftigte der Bahnhof Betriebsassistenten, Stellwerksmeister, Weichensteller, Telegrafenmeister und Telegrafisten, Packmeister, Rangiermeister, Zugführer, Kondukteure (Zugschaffner), Perronschaffner (Bahnsteigschaffner) und Handwerker. 1998 brauchte die Bahn dort nur noch einen Fahrdienstleiter je Schicht; Reisezüge halten ohnehin nicht mehr in Elm.

Oder schauen wir uns Lauterecken-Grumbach an, wo 1999 gar kein örtlicher Eisenbahner mehr beschäftigt war. 1923 sollen zum Bahnhof drei Eisenbahninspektoren, acht Weichenwärter, ein Zugführer, zwei Gehilfen im Stationsdienst, zwei Oberweichenwärter, fünf Weichenwärter, zwei Eisenbahnassistenten gehört haben.

Unter einem Bahnhof ist weit mehr als das der Öffentlichkeit bekannte Empfangsgebäude zu verstehen. Betrieblich gesehen ist der Bahnhof eine Anlage mit mindestens einer Weiche, wo Züge beginnen, enden, kreuzen, überholen oder wenden dürfen. Erst die Verfügung der Direktion machte die Anlage zum Bahnhof. Strukturell waren die meisten Bahnhöfe ein Konglomerat verschiedenster Dienste des Personen- und Güterverkehrs sowie des Betriebsdienstes. Man sprach vom vereinigten Dienst.

In einem Lehrbuch von 1959 heisst es: „Die Bahnhöfe sind die Brennpunkte des Betriebs und Verkehrs. Die ihnen obliegenden Aufgaben erfordern einen sehr erheblichen Aufwand an Betriebsmitteln und Personal sowie eine sorgfältige Organisation. Die Güte der Arbeit ist ausschlaggebend dafür, ob der Betrieb sicher, pünktlich, ordentlich und wirtschaftlich ist. Die Bahnhöfe stehen in unmittelbarer und engster Berührung mit den Kunden der Eisenbahn. Von ihrem Tun hängt das wirtschaftliche Gedeihen des Unternehmens entscheidend ab." [1]

Weil die Bahnverwaltung oder der Vorstand für die Ausführung des Dienstes nicht alle Einzelheiten regeln und die Aufsicht und Ort und Stelle nur stichprobenweise ausüben können, wurden für die örtliche Leitung und die ständige Überwachung des Dienstes Bahnhofsvorsteher eingesetzt.

Aufgaben und Bezeichnung dieses Leiters unterschieden sich in den Bahnverwaltungen und wechselten im Laufe der Zeit, zum Beispiel: Stationsvorsteher, Stationsverwalter (für Stationen III. Klasse), Stationsassistenten und Stationsdiätare (für unterstellte Bahnhöfe), Bahnhofsinspektor, Bahnhofsvorstand, Bahnhofsverwalter, Stationsaufseher (auf unterstellten Bahnhöfen), Dienstvorsteher, Vorsteher, Dienststellenvorsteher, Dienststellenleiter, Leiter des Bahnhofs. Auf den Schmalspurstrecken der Königlich Sächsischen Staatseisenbahnen wurde zwar auf Bahnhofsvorsteher verzichtet, dafür fungierten auf jeder Strecke die Bahnverwalter, die auch für den Bahnunterhaltungs- und Betriebsmaschinendienst zuständig waren. Erst 1930 hob die Deutsche Reichsbahn die Bahnverwaltereien auf.

Dem Leiter standen Vertreter zur Seite. Entweder konnten das bei Urlaub und Krankheit je nach Größe der Dienststelle ein Fahrdienstleiter oder ein Mitarbeiter des Betriebsbüros sein, auf großen Dienststellen waren ständig ein bis zwei Vertreter des Leiters mit abgegrenzten Aufgaben eingesetzt, mitunter auch Vertreter für jede Schicht, die sich Brigadevorsteher oder Schichtleiter nannten.

Vorsteher – oder wie immer man sie bezeichnete – waren die Leiter der selbständigen Dienststellen. Diesen – sie wurden auch Haupt- oder Mutterdienststelle genannt – konnten Bahnhöfe unterstellt sein. Die Hauptdienststellen der Deutschen Bundesbahn waren laut Dienstvorschrift 162 „Geschäftsanweisung für die Dienststellenvorsteher" fachlich und verwaltungsmäßig selbständig, die Nebendienststellen nur fachlich selbständig, verwaltungsmäßig an eine Hauptdienststelle angegliedert. Die Deutsche Reichsbahn in der DDR probierte verschiedene Strukturen aus, vereinigte in den sechziger Jahren die selbständigen Dienststellen Fahrkartenausgabe, Gepäck- und Expressgutabfertigung bzw. Güterabfertigung mit dem Bahnhof. Aus dem Vorsteher der Güterabfertigung wurde ein Abteilungsleiter Güterverkehr oder ein Verkehrsleiter, der dem Dienstvorsteher (des Bahnhofs) unterstand. Es blieben nur wenige selbständige Güterabfertigungen, wie die in Halle (Saale) Hbf und Erfurt Hbf, bei der Deutschen Bundesbahn aber einige mehr, 1990 noch 20 Fahrkartenausgaben, 96 Güterabfertigungen, teilweise mit den Gepäckabfertigungen zusammengelegt. In den Reichsbahndirektionsbezirken Dresden und Erfurt wurden BV-Dienststellen[1] mit großem Einzugsbereich gebildet, geleitet von einem Vorsteher sowie jeweils einem Dienstvorsteher auf dem Mutterbahnhof und auf

Bundespräsident Theodor Heuss war in München Hbf angekommen. Der Dienststellenvorsteher (links) hat ihn abgeholt (1955)
DB/Slg. Rampp

[1] BV = Betrieb und Verkehr

den unterstellten Bahnhöfen. Die Deutsche Bahn zerschlug 1994 das organisatorische Gefüge der Dienststellen von Bundes- und Reichsbahn und schuf die Organisationseinheiten von Niederlassungen und Zweigniederlassungen, aber in einem divisionalisierten System für die Geschäftsbereiche Fernverkehr, Nahverkehr, Netz, Personenbahnhöfe, Stückgutverkehr und sonstigen Güterverkehr, so dass für einen Bahnhof mehrere Geschäftsbereiche mit verschiedenen Leitern zuständig sind, die obendrein ihren Sitz an verschiedenen Orten haben.

Ein Teil der bisherigen Leiter der Bahnhöfe, wenn sie noch nicht für den Vorruhestand „reif waren", wurde im Netzbezirk des Geschäftsbereichs Netz, zu dem mindestens ein Dutzend Bahnhöfe gehört, als 1. Bezirksleiter Betrieb oder als Bezirksleiter Betrieb eingesetzt, andere wurden Bahnhofsmanager im Geschäftsbereich Personenbahnhöfe (1999 in Geschäftsbereich Station & Service umbenannt).

Diese Bahnhofsmanager haben ihren Sitz auf den großen Personenbahnhöfen, unterstellt sind ihnen mehrere kleine. Er ist aber nicht mit dem früheren Bahnhofsvorsteher gleichzusetzen, sondern nur Hausherr für den kommerzialisierten Teil und für die sogenannte Verkehrsstation (Reisezentrum, Toiletten, Bahnsteige) mehrerer Bahnhöfe. Für die Anlagen und Gebäude wie Gleise und Stellwerke ist der Geschäftsbereich Netz zuständig, auf Rangierbahnhöfen der Geschäftsbereich Cargo (Güterverkehr).

Das führte zu verzwickten Situationen, beispielsweise zu der Frage, wer hat das Papier aufzuheben, das auf dem Bahnsteig liegt? Wer, wenn es ins Gleis geschoben wurde? Im ersten Fall ein Eisenbahner des Geschäftsbereichs Station & Service, im anderen Fall ein Eisenbahner des Geschäftsbereichs Netz. Ein unhaltbarer Zustand. Das sahen die Führungskräfte ein und bestätigten in der Mitarbeiterzeitung „Bahn-Zeit" 10/1999: „Die Arbeitsaufteilung zwischen DB Station & Service und DB Netz hat sich nicht bewährt. Seit Juni ist die Reinigung von Bahnhöfen in einer Vereinbarung zwischen den beiden beteiligten Führungsgesellschaften neu geregelt." Seither sollte der Geschäftsbereich Station & Service „bundesweit" für die Säuberung des gesamten Bahnhofes „inklusive Bahnsteiggleise" zuständig sein. Ganz so einfach war das nun wieder nicht! Nur die Bahnsteige sollten von Station & Service gereinigt und von Eis und Schnee freigehalten werden, nicht aber die höhengleichen Zugänge, wenige Quadratmeter! Für diese ist nach wie vor der Geschäftsbereich Netz – wo möglich: der Fahrdienstleiter – zuständig.

Gliedern lässt sich der Bahnhof von einst so:
- *Vorstand*
  Innendienst: Verwaltungsangelegenheiten, persönliche Angelegenheiten, Dienstpläne, Stoff- und Geräteverwaltung
- *Fahrdienst*
  mit Fahrdienstleiter und Aufsichtsbeamten, Weichen- und Stellwerkswärtern, Rangierern, Rangierleiter und Rangiermeister, Zugbemannung oder Zugmannschaft, Bahnsteigschaffner
- *Personen- und Gepäckverkehr*
  Kassendienst, Fahrkartenausgabe, Gepäck- und Expreßgutabfertigung mit Ladeschaffner, Gepäckaufbewahrung
- *Güterabfertigung*
  mit reinem Abfertigungsdienst, Zugabfertiger, Wagendienst, Ermittlungsdienst, Kasse, Ladedienst, Schuppen- und Freiladedienst.

Zur Begrüßung des Zuges mit in der UdSSR entlassenen Kriegsgefangenen bereit: der Dienststellenvorsteher (1955) DB/Slg. Rampp

Beim vorgeschriebenen Prüfgang besieht sich der Herforder Bahnhofsvorsteher den Streckenabschnittsdrucker, der die Nummern und Zeiten der abgelassenen Züge dokumentiert (1986) Slg. Richard Schulz

Betrachten wir zuerst Aufgaben des Bahnhofsvorstehers bzw. des Leiters des Bahnhofs. Unter „Leitung und Überwachung" des Bahnhofsdienstes verstand man, dass der Leiter des Bahnhofs in seinem Geschäftsbereich dafür zu sorgen hatte, dass der Betriebsdienst nach den Vorschriften sowie nach den Weisungen und Anordnungen der vorgesetzten Stellen sicher, pünktlich und gewissenhaft ausgeführt wird.

Zum Beispiel hatte er im Betriebsdienst folgende wesentlichen Aufgaben:
1. *Aufstellen des Bahnhofsbuches, der Unfallmeldetafel, der Bahnhofsfahrordnung, des Rangierplanes, des Bedienungsplanes sowie sonstiger Behelfe, Verzeichnisse und Übersichten, die nach den Vorschriften erforderlich sind.*
2. *Sorge für wirtschaftliche, zweckmäßige und richtige Handhabung des gesamten Betriebsdienstes.*
3. *Unterrichtung der Mitarbeiter, besonders bei Abweichungen vom Regeldienst.*
4. *Anpassen der Leistungen an Verkehrssteigerungen und Verkehrsrückgang.*
5. *Überwachen, dass alle Anlagen und Einrichtungen den Bedürfnissen des Betriebsdienstes entsprechen, Ordnung im Bahnhofsbereich herrscht und Unfallgefahren beseitigt werden.*
6. *Laufende Überwachung der Betriebsabwicklung in allen Bahnhofsteilen, auch zur Nachtzeit (Durchführung der vorgeschriebenen Prüfgänge).*

Ein guter Bahnhofschef stand früher zu den Hauptverkehrszeiten auf dem Bahnsteig und beobachtete den Zugbetrieb sowie die Arbeit der Aufsicht, der Zugbegleiter und der Ladearbeiter. Er wusste bei Fahrplanbesprechungen oder, wenn bauliche Veränderungen besprochen wurden, was er zu fordern oder abzulehnen hatte. Früher wie bis vor 1994 hatte der Bahnhofsvorsteher bei Reisen allerhöchster Herrschaften anwesend zu sein, früher hatte er in solchen Fällen selbst den Dienst (als Fahrdienstleiter) zu übernehmen.

Nicht vergessen werden sollte, dass der Leiter eines Bahnhofs für die Pflege des öffentlichen Ansehens zuständig war und dass der „sozialistische Leiter" der DDR-Reichsbahn weitere Aufgaben wahrzunehmen hatte und mit Berichterstattungen überbürdet war, die dem Bundesbahn-Leiter fremd geblieben sind, wie Vorsitzender der Kommission für sozialistische Wehrerziehung, Leiter der Betriebswohnungskommission, Mitglied der SED-Parteileitung sowie für die Berichte über die Eingaben der Bürger, über die Abwicklung des Herbst- und Winterverkehrs, über die Festlegung der Qualitätsstufe für die Weichenreinigerprämie, über den Unfallschutz und Krankenstand, über die Ausarbeitung Technisch-Ökonomischer Kennziffern, über die Erarbeitung des Betriebskollektivvertrages oder der Dienststellenvereinbarung, die Rechenschaftslegung und andere.

Ob in Ost oder in West, ein guter Leiter besaß neben den fachlichen Kenntnissen und Erfahrungen auch die menschlichen Eigenschaften, mit deren Hilfe er auch in schwieriger Lage den Betrieb und dessen Menschen führen konnte. Die Stellung des Leiters erforderte insbesondere Verantwortungsbewusstsein, Verantwortungsfreudigkeit, Gerechtigkeitssinn, soziales Verständnis, Willenskraft und Organisationstalent.

Da es seit 1994 keine Leiter von Bahnhöfen mehr gibt, ist eine Vorschrift von Selbstverständlichkeiten aus der o. a. Geschäftsanweisung weitgehend vergessen worden: „... Er hat auf ein Vertrauensverhältnis zum Personal und auf ein gutes Betriebsklima hinzuwirken. Zu diesem Zweck soll er sich auch über die persönlichen Verhältnisse der

Helmut Krüger, Leiter des Bahnhofs Zinnowitz, auf dem Platz des Fahrdienstleiters (1986). Auf kleinen Bahnhöfen hatte der Leiter immer Dienste des Fahrdienstleiters mit zu übernehmen
Foto: Preuß

Bediensteten unterrichten, für das Wohl der Bediensteten sorgen und die Dienstfreudigkeit günstig beeinflussen. Er hat sich um eine vertrauensvolle Zusammenarbeit mit dem Personalrat zu bemühen." (Paragraf 9)

Die Aufgaben des Leiters eines Bahnhofs waren so mannigfaltig, dass der Freude an ihnen haben konnte, der mit ganzer Seele Eisenbahner war, Erfahrungen von den einzelnen Arbeitsplätzen im Betriebs- und Verkehrsdienst mitbrachte, sich über die tatsächlich oder vermeintlich hartgesottenen Vorgesetzten nicht zu sehr grämte und mit dem ihm unterstellten Personal gut umgehen konnte, ohne an Autorität zu verlieren.

Der Leiter des Bahnhofs wurde von der Verwaltung äusserlich herausgehoben, durch den Degen der Ausgehuniform, durch goldene Sterne statt der silbernen bei der Reichsbahn-Uniform von 1950 bis 1957, durch das zweireihige Jackett statt des einreihigen bei der Deutschen Bundesbahn von 1949 bis 1970 oder durch den Dienstrang über den Plandienstrang hinaus bei der Deutschen Reichsbahn nach 1974.

Die Aufgaben des Leiters des Bahnhofs gingen auf den erwähnten Bahnhofsmanager, den Bezirksleiter des Geschäftsbereichs Netz bzw. die Niederlassungsleiter der Geschäftsbereiche Reise & Touristik sowie Cargo über.

Über die einzelnen Aufgaben der Leiter bestanden Dienstanweisungen und Richtlinien, wurden dicke Bücher geschrieben.

Wir lernen den Bahnhof richtig kennen, wenn wir uns den anderen Beschäftigten widmen. Vernachlässigen wir das Bahnhofsbüro mit dem Betriebs- oder Verkehrsbearbeiter, dem Technologen oder Fahrplanbearbeiter, denn an vorderster Stelle im Bahnhof stand der Fahrdienstleiter. Auf kleineren Bahnhöfen waren Fahrdienstleiter und Aufsicht eine Person, bis 1870/1871 der Bahnhofsvorsteher gleichzeitig ein Fahrdienstleiter. Wahrscheinlich war das der Grund, dass in der Literatur und in den Augen des Publikums der Mann mit der roten Mütze immer ein Bahnhofsvorsteher war.

Auf größeren Bahnhöfen musste die Arbeit geteilt werden, so dass eine weitere Person den Bahnhofsvorsteher unterstützte. In der Betriebsordnung für die Haupt-Eisenbahnen von 1892 und in der Fachliteratur der Jahrhundertwende ist vom „diensttuenden Stationsbeamten" die Rede, wenn der Fahrdienstleiterdienst gemeint war. Erst in der Eisenbahn-Bau- und Betriebsordnung von 1905 tritt

Ein Wärter der Blockstelle 169 (etwa 1920). Er regelte die Zugfolge zwischen Meinersen und Leiferde und hatte auch ein Stück Bahn zu bewachen Slg. Schenk

Peggy Nettelbeck von der Blockstelle Gutengermendorf blockt das Endfeld und gibt damit das Blocksignal der Blockstelle Buberow frei (1999) Foto: Preuß

an die Stelle des diensttuenden Stationsbeamten der Fahrdienstleiter. Seit dieser Zeit untersteht zwar der Fahrdienstleiter dem Bahnhofsvorsteher, ansonsten handelt er bei der Leitung des gesamten Fahrdienstes selbständig.

Nach der Eisenbahn-Bau- und Betriebsordnung war der Fahrdienstleiter der Beamte, der „die Zugfolge innerhalb eines Bezirks unter eigener Verantwortung regelt." Man muss hinzufügen: „und die damit zusammenhängenden Aufgaben löst." Die Zugfolge regelt auch der Blockwärter, jener Eisenbahner in den mehr oder weniger hohen Häuschen auf der freien Strecke, der das Blocksignal auf Fahrt stellt und den Zug in den vorgelegten Abschnitt einlässt, aber erst dann, wenn der vorausgefahrene Zug den Blockabschnitt geräumt hat. Bei der Eisenbahn fahren die Züge im Raumabstand. Ob der Blockabschnitt geräumt ist, wurde ihm durch das Rückmelden des Zuges auf dem Morsefernschreiber oder über den Fernsprecher mitgeteilt („Zug 9984 in Halbe"). Die meisten Strecken sind durch den Streckenblock gesichert, und so wurde durch das Endblocken des Anfangsfeldes (erreicht durch das Blocken des Endfeldes vom Fahrdienstleiter der vorgelegenen Zugfolgestelle) das Blocksignal freigegeben. Es konnte auf Fahrt gestellt werden.

Die Blockstellen unterteilten lange Streckenabschnitte zwischen zwei Bahnhöfen, so dass die Zugfolge verdichtet werden konnte. 1999 ist die Zahl der besetzten Blockstellen gering geworden, weil viele Blockstellen infolge des Verkehrsrückgangs stillgelegt oder durch automatische Blockstellen ersetzt wurden. Dort stehen zwar noch Blocksignale, aber keine Häuschen mehr in dem der Blockwärter den Dienst verrichtet.

Der Fahrdienstleiter im Bahnhof regelt nicht nur die Zugfolge, sondern auch die Reihenfolge der Züge auf der freien Strecke, ganz wichtig bei eingleisigen Strecken. Er bestimmt im Benehmen mit dem Nachbar-Fahrdienstleiter und gegebenenfalls mit der Zug- oder der Dispatcherleitung (Betriebsüberwachung), ob Zug 481 vor A nach B fährt oder vorher Zug 59336 von B nach A.

Bloß hat den Fahrdienstleiterdienst anschaulich gemacht: „Ein Bahnhof ist in gewissen Sinne einer mittelalterlichen Stadt vergleichbar, auf deren Straßen unter dem Schutz der Stadtmauern und -tore ein geschäftiges Leben und Treiben herrscht.

Hat der Landesherr seinen Besuch angesagt, dann wird der Verkehr auf den Straßen eingestellt, damit er sicheren Einzug halten kann. Der Bürgermeister, der unterrichtet worden ist, von wo und wann der Fürst und sein Gefolge zu erwarten sind, und auf dem die Verantwortung für die Sicherheit der Fahrt innerhalb der Stadt ruht, sorgt dafür, daß die Fahrstraße, auf der der Einzug stattfinden soll, vom Stadttor bis zum Ziel rechtzeitig geräumt wird und daß an den Straßengabelungen der Zug richtig geleitet wird. Er trifft Vorkehrungen, daß der Einzug von den Seitenstraßen her keine Störung erleiden kann, und daß die übrigen Stadttore geschlossen bleiben, um Überfällen feindlicher Scharen vorzubeugen. Dann erst läßt er das Tor öffnen, und erst wenn der letzte Wagen ans Ziel gelangt ist, gibt er die Gabelungspunkte für den Verkehr wieder frei. Der Fahrdienstleiter eines Bahnhofs, d. i. der Beamte, der die Zugfolge unter eigener Verantwortung regelt, hat ähnliche Aufgaben zu erfüllen. Um das Rangiergeschäft auf den Bahnhofsgleisen vor unerwartetem Einbruch eines Zuges zu schützen, schließt er den Bahnhofsbereich nach beiden Seiten durch haltzeigende Einfahrsignale ab. Ist er durch telegraphische Meldung in Kenntnis gesetzt worden, daß ein Zug sich dem Bahnhof nähert, so trifft er alle für die Einfahrt nötigen Maßnahmen, insbesondere sorgt er für

1. *Freisein der Gleise,*
2. *richtige Stellung der vom Zuge zu befahrenden Weichen,*
3. *Flankenschutz,*
4. *Ausschluß feindlicher Fahrten,*
5. *Fahrstraßenfesthaltung bis nach vollendetem Zuglauf."* [3]

Ein Bahnhof kann in mehrere, mit je einem Fahrdienstleiter besetzte Bezirke eingeteilt, auch kann die Fahrdienstleitung nach Bahnhof oder Strecke getrennt sein. Das traf insbesondere auf jene Zentralstellwerke zu, die weitere Betriebsstellen und Bahnhöfe fernsteuern.

Für den Zugmeldedienst können dem Fahrdienstleiter auch ein (oder mehrere) Zugmelder und / oder Fahrwegprüfer beigegeben sein. Oft sitzt im Zentralstellwerk auch der Bediener der Bahnsteiglautsprecheranlage.

Der Fahrdienstleiter auf kleinen Bahnhöfen war auch Fahrkartenverkäufer, Abfertiger von Wagenladungen, Stückgut, Gepäck- und Expressgut, von Tieren und Leichen. Weitere Aufgaben konnten die der Stoff- und Geräteverwaltung oder der Lohnabrechnung sein. Ein Fahrdienstleiter vertrat den Leiter des Bahnhofs ausserhalb der normalen Geschäftszeit, während des Urlaubs oder seines Krankseins.

Auf Bahnhöfen, wo die Geschäfte des Fahrdienstes für einen Fahrdienstleiter zu umfangreich waren bzw. wo der Fahrdienstleiter schon aus räumlichen Gründen den Aufsichtsdienst nicht wahrnehmen konnte, weil er abseits der Bahnsteige war, genehmigte die Betriebsinspektion (oder das Betriebsamt)

Als der Zugverkehr noch mit der Hand geregelt wurde: Irgendwo bei Göttingen zeigt der Fahrdienstleiter die L-Scheibe, und das heisst für den Lokomotivführer: Langsamer fahren (1950)
Foto: DB/Först, Slg. Reinshagen

Auch beim Drucktastenstellwerk blieben die „übrigen Stadttore geschlossen, um Überfällen vorzubeugen". Lütjenbrode (1950)
Foto: DB/Hollnagel, Slg. Reinshagen

einen besonderen Aufsichtsbeamten (bei der Deutschen Reichsbahn nach 1950 nur Aufsicht genannt). Die Fahrdienstvorschriften regelten das Zusammenwirken: „Ihre beiderseitigen Dienstaufgaben sind so scharf wie möglich gegeneinander abzugrenzen, b) bei allen Verrichtungen, die den Zuglauf beeinflussen können, hat der Aufsichtsbeamte sich der Zustimmung des Fahrdienstleiters zu versichern."

Dieses Miteinander kam bei der Deutschen Reichsbahn bis 1993 auch dadurch zum Ausdruck, dass nur ein Betriebseisenbahner mit bestandener Fahrdienstleiterprüfung als Aufsicht eingesetzt werden durfte (Ausnahme Berliner S-Bahn). Bis etwa 1945 nannte man den Eisenbahner, der die Ausbildung für die Aufsicht bzw. als Fahrdienstleiter besaß, Betriebsassistent.

Heute befremdlich, aber einst ganz selbstverständlich war, dass als Fahrdienstleiter nur geprüft wurde, wer die Morsefernschreibprüfung bestanden hatte. Sie war eine der ersten Prüfungen im Betriebsdienst. Der Morsefernschreiber gehörte bei der Deutschen Bundesbahn bis in die fünfziger, bei der Deutschen Reichsbahn bis in die sechziger Jahre zur Nachrichtenverbindung zwischen Direktion und Bahnhof, zwischen den Bahnhöfen und zwischen den Zugmelde- und Zugfolgestellen. Tausende Eisenbahner mussten die Bedienung des Fernschreibers, den Aufbau von Fernschreibverbindungen (Hören, Rufen, Senden, Lesen und Quittieren), vor allem das Morsealphabet erlernen. Dieses sowie die Zahlen, die Interpunktion und andere Zeichen (Verstanden, Irrung/Verbesserung, Schluss des Telegramms, Dringend, Warten, Quittung) beherrschen, was Übung und ein gutes Gedächtnis verlangte. Viele kamen bei der Prüfung ins Schwitzen oder holten sich durch zu festes Hämmern auf der Morsetaste eine Blase am Daumen. Manche lernten es nie.

Eine kleine Revolution war es, als die Zugmeldungen nicht mehr auf dem Morsefernschreiber gegeben werden mussten, sondern fernmündlich mit und ohne Sprachspeicher. Einige der neuen Gleisbildstellwerke besaßen auch Zugnummernmeldeanlagen, so dass auf die Zugmeldungen ganz verzichtet werden konnte.

Beruf: Eisenbahner

Dem Fahrdienstleiter in Seddin werden durch eine Zugnummernmeldeanlage die Züge abgemeldet (1991) Foto: Migura

Weitere Änderung technischer Natur beim Fahrdienstleiter war die neue Stellwerkstechnik: mechanisches, elektromechanisches, Relaisstellwerk (Gleisbild- oder Drucktastenstellwerk, EZMG-Stellwerk[2]) und schließlich das elektronische Stellwerk, Selbstblock bzw. automatische Blockanlagen, Zugbahn- bzw. Zugfunk. Aus einer wegen des Hebelstemmens und der Wege im und ausserhalb des Stellwerks körperlichen Arbeit wurde eine sitzende und vorherrschend dispositive, die nicht jedem Fahrdienstleiter gut tat.

Die „Bibel" des Fahrdienstleiters, die 1907 eingeführten Fahrdienstvorschriften – seit 1972 bei der Deutschen Bundesbahn und seit 1994 auch bei der früheren Deutschen Reichsbahn nur noch Fahrdienstvorschrift genannt – zeigt durch ihren gewachsenen Umfang, wie es immer wieder zu Neuerungen kam, ohne dass sogleich auf das Alte verzichtet werden konnte.

Auf mittleren und großen Bahnhöfen konnte schon wegen der Stellentfernungen zu den Weichen und Signalen nicht der Fahrdienstleiter allein den Betriebsdienst verrichten. Stellwerks- oder Weichenwärter, vor der Jahrhundertwende auch Signalturmwärter genannt, arbeiteten auf ihren Stellwerken, waren vom Fahrdienstleiter auf dem Befehlsstellwerk blockelektrisch abhängig. Zwischen den Bezeichnungen Weichenwärter und

Das Befehlsstellwerk 5 des Bahnhofs Hoyerswerda; auf dem dieser Fahrdienstleiter ein Signal auf Fahrt stellt, gehört zu den seltenen der Bauform Relais 51 (1999). Weichen und Fahrstraßenhebel werden mechanisch umgestellt, die Fahrstraßenfestlegung, und die Signalbedienung gleicht der des Gleisbildstellwerks Foto: Preuß

[2] sowjetisches Relaisstellwerk, nur bei der Deutschen Reichsbahn

Rechts: Die mechanischen Stellwerke, wie das „Lp" in Lübeck Hbf, werden immer seltener (1998) Foto: Preuß

Beruf: Eisenbahner

Auf diesem Stuttgarter Stellwerk unterstützt der Stellwerkswärter den Fahrdienstleiter (1925) — Slg. Gottwaldt

Stellwerkswärter gab es nur den Unterschied in der Gehaltseingruppierung je nach Belastung des Stellwerks. Geläufig waren auch die Bezeichnungen Weichensteller (bis in die vierziger Jahre) oder Stellwerksmeister. Die Wärter bedienten die Stellwerks- und Blockeinrichtungen, regelten die Lokomotiv- und Rangierfahrten innerhalb ihres Bezirks, prüften den Fahrweg, wenn eine Zugfahrt zugelassen wurde, beobachteten die Züge, hatten, wenn nicht ein besonderer Weichenreiniger zugeteilt war, die Weichen und Drahtzüge zu reinigen und zu schmieren.

Ihre Aufgaben in der Vergangenheitsform zu schreiben, ist schon deshalb erlaubt, weil sie noch schneller als die des Fahrdienstleiters aussterben. Zuerst die Zentralstellwerke der Relaistechnik, nun die elektronischen Stellwerke, machen die Wärterstellwerke entbehrlich. Es bleibt das elektronische Stellwerk, von dem dank weitgehender Automatisierung und der Verbindungen zu den Stellrechnern, die man auch „Bus" nennt, mehrere Bahnhöfe bzw. ganze Strecken bedient werden. Im elektronischen Stellwerk greift der Fahrdienstleiter nur bei Abweichungen vom Regelbetrieb ein oder wenn ein Bahnhofsteil zum Rangieren auf Ortsbetrieb umgeschaltet werden muss.

So war es möglich, bei Inbetriebnahme des elektronischen Stellwerks Eilsleben 1993 etwa 110 Eisenbahner einzusparen, im Bezirk der 1998 in Betrieb

Die Unterhaltungsarbeiten auf diesem elektromechanischen Stellwerk in Düsseldorf Hbf gestatten den Blick in die komplizierte Anlage, mit der die Abhängigkeit von Weichen und Signalen hergestellt wird (1936) — Slg. Säuberlich

Die Lampenwärterin reinigte Zylinder und Dochte und füllte das Petroleum der Signallaternen auf (1971) — Foto: ZBDR/Schulz

Das Stationspersonal

Auf Bahnhöfen mit starkem Betrieb werden besondere Weichenreiniger eingesetzt, die täglich die Stühle der Weichen mit Öl schmieren, damit die Weichenzungen gut gleiten. In Dessau Hbf (1996) Foto: Klein

Im elektronischen Stellwerk Eilsleben (b Magdeburg): Der Fahrdienstleiter bedient keine Hebel mehr, sondern tippt auf dem Gleisplan mit einem Griffel die Signalsymbole an (1993) Foto: Preuß

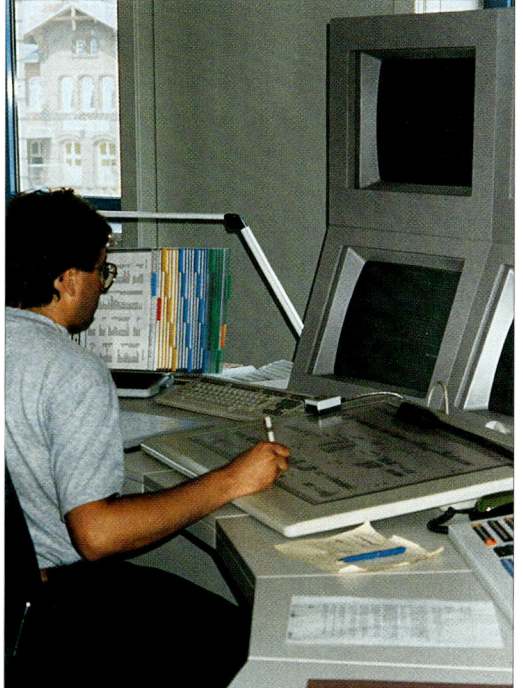

gegangenen elektronischen Stellwerke Fallersleben und Oebisfelde mit einem Stellbereich von 150 km waren erst 189 Eisenbahner tätig, danach 20. Wenn 2001 die Betriebszentrale München in Betrieb geht, verlieren rund 1300 Fahrdienstleiter ihren Arbeitsplatz.

Die Rationalisierung schreitet weiter, wenn die besetzten elektronischen Stellwerke nur noch als Stellrechner arbeiten und von den Betriebszentralen gesteuert werden. Diese Betriebszentralen vereinigen die Steuerung des Zugverkehrs und die Disposition für ganze Netze. Eine für die Berliner S-Bahn und sieben bei der Deutschen Bahn sollen nach 2002 reichen. Danach ist nicht nur der Fahrdienstleiterberuf selten geworden; er erhält auch einen anderen Inhalt, abgesehen davon, dass diese Eisenbahner im Dienst statt der Züge nur farbige Linien auf Monitoren sehen.

Eine andere im Eisenbahnbetrieb kaum wegzudenkende Berufsgruppe entfiel bereits zwischen 1995 und 1998: die Aufsicht. Sie spaltete sich – unter einer anderen Bezeichnung – vom Fahrdienstleiter ab, als es für den Fahrdienstleiter auf großen Bahnhöfen immer schwieriger wurde, den gesamten Fahrdienst allein zu behandeln. Alle Tätigkeiten, die nicht im Zusammenhang mit dem Zuglauf standen,

Die Stellwerke an den Hochgeschwindigkeitsstrecken wurden gleich als elektronische Stellwerke errichtet. Bei jenem in Orxhausen bedient der Fahrdienstleiter eine alphanumerische Tastatur, um die Stellbefehle zu geben (1993) — Slg. Preuß

also die Rangierarbeiten und die Zugbildung, gingen auf den Zugabfertiger über. Ursprünglich wurde die Aufsicht Zugabfertiger genannt. Bei größerem Verkehrsumfang wurden die Aufgaben des Zugabfertigers in die Richtungen Bahnhof und Güterabfertigung getrennt. Bei letzterer hielt sich die Bezeichnung am längsten, der Zugabfertiger auf dem Bahnhof nannte sich analog der Rangieraufsicht auf dem Verschiebebahnhof Aufsicht bzw. Aufsichtsbeamter.

Seine Kennzeichen waren die rote bzw. orange Mütze und der Befehlsstab. Er wurde von den Königlich Preußischen Staatseisenbahnen eingeführt, um dem Lokomotivführer ein deutliches Zeichen zur Abfahrt zu geben. Bis dahin hatte der Aufsichtsbeamte „Abfahren" gerufen, und der Zugführer gab mit der Mundpfeife einen mäßig langen Ton, damit die Zugbegleiter ihre Plätze einnahmen. Zwei mäßig lange Töne bedeuteten: Abfahren! Die Staatseisenbahnen in Sachsen übernahmen den Befehlsstab 1913 und die Deutsche Reichsbahn in Bayern erst 1927.

Abfahrt in Belzig nach Dessau (1992). Der Abfahrauftrag der Aufsicht mit dem Befehlsstab war bei der Deutschen Bundesbahn weitgehend durch das Signal des Zugführers ersetzt worden — Foto: Klein

Die Aufgaben der Aufsicht waren mannigfaltig, die Fahrdienstvorschriften führten sie gleich einem Katalog von a) bis z) auf; bei der Deutschen Bundesbahn bis 1960, danach eingeschränkt auf die des Betriebsdienstes, 1972 nochmal bereinigt und 1983 nur noch solche Aufgaben, die die Betriebssicherheit betrafen.

Die Aufsicht war nicht nur Zugabfertiger, die Züge abfahren ließ, sondern auch Ordnungsfaktor, Anlaufpunkt für Eisenbahner (Meldung zum Dienst), für Reisende und Leute, und sie musste im Personen-, Gepäck- und Expressgutverkehr einigermaßen beschlagen sein, hatte sie doch auch Zugverspätungen, einen anderen Geltungsbereich der Fahrausweise zu bescheinigen und Ausweise für Nachlösung auszugeben.

Die Aufsicht verschwand auf vielen Bahnhöfen, insbesondere den der Deutschen Bundesbahn, bereits vor 1994, weil man glaubte, auf sie verzichten und die örtliche Aufsicht – also die Zugabfertigung – den Zugbegleitern übertragen zu können.

Wenn die Aufsicht, auch auf den großen Bahnhöfen, ganz aufgegeben wurde, so war das eine Anpassung an die neue Struktur der Deutschen Bahn[3]. Der Geschäftsbereich Personenbahnhöfe hatte die Aufsicht auf etwa 300 Bahnhöfen übernommen, die dort „geschäftsbereichsübergreifend" tätig waren. Weniger diese Zuordnungsprobleme führten zur Auflösung der Aufsicht als die Frage: Wer soll sie bezahlen? Euphemistisch wurde der Wegfall mit dem Ausbau des Bahnhofsservices und der Neuausrichtung der Aufgaben auf den Bahnsteigen begründet, als wenn das notwendig gewesen wäre. Auf großen Bahnhöfen laufen nun rotbemützte Eisenbahner umher, die nichts mehr mit der qualifizierten Aufsicht gemein haben. Ihnen fehlt die Verbindung zum Fahrdienstleiter und damit der Überblick über den tatsächlichen Zugverkehr. Sie geben Auskunft laut Kursbuch.

Besonders auf kleinen und mittleren Bahnhöfen wird die Aufsicht vermisst. Dort sieht man auch kein sogenanntes Servicepersonal. Der Abzug von diesen Bahnhöfen ist problematisch, warnte früher doch ein in den Zugverkehr eingebundener Eisenbahner, eben die Aufsicht, vor durchfahrenden Zügen. Die Deutsche Bahn stellte sogar die ersatzweisen Lautsprecherdurchsagen ein, weil rechtliche Konsequenzen gegen die Deutsche Bahn ableitbar wären.

Wer Aufsicht war, musste nun, meist unterbeschäftigt, einen kleinen Teil der früheren Aufgaben wahrnehmen, und nennt sich nun: Fahrwegprüfer oder Zugschlussmeldeposten.

Kehren wir zum Betriebsdienst zwischen den beiden Weltkriegen zurück. Auf einer Reihe von Bahnhöfen waren aus einem Fahrdienstleiter mehrere geworden, und nun litt der Gesamtüberblick über den Zugverkehr. Gerade bei unregelmäßigem Zuglauf nahmen die Erkundigungen bei anderen, abgelegenen Bahnhöfen über den Zugverkehr ein zu großes Maß an. Der oder die Fahrdienstleiter wurde(n) durch die Betriebsüberwachung (Bü) unterstützt. Sie bildeten das überwachende Bindeglied zwischen den einzelnen Zugmeldestellen und sorgten dafür, dass die Arbeit der Einzelstellen ineinandergriff.

Bei der Betriebsüberwachung konnte sich auch der Bahnhofsvorsteher informieren. Er konnte feststellen, wo er eingreifen musste und welche Bahn-

Das rote Band an der Mütze berechtigte den Rangierleiter der Lokomotive Signale zu geben. „Aufdrücken" soll die Geste bedeuten (um 1920) Slg. Schenk

---
[3] Nicht aufgegeben wurde die Aufsicht auf Bahnhöfen ohne Ausfahrsignale und bei der Berliner S-Bahn

Auf einem Hallenser Rangierbahnhof versammelte sich die Rangierkolonne vor ihrer Lokomotive (um 1900). Mit den Knüppeln wurden die Wagen entkuppelt
Slg. Preuß

hofsteile bei seinen Prüfungsgängen zu bevorzugen waren. Bei der Deutschen Reichsbahn wurden nach 1954 aus den Betriebsüberwachungen Bahnhofsdispatcherleitungen mit dem Wagenüberwacher. An den Aufgaben änderte sich nichts. Bei der Deutschen Bundesbahn blieb es bei der Bezeichnung Betriebsüberwachung, in der ein Disponent tätig war.

Wo regelmäßig rangiert wird, war auch Rangierpersonal vorgesehen. Dafür waren am besten kräftige und wegen des Auf- und Abspringens während der Fahrt sportlich veranlagte Eisenbahner geeignet, denen es nichts ausmachte, bei Wind und Wetter in den Gleisanlagen zu arbeiten. Das Rangierpersonal bestand bis um 1920 aus dem Schirrmeister, dem Schirrmann und dem Koppler. Aus ihnen wurde der Rangierleiter, dem ein oder mehrere Rangierarbeiter beigegeben waren.
Der Rangierleiter
- *leitete und überwachte die Rangierfahrten*
- *erteilte Rangieraufträge*
- *beobachtete die Rangierwege*
- *kuppelte Fahrzeuge*
- *sicherte stillstehende Fahrzeuge und Überwege*
- *schrieb gegebenenfalls Rangierzettel.*

Der Rangierleiter trug am Rand seiner Dienstmütze einen Streifen aus zinnoberrotem Lackleder, entsprechend einen roten Streifen am Schutzhelm. Dieses Erkennungszeichen sollte dem Lokomotivführer zeigen, wer berechtigt ist, Rangieraufträge zu erteilen und Rangiersignale zu geben.
Der Rangierarbeiter unterstützte den Rangierleiter, indem er Fahrzeuge kuppelte, Hemmschuhe legte, stillstehende Fahrzeuge und Überwege sicherte, die Rangiergeräte wartete, die Rangierwege reinigte. Waren mehrere Rangierkolonnen tätig, wie auf den Verschiebe- bzw. Rangierbahnhöfen, war den Rangierleitern ein Rangiermeister übergeordnet, der die Aufgaben der Rangierkolonnen koordinierte.
Am 30. Mai 1999 entfiel auch die Funktion des Rangierleiters. Ein großer Teil der Aufgaben ging auf den Lokomotivführer über. Wo er den Fahrweg und die Signale nicht beobachten kann, wird ihm ein Rangierbegleiter beigegeben.

Auf den Rangierbahnhöfen finden wir unter dem Rangierpersonal spezialisierte Tätigkeiten, wie den Entkuppler und Langmacher, der die Bremsen der Wagen entlüftet und die Schraubenkupplungen lockert. Auf manchen Bahnhöfen sorgt er für die

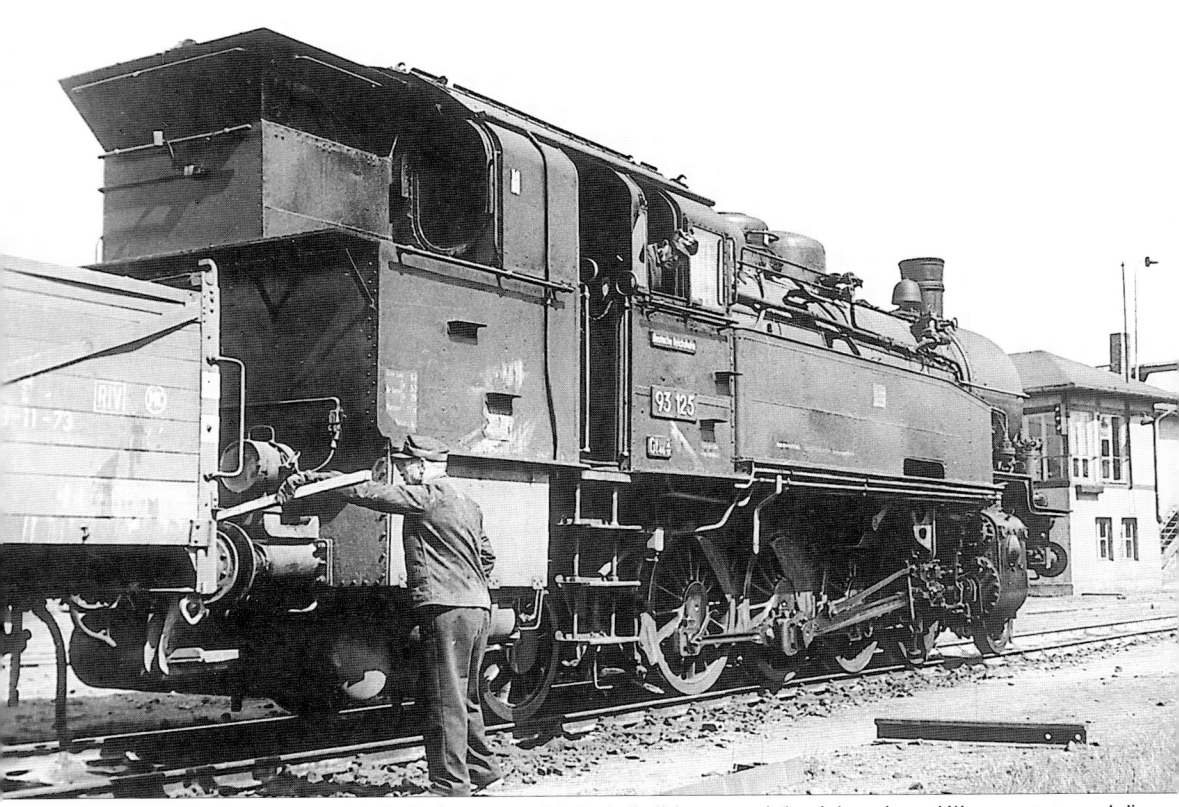

Der Rangierleiter auf dem Bahnhof Berlin-Pankow erspart sich durch die Holzstange, zwischen Lokomotive und Wagen zu treten und die Kupplung auszuhängen (1965)
Slg. Preuß

„vorentkuppelte Zerlegeeinheit", das heisst, er trennt bereits die Kupplungen entsprechend den einzelnen Abläufen. Auf dem Ablaufberg steht der Entkuppler, der mit Hilfe einer Entkuppelgabel an den markierten Trennstellen die Kupplungen auswirft. Der Bergmeister steuert mit dem Abdrücksignal oder über Funk zum Lokomotivführer der „Drucklokomotive" den Anrück- und Abdrückvorgang.

Zum Rangierpersonal gehören auch die Rangierzettelschreiber (DR) bzw. Zerlegelistenschreiber (DB). Auf diesem Zettel wird eingetragen, in welche Abläufe die Zerlegeeinheit zu trennen ist und in welche Gleise die einzelnen Abläufe rollen sollen. Der Rangierzettel gelangt durch Boten, Fernschreiber oder Rohrpost zum Ablaufstellwerk und zu den Bedienern der Gleisbremstechnik bzw. Hemmschuhlegern, die erfahren, nach welchen Gleisen die Wagen oder die Wagengruppen laufen sollen und wie stark sie abzubremsen sind. Bei modernen Ablaufstellwerken werden die Angaben des Rangierzettels auf Lochstreifen erfasst, die dann auch die Weichen steuern.

Auf dem Rangierzettel ist vieles ersichtlich, zum Beispiel: Ablauf 2 ein Vierachser, den der Hemmschuhleger vom Bezirk 4 aufzuhalten hat, weil der Bezirk 3 nicht besetzt ist. V bedeutet Vorsichtswagen, das eingekreiste Kreuz, dass die Handbremse besetzt ist

Zwischen die beiden rollenden Wagen legt der Hemmschuhleger des Hallenser Güterbahnhofs den Hemmschuh, um den Abstand der Wagen zu vergrößern (1954) Rbd Halle/Slg. Rampp

Die einfachste Rangiertechnik ist die des Hemmschuhs. Die Hemmschuhleger muss mit Hilfe des etwa 7,5 kg schweren Hemmschuhs (bahndeutsch: Bello) dafür sorgen, dass die mit hoher Geschwindigkeit herandonnernden Wagen abgebremst werden oder zum Halten kommen. Abbremsen lassen sich die Wagen auch durch die Büssing-Bremse. Bei ihr wird der Hemmschuh durch eine seitlich verbogene Schiene ausgeworfen, so dass der Wagen ungebremst im Gefälle weiterrollen kann.

Erfahrene Hemmschuhleger wissen, wie weit sie den Wagen abzubremsen haben, welche Wagen beim Bremsen heikel sind (zum Beispiel beladene Kesselwagen), so dass sie etwas Sand oder einen Stein auf die Hemmschuhspitze legen. Der Hemmschuh wird dann nicht so schnell abgeworfen.

Der Hemmschuhleger im Rangierbahnhof hat mehrere Gleise zu bedienen. Von ihm werden nicht nur Erfahrung, sondern auch Gewandtheit und große Aufmerksamkeit erwartet, denn das Hin- und Herspringen zwischen den Gleisen ist gefährlich.

Den Hemmschuhleger ersetzten seit den zwanziger Jahren verschiedene Bauarten von Gleisbremsen, die technisch immer raffinierter wurden, so dass sie beim Bremsen die Wind- und Ablaufgeschwindigkeit messen, die eingegebenen Daten zur Masse der Wagen oder -gruppe und den Füllungsgrad des Gleises beim Anpressdruck berücksichtigen. Der Wagen soll nur sanft auf stehende Wagen oder -gruppen auflaufen. Seit dem Einsatz der Gleisbremsen ist die Zahl der Wagen- und Ladegutbeschädigungen rapide zurückgegangen.

Die Bediener der Gleisbremsen sitzen wettergeschützt im Ablaufstellwerk oder einer anderen Art Stellwerk und bedienen die Staffeln der Talbremsen für die Abstandsbremsung. Zwischen den Abläufen muss genügend Zeit bleiben, dass die Weichen umgestellt werden können. Bei der Deutschen Reichsbahn kamen als Bremser Facharbeiter für Eisenbahnbetrieb oder Facharbeiter für Rangiertechnik in Frage, bei der Deutschen Bahn der Eisenbahner im Betriebsdienst.

Vergessen wir nicht den Eisenbahner, der sich um die Reinigungs-, Pflege- und Aufräumungsarbeiten im Bereich des Empfangsgebäudes, der Bahnsteige, Gleise, Gepäck- und Expressgutabfertigungen, Ladestraßen, Güterböden, Umladehallen, Vorplätze, Zufahrtsstraßen zu kümmern hatte, der im Winter den Schnee räumte und streute – den Betriebsarbeiter (DB) oder den Bahnhofsarbeiter (DR).

Der Rangierdienst war nicht bei jedermann beliebt, auch weil er gefährlich ist und tödlich enden kann. In München-Laim wird ein Unfall rekonstruiert (1952) DB/Slg. Rampp

Schlug sein Anteil an Schranken- und Weichenwärterdienst so hoch zu Buche, dass er zwei Gehaltsgruppen nach oben rutschte, nannte man ihn Bahnhofshelfer.

Betriebsarbeiter, Bahnhofsarbeiter oder Bahnhofshelfer hatten auch die Weichen zu reinigen und die Lampen der Signale zu warten. Nahmen diese Aufgaben einen solchen Umfang an, dass ein oder sogar mehrere Beschäftigte(r) allein mit diesen Aufgaben betraut werden musste(n), wurden Weichenreiniger und Lampenwärter eingesetzt. Schön war diese Tätigkeit nicht, man stank immer nach Öl und Petroleum und lebte gefährlich in den Gleisanlagen. Vieles von dem eben Beschriebenen trat die Bahn an Fremdbetriebe ab. Lampenwärter sind durch die Lichtsignale weitgehend ausgestorben. Weichenreinigern wurde die Verbindung mit dem Stellwerk hergestellt, indem sie Funkgeräte tragen. Die Verständigung zum Fahrdienstleiter über zu erwartende Zug- oder Rangierfahrten ist lebenswichtig; das früher übliche Rufen und Antworten war über die größer gewordenen Entfernungen zwischen den Weichen und dem Zentralstellwerk unmöglich geworden.

Verlassen wir den Betriebsdienst und begeben uns zu den Eisenbahnern des Personenverkehrs. Im Empfangsgebäude finden wir die Fahrkartenausgabe und die Gepäckabfertigung, vielleicht auch die Expressgutabfertigung. Wo wenig Expressgut anfiel, waren Gepäck- und Expressgutabfertigung vereinigt. Wo es reichlich angeliefert oder ausgeliefert wurde, sind kleine Güterhallen (die früheren Eilgutabfertigungen) abseits des Empfangsgebäudes gebaut worden, damit die Lkw dieses Gut bequem anliefern oder abholen konnten. Reisegepäck und Expressgut sind Kleingut, das zum Transport im Gepäckwagen geeignet sein musste. Im allgemeinen galt für das Expressgut eine Gewichtsbeschränkung von 25 kg. Was schwerer war, musste bei der Güterabfertigung als Stückgut aufgeliefert werden. Als Reisegepäck wurden nur solche Gegenstände anerkannt, die für den Gebrauch des Reisenden bestimmt waren. Der Auflieferer musste für die Strecke einen Fahrausweis vorlegen; die Gepäckfracht war wesentlich niedriger als die des Expressgutes.

Gewöhnlich waren die Gepäck- und Expressgutabfertigung mit einem Abfertiger und einem Ortsladeschaffner besetzt; es gab aber auch Abfertigungen, die gewaltige Mengen anzunehmen bzw. auszuliefern hatten, zum Beispiel Leipzig Hbf. Zur Gepäckabfertigung gehörte auch die Handgepäckaufbewahrung für das sogenannte Hinterlegungsgepäck, ein Kundendienst, der nicht nur von Bahnreisenden in Anspruch genommen wurde. Auch

Wie es aussieht, wurden 1946 in Halle (Saale) Hbf Fremdwagen (Beutewagen?) zur Beladung mit Expressgut benutzt Rbd Halle/Slg. Rampp

Das Stationspersonal

Kleiner konnten die Schalter der Fahrkartenausgabe nicht mehr sein. Das Provisorium in Dresden Hbf (1947) Slg. Preuß

liehen die Gepäck- und Expressgutabfertigungen Fahrräder und (bei der Deutschen Reichsbahn) sogar Regenschirme aus.

Die Gepäckaufbewahrung ging an die Automaten über, die Gepäckbeförderung wurde an Kurierdienste übergeben, und als das nicht funktionierte, wurden die Reisenden an die Post verwiesen. Vergessen war, was ein Lehrbuch 1967 beteuerte: „Die pünktliche und schonliche Gepäckbeförderung trägt wesentlich dazu bei, daß der Kunde gern mit der Bundesbahn fährt. Die DB bemüht sich deshalb, die Gepäckbeförderung – insbesondere die Umladung auf Knotenbahnhöfen – zu beschleunigen." Die Expressgutannahme und -beförderung ging bis Ende 1996 an Bahn-Trans über, eine Tochter der Haniel-Logistik und der Deutschen Bahn AG. Das Kleingut wird fast ausschließlich in Lkw transportiert, selbst wenn die Deutsche Bahn behauptet, der größte Teil gehe über die Schienenwege.

Möglichst in der Nähe der Gepäck- und Expressgutabfertigung befanden sich die Schalter der Fahrkartenausgabe, der Auskunft und eventuell der Platzreservierung. Für diesen Bereich war eine Reiseverkehrsaufsicht, auf großen Bahnhöfen sogar in jeder Schicht, verantwortlich.

An der Fahrkartenausgabe – manche sagten einfach Fahrkartenschalter – erhielten die Reisenden die verschiedensten Arten von Fahrausweisen, wie Fahrkarten ("Pappdeckel"), ausgeschriebene Fahrscheine, Fahrscheinhefte, Beförderungs- oder Sammelfahrscheine (bei Gruppenreisen), Streckenfahrkarten. Die Fahrausweise waren in Form, Farbe, Größe und Aufdruck nach einheitlichem Muster hergestellt und enthielten alle Angaben, die für den Beförderungsvertrag – ein solcher wird ja mit dem Kauf des Fahrausweises abgeschlossen – von Bedeutung sind, also Zuggattung, Strecke, Wegangabe, Wagenklasse, Entfernung, Fahrpreis.
Je nach Verwendungszweck trugen die Fahrausweise die verschiedensten Farben, so dass der kontrollierende Eisenbahner sofort erkennen konnte, ob er beispielsweise eine Doppelkarte (für Hin- und Rückfahrt), eine Umweg- oder eine Übergangskarte (von der 3. in die 2. bzw. 2. in die 1. Klasse), einen Zuschlag oder eine ermäßigte Karte in der Hand hatte. Die Fahrscheinsorten einschließlich die der Freifahrtscheine waren in der Fahrkartenmustersammlung abgebildet. Fahrausweise der 3. Klasse waren braun, der 2. Klasse grün, der 1. Klasse gelb. Kinderfahrkarten waren an der oberen Schmalseite mit einem weissen Rand versehen. Der Fahrkartenverkäufer konnte als Kinderfahrkarte auch von

einer Fahrkarte zum vollen Preis den unteren, durch einen schrägen Strich begrenzten Abschnitt abschneiden. Versah er diese beschnitte Fahrkarte mit dem Rückfahrstempel, handelte es sich um eine Fahrkarte mit 75 Prozent Fahrpreisermäßigung. Der „Kinderabschnitt" wurde auf Papierbogen aufgeklebt, die Summe (der Gegenwert) der Kinderabschnitte und verdruckten Fahrkarten von der Tageseinnahme abgesetzt.

Die einfachste Form des Fahrausweisverkaufs war die aus dem Schrankschalter. Der Fahrkartenverkäufer entnahm ihm die Edmondsonschen Fahrausweise, benannt nach Thomas Edmondson (1792–1851), ein Name, der häufig falsch geschrieben wird.

Der Tischler Edmondson wurde Stationsvorstand bei der Newcastle and Carlisle Railway, wo er auf die Idee kam, die Zettelfahrscheine durch Kartons in der Größe 57 x 36 mm zu ersetzen. Diese Fahrkarten wurden nicht mehr auf einen Namen ausgestellt, enthielten aber eine Nummer und das Datum. Nach einiger Zeit steckte er die Druckbuchstaben auf einen Holzklotz und übertrug sie mit Hilfe eines Hammerschlags auf die Pappe.

Edmondson schuf verschiedene nützliche Einrichtungen für den Fahrkartenverkauf, wie Fahrkartenpressen, Datumpressen (die Stempelpresse für den Trockenstempel des Datums) und Fahrkartenschränke. Edmondsons Fahrkarten und Schaltereinrichtungen verbreiteten sich in aller Welt und waren noch nach 150 Jahren im Gebrauch.

Die Schalterschränke hatten den Vorteil, dass zum Schicht- oder Schalterschluss nicht jede verkaufte Fahrkarte gezählt werden musste, was ohnehin nicht möglich war, denn sie war ja verkauft. Man stellte einfach an Hand der Fahrkartennummern die Differenz der aufliegenden Fahrkarten zu Schichtbeginn und zum Schichtende fest und multiplizierte sie mit dem jeweiligen Fahrpreis. Die vorn oder oben sichtbare Fahrkarte wurde mit einem Strich versehen, so dass der Fahrkartenverkäufer sofort dem Stapel ansah, ob aus ihm verkauft worden war.

Um den Fahrkartenverkauf zu rationalisieren, beschafften die Bahnverwaltungen Druckmaschinen mit dem Vorteil, dass nun nicht mehr bei den Fahrkartenverwaltungen Fahrkarten bestellt und verwaltet werden mussten. Dem Fahrkartenverkäufern erleichterten die Drucker auch die Schichtabrech-

Vermittlung in Halle (um 1945). Zu jedem großen Bahnhof und zum Sitz der Großnetz-Basa, der Direktion, gehörte die Fernsprechvermittlung, bis die Basa, die Bahnselbstanschlussanlage, ihrem Namen wieder Ehre machte. Die Basa wurde an ARCOR verkauft
Rbd Halle/Slg. Rampp

nung. Um den Anteil der auszuschreibenden Blankofahrkarten und die Zahl der Kinderabschnitte gering zu halten, musste darauf geachtet werden, dass die gangbarsten Verbindungen entweder gedruckt im Fahrkartenschrank auflagen oder als Druckplatte im Schalterdrucker vorhanden waren. Neulinge hatten ihre Mühe, im Kopf zu behalten, bei welchen Sorten und Verbindungen sie sich das Ausschreiben der Fahrscheine sparen konnten.

Deutschlands erster Schalterdrucker war der des Typs REGINA, nach der Jahrhundertwende eingeführt, später abgelöst von dem des Typs AEG. Er wurde mit 1000 bis 2500 Druckplatten geliefert, aber auch mit wesentlich weniger Druckplatten für Fahrkartenausgaben kleiner und mittlerer Bahnhöfe. Die bis 1974 in Berlin bestehende Firma Pautze lieferte den platzsparenden Drucker für kleine Fahrkartenausgaben. Ein anderer Typ war der Schnelldrucker für raschen Druck häufig benötigter Fahrausweise, zum Beispiel für Schnell- und Eilzugzuschläge und für Fahrausweise des S-Bahn- und Vorortverkehrs.

Die Umstellung in den Fahrkartenausgaben begann mit der Einführung der elektronischen Buchungspulte bzw. Schalterdrucker, die die Abkürzungen MOFA und MSD[4] trugen. Als die Deutsche Bundesbahn den MOFA nicht nur für den Fahrscheinverkauf benutzte, sondern ihn für die Fahrplanauskunft EVA[5] und Platzreservierung aufrüstete, wurde 1989 KURS 90, das Kundenfreundliche Reise-, Informations- und Verkaufssystem der neunziger Jahre, geboren, das die langen Warteschlangen an den Fahrkartenausgaben und Auskunftsschaltern abbauen sollte. Die vom Rechenzentrum in Frankfurt am Main gesteuerten Systeme ermöglichten den Universalschalter, an dem man Fahrscheine kaufen, Hotelzimmer buchen, Mietwagen reservieren und alle anderen Leistungen der Bahn erhalten konnte. Zum offenen Schalter (dem „Counter") war es nur ein Schritt. Der Kunde sollte nicht mehr abgefertigt oder nur bedient, vielmehr beraten werden. Die gewandelte Form des Fahrkartenschalters nannte sich Reisezentrum, aus dem Fahrkartenverkäufer wurde der Reiseberater.

Die Deutsche Reichsbahn wehrte sich mit dem Argument der Kassensicherheit gegen die offene Verkaufsform, obwohl die niedrige Kriminalitätsrate in der DDR weniger zu Befürchtungen Anlass geben musste als in der BRD. Je mehr die Deutsche Reichsbahn sich auf die Deutsche Bundesbahn zubewegte, wurden die früheren Bedenken zurückgestellt und jedes neue Reisezentrum als Meilenstein des Kundendienstes gefeiert.

Auskunft und Fahrscheinverkauf am Counter der DB-Agentur Burgstädt (1996) Foto: Preuß

Realistisch betrachtet, muss man allerdings feststellen, dass ein geübter Verkäufer am Fahrkartendrucker schneller Fahrkarten verkaufte als der Reiseberater am Personalcomputer, der angeblich in nur sechs Sekunden die schnellste und kürzeste Zugverbindung heraussuchte. Bei Massenandrang zählt jede Sekunde. Ausserdem ging den Reiseberatern mit der Zeit die Fähigkeit verloren, aus dem Kursbuch Zugverbindungen zusammenzustellen. Wie wurde früher der Eisenbahner in der Auskunft bestaunt, der alle Zugverbindung aus dem Gedächtnis abrief!

Wären wir vor 1974 von der Aufsicht zur Gepäck- und Expreßgutabfertigung bzw. zur Fahrkartenausgabe gegangen, hätte uns ein Bahnsteigschaffner aufgehalten. Ohne Fahrkarte ließ er niemand vom Bahnsteig. Die Bahnsteigsperre war eine auf fast allen Bahnhöfen nicht wegzudenkende Einrichtung, die zu passieren nur mit dem – unaufgeforderten! – Vorzeigen des Fahrausweises möglich sein sollte. Nachdem der Bahnsteigschaffner sie geprüft hatte, lochte er sie an von der Personenbeförderungsvorschrift, Teil I, vorgeschriebener Stelle. Er hatte auch das mitgeführte Handgepäck und die Traglasten zu überprüfen.

Bevor die Bahnsteige abgesperrt worden waren, fand die Prüfung der Fahrkarten wie heute ausschließlich im Zuge statt. Bei starkem Verkehr kletterten die Schaffner, um in die Abteile zu gelangen, auf den Trittbrettern der Wagen entlang. Der innere Durchgang setzte sich ziemlich spät durch. Mitunter stürzte ein Schaffner ab und verunglückte tödlich oder verletzte sich schwer.

Um dieser gefährlichen Arbeit abzuhelfen, sperrten die Bahnen die Bahnsteige ab und verlegten die Fahrkartenprüfung vor den Eintritt in den Wartesaal oder zum Bahnsteig und erreichte obendrein, dass die Bahnsteige nur noch ihrem eigentlichen Zweck dienten und freigehalten wurden von lästigen Zuschauern. Die bislang üblichen Portiers wurden zu Bahnsteigschaffnern.

Die Bahnsteigsperren wurden immer wieder kritisiert, weil sie für viele Reisende unbequem waren. Dort mussten sie ihr Gepäck absetzen und nach den Fahrkarten suchen. Besonders bei starkem Gedränge wurde von den dahinter Stehenden geschimpft, andererseits waren die Sperren ein Punkt, an denen der Reisende Auskunft erhielt oder davor bewahrt wurde, den falschen Zug zu besteigen.

---

[4] MOFA = Modernisierter Fahrausweisverkauf, MSD = Mikroelektronischer Schalterdrucker
[5] EVA = Elektronische Fahrplan- und Verkehrsauskunft

Für viele Eisenbahner war die Bahnsteigsperre der erste Arbeitsplatz und die Fahrkartenmustersammlung die erste Vorschrift, die er zu studieren hatte. Zu seinen Aufgaben gehörte auch, die Reisenden über Zugverspätungen (durch Anschreiben an eine Tafel), Wechsel der Bahnsteiggleise zu unterrichten, die Zuganzeiger zu bedienen und oft auch das Reinigen und Streuen der Bahnsteige sowie das Ein- und Ausschalten der Beleuchtung. Das Ausrufen der Züge, eingeleitet vom Läuten einer Glocke, war schon lange abgeschafft worden. Auf kleineren Bahnhöfen besetzte ein Eisenbahner aus der Gepäckabfertigung oder der Bahnhofsarbeiter die Sperre. Während des Zweiten Weltkriegs und danach waren es vor allem Frauen und Amputierte, die die Sperren besetzten. Für letztere stellten die Zangenfirmen besondere Lochapparate her, die mit dem Fuß bedient werden konnten. Mit der Zeit fehlte es jedoch am Personal, wie überhaupt die Besetzung der Bahnsteigsperren ziemlich aufwendig war.

Die Deutsche Bundesbahn schaffte zwischen 1954 und 1974 die Bahnsteigsperren ab, bei der Deutschen Reichsbahn fielen die ersten in Leipzig Hbf am 15. Dezember 1957. Als Ersatz kontrollierten vorerst zusätzliche Fahrkartenprüfer in den Zügen, gewonnen von dafür geeigneten Bahnsteigschaffnern.

Gehen wir zur Güterabfertigung, um einen weiteren Abschnitt des Stationsdienstes kennenzulernen. Auf kleinen und mittleren Bahnhöfen war das der Güterschuppen mit einem angebauten Büro für den Abfertigungsbeschäftigten, der noch die Kassengeschäfte des Bahnhofs führte. Neben dem Güterschuppen befand sich die unüberdachte Feuergutrampe, und in der Nähe lag die Ladestraße mit der Gleiswaage und dem Lademaß.

Vor der Jahrhundertwende hatte der Güterverkehr ein derartiges Ausmaß angenommen, dass selbst auf mittleren Bahnhöfen große Güterverkehrsanlagen entstanden und die Tätigkeiten der Verkehrseisenbahner spezialisiert wurden. So hatte der Bahnhof Zittau – in einer Stadt mit höchstens 38 000 Einwohnern – einen Versand- und Empfangsboden, einen Güterboden für Zollgüter, einen Güterboden für das Eilgut, mehrere Ladestraßen und ein zweistöckiges Gebäude für die eigentliche Abfertigung und das Dienstzimmer des Dienstvorstehers der Güterabfertigung. Zittau fehlte nur eine Umladehalle.

Wir sind im Jahr 1940, laufen an den Annahmeluken entlang und treffen das berühmte alte Mütterchen. „He, Bahnmann", ruft sie hinein, „seien Sie doch so gut und schicken Sie die Karrete an meine Tochter. Auf dem Zettel", sie kramt ein zerknülltes Papier hervor, „steht, wo sie wohnt. Was es kostet, will sie selber bezahlen."

Wer nicht wegfuhr, hatte wenigstens eine Bahnsteigkarte vorzuweisen. Augsburg Hbf DB/Slg. Rampp

Gauting (1955): Fahrkartenausgabe und Güterschalter in einem Raum. Auf kleinen Bahnhöfen war der Fahrdienstleiter für alles zuständig
DB/Slg. Rampp

Der Annahmebeamte setzt dem Mütterchen auseinander, dass es nicht ganz so einfach geht und was geschehen muss, wenn der Wagen befördert werden soll. „Seid ihr umständlich", erwidert das Mütterchen, „der Botenfuhrmann macht nicht so viele Sperenzeln." „Das mag schon sein, der ist nicht wie ich an ganz bestimmte Vorschriften gebunden. Was sein muss, muss sein. Das ist bei den Behörden, auch bei der Bahn nicht anders." Dann hilft er entgegenkommend, damit die Frau ihre Karrete los wird.

Hätte ein unerfahrener Gutannehmer nach dem Willen der Frau gehandelt, wäre ein Rattenkönig von Fehlern entstanden. Jedes Gut musste mit einem Frachtbrief aufgeliefert werden. Der Annehmer musste zunächst sorgfältig prüfen, ob das richtige Muster verwendet und ob der Frachtbrief in allen Teilen und fehlerfrei ausgefüllt wurde. Dabei half auf großen Güterabfertigungen die Vorprüfung, sonst der Abfertigungsbeschäftigte.

Die Vorprüfung nahm dem Annahme- bzw. Abfertigungsbeamten einen Teil der Arbeit ab, was die Abfertigung beschleunigte. So trug die Vorprüfstelle die Entfernung und den Ladeweg (bei Stückgut) oder den Leitungsweg (bei Wagenladungen) in den Frachtbrief ein und prüfte, ob der Frachtbrief

ordnungsgemäß ausgefüllt war. Moderne Güterabfertigungen besaßen Maschinen der Bauart Adrema, die die Stückgutfrachten aufdruckten.

Die Frachtberechnung war Angelegenheit der Abfertigungsbeamten (Frachtenrechner oder Expedienten). Die Fracht zu berechnen, war nicht einfach die Multiplikation von Tarifentfernung, Gewicht und einem km-Preis, sondern im Laufe der Jahrzehnte zu einer komplizierten Angelegenheit geworden, auf die hier nicht näher eingegangen werden soll. Ein guter Frachtenrechner war ein Spezialist des Güterverkehrs.

Nicht nur Karreten nahm die Bahn an, sie transportierte alles, was in die und auf die Wagen passte. Augsburg Hbf DB/Slg. Rampp

Den Abschluss der Abfertigung bildete das Bezahlen der Fracht, wenn es sich um einen Freibetrag handelte (also nicht der Empfänger bezahlen sollte), und als Zeichen, dass das Gut angenommen worden war, der Abdruck des Tagesstempels auf dem Frachtbrief. Vorher musste es aber aufgeliefert worden sein.

Mit den vorgeprüften Frachtbriefen fuhren die Kunden je nach der Tageszeit vereinzelt oder truppweise am Güterschuppen vor. Ein guter Gutannehmer duldete nicht, dass die Rollfuhrkutscher die Güter kunterbunt vor oder hinter der Waage abstellten, auf dem Güterboden herumspionierten und sich selbst bedienten. Der Gutannehmer prüfte das angelieferte Gut, ob es annehmbar war.

Dazu gehörte, ob
- *es mindestens handelsüblich verpackt war*
- *es durch Beklebezettel, Anhänger, Farbanschriften, Einbrennen oder Einstanzen dauerhaft und eindeutig bezeichnet war*
- *explosionsgefährliche, selbstentzündliche, entzündbare, giftige, ätzende, fäulnisfähige, übelriechende und ekelerregende Stoffe zusätzlich gekennzeichnet waren*
- *überhaupt die Angaben im Frachtbrief mit dem angelieferten Gut übereinstimmten.*

Stück für Stück wurde im Frachtbrief angestrichen, gewogen und zum Schluss auf den Frachtbrief der Annahmestempel aufgedrückt. Die Vorprüfung hatte bereits die Platz- oder Ladenummer angebracht, so dass der Güterbodenarbeiter wusste, wohin er das Gut zu bringen hatte. Von diesen Plätzen aus wurden die Orts- (mit einem Zielbahnhof) oder Kurswagen (mit mehreren Zielen) beladen.

Der vom Lademeister organisierte Dienst auf dem Güterboden war eine schwere körperliche Arbeit, stand den Güterboden- und Güterbodenvorarbeitern meist nur die Stechkarre zur Verfügung. Moderne Güterabfertigungen besaßen bereits Elektrokarren. Um ein Beispiel zu nennen: In Offenburg luden 1951 täglich 50 bis 60 Rotten (auch Kolonnen genannt) 800 bis 1300 t Stückgut um, ent- und beluden ausserdem 200 bis 300 Wagen.

Was der Gutannehmer am Versandboden (am Empfangsboden standen die Gutausgeber) war, war im Wagenladungsverkehr die Ladestraßenaufsicht, auch Aufsicht für die Be-und Entladung von Güterwagen genannt. Deren Arbeitsaufgabe wurde wie folgt charakterisiert: „Überwacht die ordnungsgemäße Bereitstellung der Güterwagen und übergibt und übernimmt die Wagen an die und von den Transportkunden auf den öffentlichen Ladegleisen und Wagenübergabestellen. Prüft die betriebssichere Beladeweise, die Besenreinheit der Güterwagen, die Anzahl loser Wagenbestandteile und der Ladmittel sowie die richtige Bezettlung und Verplombung der Güterwagen. Stellt erkennbare Schäden fest und fertigt Beschädigungszettel. Erfaßt den Wagenbestand und führt die Wagenverfügungen aus. Trifft im Auftrag des inneren Wagendienstes oder des Wagenüberwachers die Vorauswahl von Güterwagen für den Exportverkehr. Verwiegt die Wagen und stellt ggf. Begleitscheine für leere Güterwagen aus. Ist verantwortlich für die ordnungsgemäße Führung des Wagenkontrollbuches und des Lagergebührenbuches. Bedient verschiedene Arbeits- und Meßmittel, wie Bürotechnik, Werkzeuge und Geräte, Plombenzange und -schnur, Gleiswaage u. ä." [5] Die Ladestraßenaufsicht, die einen Facharbeiterabschluss für Eisenbahnbetrieb oder als Verkehrskaufmann besitzen sollte, war beim Mangel an Arbeitskräften meist die erste, die unbesetzt blieb. Einige der Aufgaben wurden von anderen Beschäftigten übernommen. Allgemein litt dann die Ordnung im örtlichen Güterverkehr.

Von einer anderen Berufsgruppe war in dem Tätigkeitsmerkmal bereits die Rede, von der des inneren Wagendienstes. Mit ihm kam der Kunde in Berührung, wenn er einen Güterwagen bestellte. Der Beschäftigte des Wagendienstes musste den richtigen Wagen auswählen, der aus der eigenen Entladung gewonnen oder von einem anderen Bahnhof verfügt wurde, sofern nicht gerade Wagenmangel herrschte.

Die Kunst des Wagendienstes war, den für das Gut am besten geeigneten Wagen auszuwählen. Obendrein hatte er die Streckenklasse (also die maximale Belastung der zu befahrenden Strecken) zu berücksichtigen; gegebenfalls mussten für das Gut zwei Wagen bereitgestellt werden. Andererseits wurde dem Kunden ein Anreiz geboten, die Wagen gut auszulasten, indem beispielsweise 25 t Gut in einem Wagen billiger waren als der Transport von fünf Wagen mit je 5 t Ladung.

Bei der Bestellung wurde geprüft, ob Wagen anderer Gattungen geeignet waren. Die „Ersatzstellung" war auch für die Eisenbahn zweckmäßig, wurde doch dadurch die „Bedarfsdeckung" erleichtert und Leerläufe vermieden. Eine andere wichtige Aufgabe des Wagendienstes bestand darin, täglich zu einer bestimmten Uhrzeit den Bestand an Güter-

Der Ladedienst auf den Versand- und Empfangsböden sowie in der Umladehalle war vom Lademeister zu organisieren   Slg. Rampp

wagen auf dem Bahnhof – gegebenenfalls auch auf den unterstellten Bahnhöfen – festzustellen und an das Wagenbüro bzw. an die Dispatcherleitung zu melden.

Bei Anschlussbahnen mit starkem Versand und/oder Empfang von Güterwagen konnte die Direktion Sonderkontrollverfahren gestatten, wie die Stückkontrolle bei gedeckten Wagen und die Tonnenkontrolle bei offenen Wagen. Dann brauchten die Wagen nicht mehr einzeln nach Nummern erfasst zu werden.

Der äussere Wagendienst hatte seinen Arbeitsplatz selten in der Güterabfertigung, wenn er auch zu ihr gehörte, vielmehr in der Nähe der Eingangsgruppe oder der Zugbildungsgleise. Er war ein Kontrollbeamter, der die Fehler, die nach Abschluss des Frachtvertrages im Abfertigungs-, im Lade- und im Betriebsdienst vorkamen und die den Wagenumlauf nachteilig beeinflussen konnten, rechtzeitig feststellen und beseitigen sollte. Dadurch griff er wirksam in den Kampf gegen Wagenmangel ein, unter dem die Eisenbahn bis in die jüngere Vergangenheit litt.

Der Name Zugabfertiger für den äusseren Wagendienst kam daher, dass er die Güterwagen im Ein- und Ausgang abfertigte. Er übernahm am eingefahrenen Zug vom Zugführer (bei Nullmannzügen vom Lokomotivführer) die Begleitpapiere und prüfte die Übereinstimmung von Wagen und Papieren. Danach stempelte er die Frachtbriefe, je nachdem, ob der Wagen auf einen anderen Zug überging oder für den eigenen Bahnhof bestimmt war, mit dem Eingangs- oder mit dem Übergangsstempel ab und fächerte sie in einem Regal für die jeweilige Zugbildungsrichtung ein. Auch bei der Ausgangsprüfung wurden die Papiere mit den in den Zug eingestellten Wagen verglichen und bei Falschläufern verlangt, sie auszusetzen. Der Zugabfertiger musste darauf achten, dass die Wagenladung und die Beförderungspapiere gemeinsam befördert wurden.

Er hatte Unregelmäßigkeiten zu erfassen – zum Beispiel fehlende oder überzählige Wagenladungen –, die Plombenverschlüsse, die Bezettelung, die Auflage von Wagendecken, den Zustand der Ladung, der Türen und der Lüftungsöffnungen zu kontrollieren. Bei Wagen, die für den eigenen Bahnhof bestimmt waren, brachte er die Kreideanschrift an, durch die der Rangierleiter wusste, auf welchem Gleis der Wagen bereitzustellen war. Auch sagte der Zugabfertiger den Kunden die Wagen an, sofern dafür nicht ein besonderer Voransager eingesetzt war.

Durch das Restezettelverfahren überwachte er, ob bei den Wagen, die von einem Zug auf den anderen übergehen sollten, der Wagenübergangsplan eingehalten wurde. Die Frachtbriefe der „in Rest geratenen Wagen" (die also zurück geblieben waren) wurden neben dem Übergangsstempel mit Rotstift besonders gekennzeichnet und der Aufsicht vorgelegt.

Das Merkblatt der Generalbetriebsleitungen über die Aufgaben der Zugabfertiger im Verkehrsdienst von 1940 sagte: „[...] Wagen, die den vorgeschriebenen oder planmäßigen Weitergang nicht erreicht haben, sogenannte Restwagen, dürfen nicht ein zweitesmal zurückbleiben. Die Begleitpapiere der Restwagen werden besonders gekennzeichnet. Restwagen müssen die Zugabfertiger mündlich, fernmündlich oder durch sogenannte Restezettel dem zuständigen Aufsichtsbeamten oder Rangierleiter melden. Außerdem sind über alle Restwagen 'Resteübersichten' zu führen."

Diese Übersichten gaben ein Bild, ob für einzelne Richtungen zusätzliche Züge eingelegt werden mussten, wenn ständig Wagen für bestimmte Richtungen in Rest gerieten. Wo Zugabfertiger fehlten, mussten die Übersichten von der Aufsicht geführt werden, die Übernahme und Übergabe der Begleitpapiere sowie das Überprüfen der Wagen hinsichtlich ihrer Beladung war dann Aufgabe der Zugfertigsteller.

In einer etwas ruhigeren Ecke der Güterabfertigung saß der Ermittlungsdienst (bei der Deutschen Reichsbahn nach 1970 auch Ermittlungskontrollstelle, nach 1980 Schadenverhütungsdienst genannt), der tätig wurde, wenn eine Sendung beschädigt, verloren oder überzählig war. Die Ermittlung sollte sie finden, beim Empfänger anbringen, verwerten oder die Entschädigungszahlung vorbereiten. Schließlich waren die Leiter der Ermittlung Spezialisten mit langjähriger Erfahrung im Güterabfertigungsdienst, die den Kunden berieten, wie eine Sendung am besten verpackt, bezettelt bzw. beschriftet wird, damit es nicht zu Transportunregelmäßigkeiten kam, die aber auch die Kriminalpolizei verständigten, wenn der Verdacht des Diebstahls bestand.

Bei großen Güterabfertigungen gehörten zur Ermittlung auch die Bearbeiter von Tatbestandsaufnahmen, nach 1980 bei der Deutschen Reichsbahn Kundenberater genannt. In den großen Güterabfertigungen fanden wir weitere recht spezialisierte Tätigkeiten, wie die Aufsicht der Zugabfertigung, den oder die Regulierer von Wagenladungen, den Bearbeiter von Transportkennziffern (für die Planwirtschaft bei der Deutschen Reichsbahn in der DDR), den Bearbeiter für Lademittelangelegenheiten, den Güterwagenbestandsaufnehmer, den Wagenbezettler, den Assistenten im inneren Wagendienst, den Schädlingsbekämpfer, die Ladeplatzaufsicht auf Containerumschlagplätzen, den Zollanmelder, den Zollvorführer, den Überwacher der Zugfertigstellung auf Grenzbahnhöfen, den Leiter oder den Helfer der Wagengrenzstelle, den Wagenübernehmer und -übergeber auf Grenzbahnhöfen, den Disponenten im Stückgutdienst.

Wegen des rapide zurückgegangenen und anders organisierten Güterverkehrs bei der Deutschen Bahn lassen sich nur wenige Tätigkeiten mit den früheren vergleichen, zumal der Stückguttransport nicht mehr Sache der Bahn, sondern von BahnTrans ist und weitgehend auf die Straße verlegt wurde. An die Stelle der Güterabfertigung sind der Cargo-Bahnhof und die Güterverkehrsstelle getreten. Die Vorprüfung könnte man heute Verkehrliche Datenerfassung nennen. Die Frachtbe- und Frachtabrechnung und der Wagendienst finden im Kundenservicezentrum Duisburg statt. Dort wurde auch ein Verladeberatungsservice eingerichtet.

Was Sache der Zugabfertiger war, ging auf den Knotenbediener (das Rangierpersonal im Knotenbahnhof) über. Den Ermittlungsdienst finden wir noch auf den Cargo-Bahnhöfen, wo jedoch der Wagenmeister (Wagenuntersuchungsdienst genannt) die Beschädigungsberichte fertigt.

Und was wurde aus den Kunden? Barzahler sind selten geworden; die anderen erhalten für die aufgelieferten und abgefertigten Sendungen alle zehn Tage aus Duisburg eine Frachtabrechnung, mussten aber, bevor sie als sogenannte ZF-Kunden zugelassen wurden, eine beachtliche Kaution hinterlegen.

Die Gruppe der zum Bahnhof Horka gehörenden Aussenstelle Weglienic (Kohlfurt) mit Aufgaben des Wagendienstes, der Zollvorführer und der Wagengrenzstelle (1989) Foto: Preuß

5. Der Eisenbahnbauarbeiter

Wenn sich anlässlich einer Streckeneröffnung die Aktionäre, die Eisenbeamten und die Gäste zuprosteten, waren die, die die Strecke gebaut hatten, längst wieder an anderer Stelle, um einen neuen Schienenstrang zu legen. So war es im vorigen Jahrhundert, und so ist es heute noch, wenn auch das Berufsbild des Eisenbahnbauarbeiters, wie anderer eisenbahntypischer Berufe, mit dem von vor 100 Jahren nicht zu vergleichen ist.

Die Eisenbahngesellschaften bauten nicht selbst, sondern überließen dies anderen Unternehmen, die auf den Eisenbahnbau spezialisiert waren. Die Bahnbeamten überwachten lediglich den Bau. Mit den Bauunternehmen waren die Wanderarbeiter unterwegs. Reichten die nicht aus, suchte sich der Unternehmer die Arbeiter in der Umgebung der Baustelle, was vielen der notleidenden Dörfern ein wenig Wohlstand brachte, zu allererst Arbeit. Denn als Bauarbeiter verdingten sich Landproletariat, die arbeitslosen und freigesetzten Landarbeiter, Taglöhner und Dienstboten, die nur während der Ernte ein kümmerliches Auskommen fanden und nun zum Eisenbahnbau drängten. Hinzu kamen die kaum existenzfähigen Kleinbauern, verarmte Handwerker, nicht mehr konkurrenzfähige Heimwerker des Textilgewerbes aus Sachsen, Schlesien und Westfalen, auch viele Frauen mit ihren Familien. Froh über Bahnbauten und Bauarbeiter waren aber auch die Wirte von Herbergen und Gaststätten, denn die angeworbenen Bauarbeiter sorgten für Umsatz und Gewinn.

Von den Neueingestellten wussten nicht alle, welches enorme Arbeitstempo auf den Bahnbaustellen herrschte und wie anstrengend das Bauen war. Das bestand im wesentlichen aus dem Ablösen der jeweiligen Erdformation auf der abgesteckten Trasse mit Pickeln, Hacken und Schaufeln. Wenn das abgetragene Erdreich nicht nur beiseite geschaufelt, sondern auch abtransportiert werden musste, wurden dazu Schubkarren oder Fuhrwerke eingesetzt. Vorherrschend war die unmittelbare körperliche Arbeit.

Die Strecke Bad Schwalbach–Dietz ist eröffnet. Wieviele der Bauarbeiter werden von der Bahn angestellt worden sein?   Slg. Hörnemann

1840 hatte das europäische Eisenbahnnetz eine Länge von 2925 km, 1870 umfasste es 104 914 und 1922 sogar 367 963 km. Diese Entwicklung ist auch den Bauarbeitern zu danken, deren Zahl in Deutschland von 30 000 im Jahr 1841 auf 217 000 im Jahr 1859 stieg und mit 541 000 den höchsten Stand während der Gründerjahre 1875 erreichte.

Der Unternehmer stellte für den Bau die Produktionsmittel wie Pferde, Wagen und Karren, während der Arbeiter die Schaufeln, Hacken und den „Zottel", das Zugseil für den zweirädrigen Karren, mitbringen musste. Er unterstand dem Schachtmeister, der die ihm Zugeteilten zusätzlich ausbeutete. 1845 schrieb eine Zeitung über den Bau der Köln-Mindener Eisenbahn: „Die Arbeiter sind gezwungen, Branntwein zu trinken: jeder muß sich einen Abzug von 1/2 Sgr.[1] gefallen lassen, gleichviel, ob er Branntwein trinken will oder nicht; wer am meisten konsumiert, der steht, ich will sagen, der stand am besten beim Schachtmeister angeschrieben."

Im gleichen Jahr hieß es an anderer Stelle: „Als Vorteil seiner Stellung hat solcher Schachtmeister, außer dem, daß er mit den Arbeitern das Verdiente in gleichen Teilen erhält, entweder von jedem Mann täglich noch 6 bis 9 Pfennige oder von jedem zusammen verdienten Taler einen Sgr. (3,33 Prozent) Schachtmeistergeld; wonach ein solcher Mensch, wenn er über 150 Arbeiter unter sich bekommt, täglich an 3 bis 4 Taler Einkommen hat."

Der Schachtmeister war also ein gemachter Mann, während der einfache Arbeiter für einen Hungerlohn schuften musste. Das Tageseinkommen belief sich um 1850 auf 10 Sgr., wovon 8 bis 9 Sgr. in die Taschen der Gastwirte für „Kost und Logis" floss. Hinzu kamen weitere Abgaben für Tabak, Getränke und Kleidung.

Weil Gastwirte und Bauern ihre Nähe zu den Baustellen ausnutzten, um die Quartierpreise in die Höhe zu treiben, die Bauarbeiter aber nicht stundenlange Anmarschwege von abgelegenen Unterkünften in Kauf nehmen wollten, bauten sie sich die Hütten selbst und lebten in ihnen unter primitiven hygienischen Verhältnissen. Läuse und die Krätze waren keine Seltenheit, medizinische Betreuung und Krankengeld unbekannt.

Bis zu 5 Zentner schwere Karren wurden über weite Strecken bergauf von zwei Männern transportiert, Lasten von etwa 150 Pfund auf den Schultern

Pickel, Hacken, Schaufeln — oft die einzigen Werkzeuge, wenn eine Strecke gebaut wurde   Slg. Skrzypnik

[1] Sgr = Silbergroschen

Die Vermesser und ihre Helfer an der künftigen Strecke Obercunewalde — Löbau (Sachs). Johannes Köhn (1888–1962) steht am Theodoliten (1919)
Foto: Kohn/Slg. von Polenz

geschleppt. Die Arbeitszeit erstreckte sich über 14 bis 16 Stunden. Selbst junge, kräftige Arbeiter hielten die Arbeitshetze nicht aus. Sie hatten die Möglichkeit überschätzt, viel Geld zu verdienen. Meist reichte der Lohn nicht einmal für das Existenzminimum.

Über ihr Arbeitsleben etwas aufzuschreiben, hatten die Bauarbeiter keine Zeit, wenn sie überhaupt des Lesens und Schreibens kundig waren. Deswegen ist von den Zuständen der Eisenbahnbauarbeiter nur wenig überliefert. Hin und wieder gab eine Zeitung ein Streiflicht über die Bedingungen beim Bahnbau. Der am 6. Juni 1841 in Grünberg (heute Zielona Gora) geborene Handwerkersohn Carl Fischer schrieb ein Buch. Deshalb wissen wir, dass Fischer als Erdarbeiter zum Bau der Halle–Kasseler Eisenbahn und an verschiedene andere Bauplätze der Eisenbahn ging. Sechs Jahre stand er die Strapazen durch, bis er wegen einer Krankheit den Beruf aufgeben musste.

Er beschrieb das „Zotteln", das nicht jeder verstand: „Der ganze Boden, der zur Ausschachtung kam, bestand aus Lette und Steinen und mußte alles mit der Picke und Spitzhacke losgehauen werden. Die ersten 14 Tage hatte ich wohl noch ein halbes Dutzend Zottelmänner, denn ich wußte noch nicht Bescheid und mußte teils vorliebnehmen, und teils suchte ich mir grade die Allerverkehrtesten aus. Spaß war das freilich nicht, wenn der beladene Wagen den Berg heruntersauste, da mußte man mit, da lernte man 'beinig' werden, wenn es in voller Fahrt abwärts ging. Neben der 'vollen Fahrt' enlang führte die 'leere Fahrt', da waren Bohlen gelegt, auf welchen man den leeren Wagen den Berg wieder hinaufzog, wobei man vom Markengeber jedesmal eine Marke empfing, so viele Marken man Abends abgeben konnte, so viele Wagen hatte man gefahren, aber wer den Wagen nicht ordentlich vollgeladen hatte, der sollte keine Marke haben, und der Markengeber mußte dafür aufpassen. Im Laufe der Zeit hat er mich 2 Mal angehalten und verwarnt, aber die Marke hat er mir jedesmal gegeben, aber andre hat er ganz gefährlich angeschnauzt, und welche haben mehr wie einmal keine Marke bekommen." [1]

Man nannte die Eisenbahnbauarbeiter auch Schienenleger, obwohl vor dem Verlegen der Gleise die Vermessung der Trasse, Erd-, Brücken- und Tunnelbau notwendig sind. Von Pohlenz schilderte, wie es noch nach dem Ersten Weltkrieg beim Bau der – am 15. August 1998 stillgelegten – Strecke Großpostwitz – Löbau zuging: „Am 16. Dezember 1918 wurde in Löbau ein Eisenbahn-Neubauamt (Nba) [...] eröffnet. Zur örtlichen Beaufsichtigung des 1. Bauabschnitts richtete das Nba ab 1. April 1919 in Obercunewalde ein Zweigbüro ein, mit dessen Leitung man den aus Neusalz/Oder stammenden Bauingenieur Johannes Köhn beauftragte." Der Regierungsbaumeister Köhn richtete in der Obercunewalder Bahnhofsrestauration sein „Ämtchen" ein und unternahm täglich lange Fußmärsche und Fahrradtouren zwischen dem Neubauamt in Löbau und der Baustelle.

„Am 26. Mai 1919 beginnt die Dresdner Firma Seifert in Obercunewalde mit der Herstellung des Unterbaus. Wie beim Errichten der deutschen Eisenbahnstrecken im 19. Jahrhundert erfolgen die Bauarbeiten durch ein großes Arbeiterheer aus aller Herren Länder. Zum Bewegen der Erd- und Gesteinsmassen müssen die Arbeiter, teilweise nur mit primitiven Arbeitsgeräten augestattet, schwerste Arbeiten verrichten. Unterbringung und Verpflegung sind allgemein dürftig. Doch man ist froh, kurz nach Beeendigung des Krieges überhaupt Arbeit zu haben. Für die Bevölkerung des Cunewalder Tales beginnt angesichts der Fremdarbeiterkolonnen eine unruhige Zeit." [3]

Dabei war die Hohe Zeit des Bahnbaus längst vorüber, selbst wenn noch so gewaltige Eisenbahnbauten wie die des Berliner Aussenrings oder der Hochgeschwindigkeitsstrecken bevorstanden. Das Heer der Eisenbahnbauarbeiter formierte sich im vorigen Jahrhundert.

Was viele Menschen bei dieser Schinderei hielt, war die Hoffnung auf eine ständige Anstellung bei der künftigen Bahnverwaltung als Bahnwärter, Weichensteller oder Rottenarbeiter. Einige mit mehrjähriger Erfahrung beim Eisenbahnbau wurden eingestellt. Man kann sagen, sie hatten sich

Welcher Luxus, wenn die Bauräte vom Eisenbahn-Bauamt Bautzen zur Neubaustrecke Obercunewalde–Löbau kamen und den Regierungsbaurat Johannes Köhn mitnahmen (neben dem Fahrer) (1928)
Foto: Köhn/Slg. von Polenz

durch ihre Arbeit zum Eisenbahner qualifiziert. Die anderen mussten froh sein, auch nach der Inbetriebnahme einer Strecke noch bei Bauarbeiten beschäftigt zu werden, etwa beim Bau des zweiten Gleises, an den Böschungen oder bei der Vollendung der Bahngebäude.

War die Bahngesellschaft nicht liquide, verschob sie die Bauarbeiten und ließ nur das Notwendigste fortsetzen. Gegenüber den Bauarbeitern erklärte die Direktion in solchen Fällen, keine Lust zu haben, die Arbeiter zu beschäftigen. Die mussten dann ein anderes Bauunternehmen suchen und wie die Wanderarbeiter zur nächsten Baustelle ziehen.

Zu den Bahnbauten von heute einschließlich der Elektrifizierung gibt es einige Parallelen. Dass Bauarbeiter einen „Job" bei der Bahn finden, ist noch seltener als früher, als die Eisenbahn erst im Aufbau begriffen war, im Gegenteil, die Deutsche Bahn gründete alles aus, was nicht zum sogenannten Kerngeschäft gehörte, wollte bis zum 31. Dezember 1994 auch ihren Geschäftsbereich Bahnbau auflösen.

Während 100 Jahren Eisenbahnen wuchs das Gewicht der Lokomotiven um das Zwanzigfache, das Zuggewicht um das Zweiunddreißigfache. Mit diesen Verän-

Vermesser waren immer die Vorboten der künftigen Eisenbahnlandschaft. Hier stehen sie in der Nähe des künftigen Bahnhofs Dümpelfeld (1888)
Slg. Reinshagen

Der legendäre „Rheingold" passiert die Baustelle am Ostkopf des Kölner Hauptbahnhofs (1932) Foto: Rbd Köln/Slg. Reinshagen

derungen musste der Oberbau Schritt halten[2]. Das Gewicht der Schiene nahm von 12 auf 49 kg je Meter zu, die Länge der Schienen von 4,4 auf 30,60 m. Diese Massen mussten von den Baueisenbahnern mit der Hand bewegt werden. Eine Weiche zu verlegen, erforderte die Konzentration Dutzender Bauarbeiter. Dem Bahnmeister und den Streckenmeistern saß die Uhr im Nacken, denn die Sperrpausen, um Gleise und Weichen zu erneuern, waren nie lang genug. Der Zugverkehr sollte alsbald wieder fahrplanmäßig möglich sein.

Heute sind die Schienen noch länger geworden, so dass für ihren Transport und die Verladung eine besondere Technologie erforderlich ist. 120 m lange Schienen kommen ohne jede Schweißung aus dem Walzwerk. Dadurch können drei Viertel der sonst notwendigen Schweißungen entfallen.

Die ersten technischen Einrichtungen, die die Arbeit erleichterten, aber vor allem für die Rationalisierung des Bauens angeschafft worden waren, waren die handbedienten Schwellen- und Schienenbohrmaschinen und Schienensägen der

Mit dem Holzhammer werden die Löcher für die Schrauben in die Holzschwelle getrieben. Bei Mückerburg, dem späteren Lauchhammer (1932) Rbd Halle/Slg. Rampp

[2] Oberbau ist der Sammelbegriff von Gleis und Bettung

Geräte für die Gleisunterhaltung 1910

- Spurmaße und Gleislibellen – zur Prüfung der Spur- und Höhenmaße
- Laschenschraubenschlüssel – nicht mehr als 60 cm lang, um zu scharfes Anziehen der Schrauben zu vermeiden
- Holzbohrer – für die Schwellenschrauben
- Spitz- und Stopfhacke – Stopfhacke zum Stopfen von Herzstücken und Zungenvorrichtungen der Weichen
- Bohrknarre oder Bohrmaschine – um Löcher im Schienensteg für Schutz- und Leitschienen herzustellen
- Steckschlüssel – zum Ein- und Ausdrehen der Schwellenschrauben
- Nagelhammer – zum Eintreiben der Schienennägel
- Nagelzange – zum Ausziehen der Schienennägel
- Aufsatzhammer – zum Durchtreiben abgebrochener Nägel durch die Schwelle
- Schrotmeisel („Kaltschröter") – zum Abtrennen von Niet- und Schraubenköpfen und zum Zerteilen verrosteter Muttern
- Dexel – zum Ebnen von Plattenlagern auf gebrauchten Schwellen
- Gleisheber – zum Regeln der Höhenlage, bis die Schwellen unterstopft wurden; trat an die Stelle des Druckbaums
- Schienenrücker – kräftige Schraubeinrichtungen, um Schienen in Längsrichtung bei ungelöster Befestigung verschieben zu können
- Schienensäge – um Schienen an der Arbeitsstelle verkürzen zu können
- Schienenbruchverband – zum Wiedervereinigen gebrochener Schienen bis zur Auswechslung
- Schienenkrümmer – zum Kaltbiegen der Schienen

Jahrhundertwende. Erst die Deutsche Reichsbahn führte Ende der zwanziger Jahre in nennenswertem Umfang Gleisstopfmaschinen, Bohr-, Schraub- und Schienenschneidemaschinen, Gleisbettungswalzen und Kranwagen ein. Bis zum Ende der zwanziger Jahre steckte die Mechanisierung in den Kinderschuhen. Trotz bis heute nahezu perfekter Mechanisierung und Automatisierung des Gleisbaus und neuen Oberbauformen ist das klassische Handwerkszeug des Baueisenbahners unentbehrlich: die Stopfhacke, die Steinschlaggabel und der Schraubenschlüssel.

Während die eine Gruppe von Eisenbahnbauarbeitern in Baubetrieben der Bahn, wie Bauzügen oder Gleisbaubetrieben, oder bei Unternehmern neue Bahnanlagen schuf, sorgte eine andere für die Instandhaltung der Gleise, unterhielt sie, wie die Berufsbezeichnung Bahnunterhaltungsarbeiter (Bua) besagte.

Die strukturellen Bezeichnungen für die Unterhaltungsdienststellen waren unterschiedlich. Geläufig ist die der Bahnmeisterei.

Bis in die sechziger Jahre wurden bei der Deutschen Reichsbahn die Schwellen fast ausschließlich mit der Hand gestopft (1956)
Rbd Halle/Slg. Rampp

28 Mann versuchen, in Leipzig Hbf die neue Weiche über den Schotter zu schieben (1933). Im Hintergrund steht noch das Stellwerk W-O (der „Zerberus"), das durch das Stellwerk „B 3" ersetzt wurde   Rbd Halle/Slg. Rampp

Rechts: Eine Weiche wird montiert. Das Herzstück und die anschließenden Schienen anzuheben, war besonders schwer   Slg. Preuß

Unten: Kann die Weiche auf ihrem Platz montiert werden und steht für das Bewegen der Teile ein Kran zur Verfügung, ist vieles leichter (1973)
   Foto: ZBDR/Hein

Lange Zeit war es die vornehmlichste Aufgabe dieser Dienststelle, laufend die vom Zugbetrieb verursachten Schäden, den Verschleiß, am Oberbau zu beseitigen. Ständig flickte man die Gleise, berichtigte die Spur-, Richtungs- und Höhenlage. Die Königlich Sächsischen Staatseisenbahnen rechneten bei einem gut verlegten Gleis mit einem Aufwand von jährlich zehn Stunden je Meter. Auffälligstes Zeichen solcher Tätigkeit war das Auswechseln von Holzschwellen und das Stopfen der Schwellen. Ein Gleis liegt nicht einfach da, es lebt. Durch die dynamischen Kräfte der Züge wird der Gleisrost immer ein Stück weggedrückt, ein stummer Kampf der Zug- und Druckkräfte gegen die Festigkeit des Oberbaus. Wie stark sie sind, erkennt man bei einer Gleisverwerfung, wenn der Gleisrost nicht mehr stark genug war, die von den Rädern ausgelösten wellenförmigen Verwindungen zwischen rechter und linker Schiene festzuhalten. Das Gleis bricht meterweise aus; die Entgleisung des Zuges ist unvermeidlich.

Dass das Gleis seine stabile Lage und Richtung behält, darauf achteten und das maßen der Bahnmeister, der Streckenmeister und der Streckenwärter. Auch der von den Zugbewegungen weggedrückte oder zermahlene Schotter muss erneuert und fest unter die Schwellen gedrückt werden. Der Gleisrost muss elastisch und zugleich stabil sein. Unsere Väter hörten noch dieses weithörbare Schlagen der Stopfhacken, ein untrügliches Zeichen dafür, dass eine Rotte in der Nähe arbeitete. Das neueste Kind des Oberbaus, die Feste Fahrbahn, bedarf solcher Nacharbeiten angeblich nicht mehr.

Ende der zwanziger Jahre führte die Deutsche Reichsbahn die planmäßige Gleispflege ein. Jedes Gleisstück wurde innerhalb einer von der Belastung und dem Alter des Gleises bestimmten Zeit in allen seinen Teilen so gründlich wieder hergestellt, dass es bis zur nächsten planmäßigen Durcharbeitung liegen bleiben konnte. Diese Durcharbeitung kam einer Erneuerung gleich, bei der sich der Einsatz von Maschinen wie Gleisstopfmaschinen, Bohr-, Schraub- und Schienenschneidemaschinen, Gleisbettungswalzen sowie Kranwagen lohnte.

Zu unterschiedlichen Zeitpunkten wurde bei Deutscher Bundes- und Reichsbahn die Mechanisierung der Gleisbauarbeiten fortgesetzt. Wesentlich erleichtert wurden sie durch die Gleiskraftwagen, die Verbesserung der Schweißtechnik und die Einführung des lückenlosen Gleises. Aber auch bei Schnellumbauzügen und nahezu automatischer Gleisauswechslung kann man auf den kräftigen und gut eingespielten Gleisbauarbeiter nicht verzichten.

Noch sehen wir die Gruppen von Gleisbauarbeitern am Gleis, die früher Rotte genannt wurde. Zu jeder Bahnmeisterei gehörten mehr als 30 Rottenarbeiter mit einem Rottenführer für je 12 Mann. Bei größeren Arbeiten, wie dem Auswechseln von Weichen, mussten mehrere Rotten zusammenarbeiten.

Bezeichnung und Größe der Bahnmeistereien veränderten sich bei den einzelnen Staatsbahnen und in den verschiedenen Epochen. Einst war jeder große bis mittlere Bahnhof zugleich Sitz einer Bahnmeisterei, die – in Preußen – für durchschnittlich 13 km Gleis zuständig war. Demgemäß schwankte die Größe des Bezirks je nachdem, ob zum Bezirk große Bahnhöfe, zweigleisige Hauptbahnen oder Nebenbahnen gehörten. In Bayern wurden 1907 die Staatsbahningenieurbezirke aufgelöst und Bauinspektionen sowie Bahnmeistereien gebildet.

Die Zahl der Bahnmeistereien nahm 1923/1924 infolge des Personalabbaus (siehe 1. Abschnitt) leicht ab, das heißt, die Bezirke wurden vergrößert. 1939 bestanden im Reichsbahndirektionsbezirk Regensburg 84 Bahnmeistereien, darunter sechs in Hof,

Der „Schraubesel", die Schraubeneindreh- und Ausdrehmaschine, war bereits in den dreissiger Jahren eingeführt worden
Foto: Schmidt/Slg. Preuß

Der Eisenbahnbauarbeiter

Wenn die Bahnmeisterei Sonneberg zum Gruppenbild angetreten ist, sitzt der Chef, der Bahnmeister, natürlich vorn in der ersten Reihe (1910)   Slg. Beyer

Der Jugendbauzug Köthen vor der Gleisstopfmaschine (1967)   Rbd Halle/Slg. Rampp

acht in Amberg, neun in Regensburg. 1961 löste die Deutsche Bundesbahn in diesem Direktionsbezirk einige der Bahnmeistereien auf, es blieben immer noch 50. Aus sechs Bahnmeistereien im Raum Regensburg wurde 1979 die Groß-Bahnmeisterei gebildet. Seit 1. Januar 1994 nennt sich diese Bahnmeisterei „Deutsche Bahn AG, Niederlassung Regensburg, Technik 3". Unter „Technik" verbirgt sich der Zusammenschluss von Bahnmeisterei und Signalmeisterei. Die klassischen Dienststellen Bahnmeisterei usw. sind bei der Deutschen Bahn ausgestorben, statt dessen bestehen Niederlassungen und Standorte mit Formeln, wie NNT 3, unter der nur Eingeweihte sich etwas vorstellen können.

Die frühere Bahnmeisterei war in Streckenmeistereien (bei der Deutschen Bundesbahn Baubezirke genannt) aufgeteilt. Der Streckenmeister unterstützte den Bahnmeister (Vorsteher bzw. Leiter der Dienststelle Bahnmeisterei). Diese Dienststelle mit mehreren hundert Eisenbahnern war nicht nur für Gleisarbeiten zuständig, sondern für alles, was mit dem Bau zusammenhing, und beschäftigte daher neben den Gleisbauern Tiefbauer, Schweißer und Handwerker, auch Scharwerker genannt.

Ein Jahrbuch der Jahrhundertwende beschreibt die über die Gleise hinausreichenden Aufgaben des Bahnmeisters: „Die Einfriedigungen der Bahn, ihre Schutzwehren und Wegeschranken hat der Bahnmeister in ordnungsmäßigem Zustande zu erhalten, damit sie nicht etwa von Vieh oder Fahrzeugen durchbrochen werden können; die Warnungstafeln an den Übergängen müssen stets deutlich leserlich sein. Auch muß er Sorge tragen, daß Abteilungszeichen, Neigungszeiger und Merkzeichen überall vorhanden, in vorschriftsmäßigem Zustande und mit leserlichen Aufschriften versehen sind. Die Brücken, Weichen und Signalvorrichtungen auf der Strecke und den Bahnhöfen müssen, da von ihnen die Betriebssicherheit ganz besonders abhängt, auf das schärfste überwacht werden. Die Wege, besonders die Zugschranken, sind von dem Bahnmeister zeitweise persönlich auf ihre Gangbarkeit und Unterhaltung hin zu probieren." [2] Schließlich wurde auf die Aufgaben des Bahnmeisters bei Betriebsstörungen und Zugunfällen (Ursachenforschung und Berichte) verwiesen.

Dem Bahnmeister stand ein Bahnmeisterwagen zur Verfügung, mit dem Material, aber auch „in Ermangelung einer Draisine" der Bahnmeister selbst und dessen Vorgesetzte, wie der Bauinspektor, befördert werden konnten.

Die andere wichtige Aufgabe der Bahnmeisterei war neben der Gleisunterhaltung die der Bahnbewachung. Zwar wurden dafür Bahnwärter, später Streckenwärter eingesetzt, doch dem Bahnmeister selbst wurde in den Dienstanweisungen aufgegeben, „zur Überwachung des Zustandes der Bahnstrecke und zur Kontrollierung der ihm unterstellten Arbeiter" die Strecken der Hauptbahnen[3] mindestens alle zwei und bei Bahnen untergeordneter Bedeutung mindestens alle drei Tage zu Fuß zu begehen. Dabei hatte er nicht nur auf die Gleise, sondern auch auf die Umgebung zu sehen. „Etwaiges unbenutztes Material, wie Schienen,

Loses Kleineisen zieht der Streckenwärter fest an. Auf dem Leipziger Güterring   Rbd Halle/Slg. Rampp

[3] Hauptbahn = Strecke von großer verkehrlicher Bedeutung mit technischer Ausrüstung und baulicher Gestaltung, dass hohe Geschwindigkeiten und große Zugmassen bei dichter Zugfolge gefahren werden können. Nebenbahn = Strecke mit geringer verkehrlicher Bedeutung

Der Bahnmeister soll die Strecken ablaufen, sich aber auch um die Baustellen kümmern. Harald Röhr in Seddin (1978)   Foto: Preuß

Schwellen und dergl. sollte stets in der Nähe des Bahnwärterpostens gelagert werden, da es trunkene oder verbrecherische Personen, wenn es ohne Aufsicht lagert, erfahrungsmäßig leicht verleitet, gefährliche Fahrthindernisse aus ihnen herzustellen." [2] Der Bahnmeister sollte selbst die Gleise abgehen und regelmäßig auf dem Führerstand der Lokomotiven mitfahren, da er von ihm aus die Lage der Gleise am besten beurteilen konnte.

Bei der Deutschen Bundesbahn galt einmal, dass der Vorsteher jeden Streckenabschnitt seines Bezirks monatlich einmal (bei der Deutschen Reichsbahn auf Hauptbahnen vierteljährlich einmal, auf Nebenbahnen jährlich einmal), die Nebengleise zwei- bis sechsmal jährlich zu begehen und die Strecke – auch bei Nacht – vom Triebfahrzeug oder dem Schlusswagen aus zu besichtigen hatte. Diese Kontrollgänge und -fahrten wurden allerdings meist unterschätzt, so dass der Bahnmeister lieber auf den Messbericht des Gleismesszuges wartete, der mit verfeinerten Messmethoden die Gleislage prüfte und aufzeichnete.

Der regelmäßige Streckenbegang kam nur noch dem Bahn- bzw. Streckenwärter zu. Der lief in festgelegten regelmäßigen Zeitabständen die ihm zugewiesenen Streckenabschnitte ab, die bei den Preußischen Staatseisenbahnen auf Hauptbahnen bis zu 5 km, auf Nebenbahnen bis zu 14 km lang waren. Am Ende des jeweiligen Bahnwärterbezirks stand die Bahnwärtergrenzsäule, an der eine Kontrollnummerntafel gehängt war. Bei der ersten Begehung nahm der Wärter die Tafel 1 mit und hängte sie an, bei der zweiten Begehung die Tafel 2. So konnte jedermann feststellen, ob und auf welchem Gang sich der Wärter befand und ob er zur richtigen Zeit unterwegs war. Diese Tafeln sind eines Tages durch Meldebücher ersetzt worden, die auf den Schrankenposten oder auf den Stellwerken auslagen.

Der Bahnwärter hatte besonderes Augenmerk zu legen auf:

- *augenfällige Veränderungen in der Höhen- und Seitenlage des Gleises*
- *das Entstehen von Gleisverwerfungen*
- *Risse oder Brüche an Schienen, Laschen und Schwellen*
- *loses oder schadhaftes Kleineisen*
- *gute Entwässerung des Bahnkörpers*
- *augenfällige Schäden an den Bahnanlagen, zum Beispiel Dämmen, Einschnitten und Felswänden, Brücken und Kunstbauten*
- *den Zustand der Feuerschutzanlagen in Waldungen und Schneeschutzanlagen*
- *Weichen, dass die Zungenspitzen fest an den Backenschienen anliegen und die Spitzenverschlüsse fest*

und richtig sitzen, keine Bolzen oder Splinte fehlen, Weichenschlösser, Zungen- und Gleissperren unbeschädigt und richtig verschlossen sind.

Ferner, dass
- *Abteilungszeichen, Neigungszeiger, Warnkreuze, Vorsignalbaken, Läutetafeln und Drahtzugleitungen nicht beschädigt sind*
- *die Umgrenzung des lichten Raumes überall gewahrt ist*
- *die unbewachten Wegübergänge sich in einem ordnungsgemäßen Zustand befinden*
- *die Bahnanlagen nicht durch Arbeiten oder Lagerung von Gegenständen und Baustoffen in der Nähe der Gleise gefährdet werden und keine Feuergefahr entsteht*

sowie weitere drei Dutzend von Aufgaben, nicht einmal erwähnt die Funktionsprüfung von Streckenausrüstungen (zum Beispiel Sprechproben von den Sprechsäulen der Wechselsprechanlagen bei Anrufschranken[4], von den Signalfernsprechern und über die Fahrdienst-Fernsprechverbindung für die elektrische Zugförderung). [8] Er hatte auch kleinere Instandsetzungsarbeiten auszuführen, indem er beispielsweise Schrauben und Bolzen anzog oder Laschen auswechselte.

Aus wirtschaftlichen Gründen wurde bereits vor dem Ersten Weltkrieg an Stelle des Bahn- oder Streckenwärters die Stelle des Streckenläufers[5] eingeführt, der auf Hauptbahnen bis zu 10 km, auf Nebenbahnen bis zu 15 km im Gleis zu gehen und die gleichen Aufgaben wie der Bahnwärter, aber ohne die Pflicht zu Reparaturen, hatte.

Die Eisenbahn-Bau- und Betriebsordnung vom 1. Mai 1905 schrieb innerhalb 24 Stunden bei Hauptbahnen mindestens dreimal und bei Nebenbahnen mindestens einmal die Untersuchung auf ihren ordnungsmäßigen Zustand vor. Da jedoch insbesondere nach dem Ersten Weltkrieg stärkere Schienenformen und hochwertige Stähle verwendet, die Stoßverbindungen und Schienenbefestigungen verbessert und die Zahl der Schwellen vermehrt wurden, war der Oberbau so vollkommen, dass der täglich dreimalige Streckenbegang nicht mehr als erforderlich angesehen wurde. Besonders auf den nächtliche Streckenbegang sollte verzichtet werden. Deshalb wurde 1922 die Eisenbahn-Bau- und Betriebsordnung so geändert, dass die Hauptbahnen nur noch täglich einmal begangen wurden, Nebenbahnen alle drei Tage.

Dabei spielten auch die angestiegenen Personalkosten eine Rolle. Die Deutsche Bundesbahn ersetzte 1988 den Streckenbegang durch Befahren der Strecke, was auch der Arbeitssicherheit der letzten 300 Streckengeher diente. Das Laufen im Gleis ist gefährlich. Im Netz der früheren Deutschen Reichsbahn fand im Oktober 1996 der letzte Streckengang statt. Die Deutsche Bahn vertraut einerseits noch mehr der technischen Zuverlässigkeit der Anlagen und der Informationsbereitschaft der Lokomotivpersonale, wenn diese Unregelmäßigkeiten feststellen, andererseits setzt sie zur Inspektion Schienenprüffahrzeuge ein. „Höchste Priorität bei den regelmäßigen Kontrollen hat der Gleisoberbau: Dabei werden die Schienen, Schwellen, das Schotterbett, Weichen und andere Anlagen sowie das sogenannte 'Kleineisen' wie Schrauben, Schienennägel und Laschenverbindungen zwischen Schienenenden geprüft." [6] Wieder einmal hat die Maschine einen Beruf verdrängt. Wie das Prüffahrzeug feststellt, ob das Kleineisen vollständig ist und die Schrauben fest angezogen sind, lässt die Deutsche Bahn offen, ebenso den Rhythmus, in dem die Strecken überprüft werden. Anlässlich einer Gerichtsverhandlung erfuhr man, dass Hauptbahnen alle drei Monate überprüft werden.

Ebenfalls ein aussterbender Beruf ist der des Schrankenwärters, der traditionell zur Bahnmeisterei gehörte, denn Schrankendienst war Bahnbewachung. Bahnwärter, der die Sicherheit eines Streckenabschnitts überwachte, und Schrankenwärter, der den Bahnübergang sowie die einsehbaren Abschnitte rechts und links des Übergangs bewachte, waren Tätigkeiten, die verschmolzen. Frühere Dienstpläne berücksichtigen dies, indem die Bahnwärter wechselweise einen Streckenabschnitt begingen und einen oder mehrere Schrankenposten besetzten, ebensogut übernahmen Schrankenwärter die Begehung kurzer Streckenabschnitte in den Zugpausen. So nimmt es nicht wunder, dass Gerhart Hauptmann seine berühmte Novelle „Bahnwärter Thiel" betitelte. Der darin beschriebene Thiel war auf einem Schrankenposten zwischen Fürstenwalde (Spree) und Erkner zu finden.

Rechts: Im Gleis laufen ist schon gefährlich; der Tunnelgang erfordert besondere Vorsichtsnaßmahmen. Vor dem Großhaldetunnel bei Triberg (1982) Foto: Rotthowe

Respekt flösst der Schrankenwärter am alten Bahnhof von Lauscha (Thür) ein (1905) Slg. Beyer

schranken genannt – konnte während der Bereitschaftszeit tun, was er wollte. Er brauchte lediglich darauf zu achten, ob ein Klingelzeichen anzeige, die Schranke solle geöffnet werden. Er musste sich in der Nähe der Rufanlage aufhalten.

Zum Bahnhof gehörte die Gruppe der Schrankenbediener, die gleichzeitig Stellwerkswärter, Weichenwärter oder Fahrdienstleiter war.
Im Unterschied zu den zuletzt bekannten Schrankenanlagen bediente der Schrankenwärter noch um die Jahrhundertwende ganz andere Bauarten als jene, die wir heute kennen. So die Schiebeschranken (ein Baum, der an jeder Seite über den Weg gezogen wurde und derart den Bahnkörper absperrte) oder die Drehschranke, die wie ein Torflügel gedreht werden musste.
Für die amtlichen Begriffe orts- und fernbediente Schranke hielten sich bis in die Gegenwart die veralteten Bezeichnungen Hand- und Zugschranke. Die Zug- bzw. fernbediente Schranke besaß eine Glocke, die beim Schließen läutete und dadurch die Passanten warnte, sich aber für Bus- und Pkw-Fahrer mehr und mehr als ungeeignet erwies. Passanten konnten über einen Glockenzug verlangen, die Schranken zu öffnen.
Allgemein galt – mit Ausnahme der sogenannten Anrufschranken[4] –, dass die Schranken in der Grundstellung geöffnet blieben.

Der reguläre Schrankenwärter war hinsichtlich des Dienstverhältnisses vom Vertrags- und Anrufschrankenwärter zu unterscheiden. Während der Schrankenwärter bei der Bahnmeisterei fest angestellt war – nicht beim Bahnhof, denn der erstreckt sich von Einfahrsignal zu Einfahrsignal; Schrankenposten waren meist Betriebsstellen der freien Strecke – bediente der Vertragsschrankenwärter Schranken nur im Bedarfsfall. Die Arbeitszeit war gering, die Zeit der Anwesenheit lang. Der Anrufschrankenwärter – korrekt Bediener von Anruf-

Schranken waren rechtzeitig zu schließen. Das verlangte die bis 1967 geltende Schrankenwärtervorschrift der Deutschen Reichsbahn. Was aber war rechtzeitig? Wonach sollte sich der Schrankenwärter richten? Nach dem Streckenfahrplan! Was, wenn er über Verspätungen oder Vor-Plan-Fahren der Züge (beim Güter- oder Sonderzug möglich) nicht unterrichtet worden war? Dann nach dem Läutesignal. Was, wenn der Fahrdienstleiter das Abläuten vergaß oder sehr spät abläutete? Was, wenn Dunkelheit oder Nebel die Sicht versperrten?

Was die Tuschzeichnung im Stil eines Scherenschnitts zeigt, sieht die Bahn gar nicht so gern. Kinder erwarten einen Zug, von Schütz (1922) Slg. Preuß

---

[4] Schrankenanlage, die in Grundstellung den Bahnübergang sperrt und nur nach Anforderung durch den Straßenbenutzer geöffnet wird
[5] bei der Deutschen Bundesbahn mit Sinn für semantische Feinheiten Streckengeher genannt

Der „Pannonia-Express" kommt. Fast alle Schrankenwärter sorgten für reichen Blumenschmuck, wie um diesen hochgelegenen Posten bei Weinböhla (1976)
Slg. Preuß

Nach der Katastrophe von Langenweddingen (Strecke Magdeburg – Halberstadt) 1967, wo ein Tanklastzug mit einem Personenzug zusammenprallte, kritisierte der Magdeburger Bezirksstaatsanwalt die diffuse Rechtzeitig-Vorschrift. Seitdem wurden die Schranken zu einem bestimmten Zeitpunkt geschlossen, eine Regelung, die bereits früher bestand: „In der Regel 3 Minuten vor Ankunft des erwarteten Zuges" und: „Größere Viehherden dürfen 10 Minuten vor der erwarteten Ankunft des Zuges nicht mehr über den Übergang gelassen werden."

Die Dienstvorschrift 814 der Deutschen Bundesbahn, Vorschrift für den Schranken- und Streckenwärterdienst, von 1974 bestimmte zum Zeitpunkt des Schrankenschließens: „Der Wärter muß sich sofort nach dem Mithören der Zugmeldung oder einer anderen Benachrichtigung über den Zugverkehr an der Bedienungsstelle zum Schließen der Schranken bereithalten und dabei die Strecke und den Straßenverkehr beobachten.

Den Zeitpunkt für das Schließen der Schranken hat der Wärter so zu wählen, daß Schienen- und Straßenverkehr nicht gefährdet, aber auch nicht unnötig behindert werden.

Hierzu hat sich der Wärter zu richten nach
● der Abmeldung,
● den in den Fahrplanunterlagen angegebenen Mindestfahrzeiten und
● den Anzeigen von Meldeanlagen (z. B. Anrückmelder)

und dabei zu berücksichtigen
● die örtlichen Verhältnisse
● die zulässigen Abweichungen von der gemeldeten Ab- oder Durchfahrzeit (unter 2 Minuten) und
● den Zeitbedarf für den Schließvorgang – bei nahbedienten Schranken einschl. Abstimmen auf den Straßenverkehr
● durch Augenschein oder Lichtzeichen, bei fernbedienten Schranken einschl. Vorläutedauer.

Ein bisschen viel, was der arme Schrankenwärter zu beachten hatte. Die häufigste Ursache, warum der Wärter vergaß, die Schranken zu schließen, war irgendeine Ablenkung: der Schwatz mit Straßenpassanten, das Kreuzworträtsel oder der Ofen, der zur Dienstübergabe gereinigt und versorgt sein sollte („Es ist ja noch etwas Zeit!"). Um auch solche Ursachen auszuschließen, wurde bei der Deutschen Reichsbahn nach 1977 generell das „Leipziger Verfahren" eingeführt, nach dem der Schrankenwärter Zugmeldungen nicht nur mithörte (durch dieses Mithören konnten die ohnehin abgängigen Läutewerke stillgelegt werden), sondern in die Zugmeldung einbezogen wurde. Nach dem vom Fahrdienstleiter gegebenen Ruf (einmal fünf Kurbelumdrehungen am Streckenfernsprecher) schloss er die Schranken. Ertönte das Zugmeldesignal (ein festgelegtes Rufzeichen), meldete er dem Fahrdienstleiter, dass die Schranken geschlossen sind. Erst danach durfte der Fahrdienstleiter einen Zug vorausmelden [6].

Der Wärter hat die Schranken rechtzeitig zu schließen und die Züge zu beobachten. Zwischen Halle und Leipzig (1950)
Rbd Halle/Slg. Rampp

Dieses Verfahren behinderte zwar den Straßenverkehr durch lange geschlossene Schranken, denn sie wurden ja geschlossen, wenn der Zug auf der rückgelegenen Zugmeldestelle noch nicht einmal ab- oder durchgefahren war, war sicherer als das bei der Deutschen Bundesbahn, wo die Schranken sofort nach dem Mithören der Zugmeldung geschlossen werden sollten. Die Rückkoppelung zum Fahrdienstleiter fehlte. Das Optimum zwischen dem gesperrten Bahnübergang und dem unbehinderten Straßenverkehr stellten nur die vom Zug bedienten Haltlicht- und Halbschrankenanlagen dar. Sie sparten nicht nur das Schrankenwärterpersonal ein (gegenzurechnen war aber der Aufwand für die Instandsetzung der Anlagen), sondern bewahrten sie zugleich vor einer anderen Gefahr, der des vorzeitigen Öffnens, besonders bei mehrgleisigen Strecken. Völlige Sicherheit vor den Gefahren des Zugverkehrs für die Kraftfahrer und die Gefahren des Straßenverkehrs für die Zug- und Rangierfahrten geben nur Über- und Unterführungen – oder die Stilllegung der Strecke.

Die monotone und auch schlecht bezahlte Tätigkeit des Schrankenwärters bestand nicht nur in der ständigen Wartebereitschaft und der Bedienung der Schranken, zu ihr gehörte außerdem, den Zustand des Bahnkörpers zu beobachten, auf das Freihalten des Regellichtraums und den Zustand des Oberbaus, der Signale und Leitungen, die Schutzanlagen in Waldungen und auf das Grundeigentum zu achten sowie die Züge zu beobachten.

Schrankenwärter wie Weichenreiniger, einst Beschäftigte der Bahnmeisterei, wurden bei der Deutschen Reichsbahn den Bahnhöfen zugeschlagen, die Weichenschlosser blieben bei der Bahnmeisterei.

Diese blieb nicht von anderen Organisationsänderungen verschont, die Aufgaben wurden mehr und mehr auf die Instandhaltung der Gleisanlagen reduziert, für Hochbauten wurde die Hochbaumeisterei (übrigens auch für die Bewirtschaftung der vielen Eisenbahnerwohnungen zuständig) geschaffen, für die Brücken- und Kunstbauten die Brückenmeisterei, für die Nachrichten- und Sicherungsanlagen die Signal- und Fernmeldemeisterei, vor 1945 Stellwerksbahnmeisterei genannt. Im Netz der Deutschen Bundesbahn wurden aus den Fernmeldemeistereien, die 1942 aus den Telegrafenwerkstätten hervorgegangen waren, die

---

[6] Die Vorausmeldung ist 1998 durch das früher bereits übliche Anbieten und Abmelden ersetzt worden

Hochbaumeistereien der Deutschen Reichsbahn 1988

22 Hochbaumeistereien

Zuständig für die Erhaltung von
- 2600 Empfangsgebäuden
- 3400 Gebäuden der Stellwerke und Blockstellen
- 1200 Güterabfertigungen
- 700 Lokomotiv- und
- 58 Wagenschuppen
- 8000 Betriebsgebäude
- 20 000 Kulturhäuser, Kindergärten, Sport- und Ferieneinrichtungen
- 5,4 Millionen m² Fläche von Bahnsteigen, Überdachungen, Rampen, Ladestraßen
- mehr als 2400 Brunnen
- über 7000 Wohngebäude
- über 5500 Nebengebäude

Nachrichtenmeistereien. Die Deutsche Reichsbahn gab Mitte der achtziger Jahre den meisten technischen Dienststellen die Bezeichnung Instandhaltungswerk, weil der Begriff Meisterei nicht mit deren Aufgaben übereinstimmte, die weitgehend Eigenproduktion übernommen hatten. Die alte Signal- und Fernmeldemeisterei trug nun den aufgeblasenen Titel Instandhaltungswerk für Signal-, Fernmelde- und Prozessautomatisierungstechnik (IwSFP). Bis 1945 planten Neubauämter die Strecken- und Bahnhofsneubauten, die große Instandhaltung von Gleisen war Sache der Bauzüge; die Deutsche Bundesbahn hatte ihre Bauhöfe. Für Neu- und Umbau von Stellwerken war das Signal- und Fernmeldewerk zuständig.

Die Bahnen trugen mit strukturellen Veränderungen der notwendigen Spezialisierung der Berufe Rechnung. Anderseits beauftragten sie – besonders die Deutsche Bundesbahn – mit vielen Aufgaben Unternehmen von außerhalb.

Diese Aufgabenverlagerung hat bei der Deutsche Bahn zum Teil groteske Züge angenommen, so dass den Eisenbahnern teilweise nur noch die Verteilung und Verwaltung von Aufgaben übrig geblieben zu sein scheint. Deutlich wurde das bei der Sicherung von Baustellen, wo die Sicherungsposten und Sicherungsaufsichtskräfte nicht von den Bahnmeistereien, sondern von Fremdbetrieben gestellt werden mit all den Nachteilen, die sich aus ungenügender Abstimmung ergeben.

Fast nur noch Sicherungsposten von Fremdbetrieben setzt die Deutsche Bahn zur Sicherung der Gleisbauer ein. In Berlin-Spandau (1997) Foto: Klein

Der typische Beruf im Gleisbau ist der des Gleisbauers und der des Bauingenieurs. Neben dem Bauingenieur beschäftigte (und beschäftigt) die Bahn weitere Bauspezialisten, wie den Architekten (die Deutsche Bundesbahn beschäftigte 1973 rund 1000 davon) für die Hochbauten, den Statiker, den Projektanten und den Vermessungsingenieur. In allen Epochen, bis zu der der Deutschen Bundesbahn war die berufliche Entwicklung der Ingenieure von den Restriktionen des Laufbahnrechts bestimmt. Der Bauingenieur der Deutschen Reichsbahn in der DDR verdiente sich seine Sporen nach dem Studienabschluss an der Ingenieurschule für Verkehrstechnik Dresden oder an der Hochschule für Verkehrswesen „Friedrich List" Dresden zunächst in der praktischen Arbeit in einer Bahnmeisterei oder im Entwurfs- und Vermessungsbetrieb der Deutschen Reichsbahn; danach standen ihm die Wege in die Führungspositionen offen. [7]

Der Gleisbauer war ein Anlernberuf, denn er hatte unter Anleitung einfache Erhaltungs-, Umschlags- und Lagerarbeiten auszuführen, wenngleich diese Arbeiten spezialisierte geistige Fertigkeiten, vielseitige Handfertigkeiten und erhöhte Aufmerksamkeit beim Aufenthalt im Gleisbereich erforderten.

Der angelernte Gleisbauer konnte niemals Nachwuchs für den Streckenmeister oder gar den Bahnmeister sein, weil ihm die Voraussetzungen für die Ingenieur- bzw. Hochschulausbildung fehlten. Um den technischen Nachwuchs zu sichern, stellte die Deutsche Reichsbahn seit dem 1. April 1942 auch bautechnische Junghelfer gleich nach der Volksschule im Alter zwischen 14 und 15 Jahren ein. Sie

Die Weichenpflege — wie hier in Zeitz (1998) — war einst Sache der Bahnmeisterei Foto: Bodo Schulz

Da Gleis 1 des Bahnhofs Zittau mit lauten Vibrationsstopfern gestopft wird, benutzt der Sicherungsposten eine Gasflasche, damit die Rottenwarnsignale laut gegeben werden (1964)

Das Schweißen – bei Olbersdorf Oberdorf (1968) – ist unter den Bauarbeitern eine Spezialtätigkeit Fotos: Reiner Preuß

schlugen meist die Laufbahn der technischen Assistenten ein, konnten aber auch zum Fachschulstudium und damit zur technischen Inspektorenlaufbahn zugelassen werden.

Die bautechnischen Junghelfer durchliefen eine dreijährige, praktische Ausbildung im Eisenbahnbau einschließlich dem Maurer- oder Zimmererhandwerk und sollten anschließend drei Jahre zur Vorbereitung für die technische Assistentenlaufbahn beschäftigt werden.

Dieses Hinführen zum ingenieurtechnischen Nachwuchs wurde durch das Kriegsende unterbrochen, die Laufbahn lebte bei der Deutschen Bundesbahn wieder auf.

Die Deutsche Reichsbahn führte die Berufsausbildung zum Facharbeiter für Eisenbahnbautechnik mit den Spezialisierungen Gleisbautechnik und Maschinentechnik ein, was auch durch den vorherrschenden Maschineneinsatz begründet war. Der Gleisbau brauchte neben dem Handarbeiter ein neues Berufsbild, das des Facharbeiters für Eisenbahnbautechnik. Durch den Zehnklassenabschluss dieses Facharbeiters stand ihm die Ingenieurausbildung offen.

Bei der Deutschen Bahn herrscht eine Tendenz, mit dem Gleis-, Brücken- und Hochbau und den damit zusammenhängenden Arbeiten Fremdbetriebe zu beauftragen. Wer als Bauingenieur Eisenbahner geblieben ist, wird nur als „Allrounder" anerkannt, das heißt, als ein Mitarbeiter, der vielsitig eingesetzt werden kann. Außer fachtechnischem Sachverstand wird kaufmännisches und betriebswirtschaftliches Denken verlangt. Das war früher nicht anders, ist aber heute besonders ausgeprägt.

Gebannt lauschen die Kinder den Erklärungen des Streckenmeisters, um wieviel Millimeter höchstens ein Gleis von der Horizontalen abweichen darf. Bei Ruhlsdorf-Zerpenschleuse (1999)
Foto: Preuß

6. Frauen und Familien

In der DDR kursierte ein Witz: Wie kann man am schnellsten die Volkswirtschaft zerrütten? 1. Die Strukturveränderung herbeiführen, 2. leitende Funktionen mit Frauen besetzen und 3. die EDV einführen. Dieser Spott, der die Gleichberechtigung von Mann und Frau traf, ging nicht mit der Wirklichkeit überein, denn die berufstätige Frau gehörte in der DDR-Volkswirtschaft und bei der Deutschen Reichsbahn längst zum normalen Bild.

Mit der Gründung der DDR am 7. Oktober 1949 war alles außer Kraft gesetzt worden, was die Frau in Beruf und Familie diskriminierte. Juristische Grundlage war die Verfassung, die im Artikel 7 bestimmte:

§ 1 *Mann und Frau sind gleichberechtigt.*
§ 2 *Alle Gesetze und Bestimmungen, die der Gleichberechtigung der Frau entgegenstehen, sind aufgehoben.*

Oder im Artikel 18, § 4 hieß es:
Mann und Frau, Erwachsener und Jugendlicher haben bei gleicher Arbeit das Recht auf gleichen Lohn.

Die Frau wurde im Arbeitsleben gefördert, was mitunter skurrile Züge annahm, wenn zum Beispiel bei jeder Gelegenheit Planziffern mit dem Frauenanteil, zum Beispiel bei der Qualifizierung oder bei Verbesserungsvorschlägen abgerechnet werden mussten oder bei der Besetzung leitender Dienstposten die Frau bevorzugt wurde, nur weil man dadurch mit dem Frauenanteil glänzen konnte oder eine Frau als Leiter einer Dienststelle zum Vorzeigen hatte, mochte der männliche Bewerber die höhere Qualifikation, die bessere Menschenführung und größere Erfahrung mitbringen.

Dass Frauen Eisenbahner sein konnten, war früher alles andere als selbstverständlich. Der Eisenbahnerberuf war die Domäne der Männer, besonders der beim Militär gedienten, weil angeblich der Dienst so anstrengend und zermürbend und gesundheitlich einer Frau nicht zuträglich war.

Als der Krieg die Männer an der Front brauchte, zählten solche Argumente, die gegen die berufstätige Frau sprachen, nicht mehr. Im Gegenteil: Gerade dann mussten die Frauen harte körperliche Arbeit vollbringen, obendrein geringer entlohnt als die Männer, um den Unterhalt der Familie zu bestreiten. Wenn es nicht an Männern fehlte, die

Die 18-jährige Martha Werner vom Bahnhof Falkenberg (Elster) gehörte zu den seltenen weiblichen Eisenbahnern (1910)
Slg. Preuß

wieder die Stellen der Frauen einnahmen, wurde das traditionelle Bild der häuslichen Frau gezeichnet, das sich um die Erziehung der Kinder zu kümmern habe.

Als 1882 die Berliner Stadtbahn eröffnet wurde, muss es geradezu ein Schock für die Männerwelt gewesen sein, dass 27 weibliche Fahrkartenverkäufer hinter den Schalterfenstern standen. 27 von 1302 Frauen, 1302 gegenüber rund 700 000 Männern, die im Dienst der deutschen Eisenbahnen standen. [1] Meist waren die Frauen als Fahrkartenverkäuferin oder als Telegrafistin tätig. Erst 1898 konnten Frauen etatmäßig angestellt und daher Beamter werden, aber nur in den unteren Gehaltsgruppen, und sie durften nicht heiraten!

Die Wagenreinigerinnen des Bahnhofs Straßburg (Strasbourg) ersetzten die Männer, die in den Krieg mussten (1914)   Slg. Gottwaldt

Immerhin schlossen sich die Eisenbahnbeamtinnen noch vor dem Ersten Weltkrieg in einer Organisation zusammen. Der Erste Weltkrieg war die Zäsur, dass Frauen Männerberufe eroberten, wenn sie zunächst auch nur als Kriegsaushelferinnen bezeichnet wurden.
Nach[1] nahm bei den Königlich Preußischen Staatseisenbahnen von 1915 an die Zahl der weiblichen Beschäftigten im Innendienst, in den Werkstätten, bei der Bahnunterhaltung, unter den Zugbegleitern und beim Bahnhofspersonal rapide zu:

1914	11 000
1916	85 000
1918	107 000

In diesen Jahren blieb es aber bei 1500 Beamtinnen. Die Frauen hatten, wie ihre männlichen Kollegen, selbstverständlich die im 1. Abschnitt geschilderten Entbehrungen der Kriegsjahre hinzunehmen. Nach der Demobilisierung des Militärs strömten die männlichen Eisenbahner wieder an ihre Arbeitsplätze. Zunächst wirkte sich wegen der Einführung des Achtstundentages auch bei der Eisenbahn dieser Personalzuwachs nicht auf die Beschäftigung der Frauen aus. Als aber der Verkehr allgemein zurückging und die Deutsche Reichsbahn sparen musste, wurde zuerst das weibliche Personal eingespart. Nach der Personalabbau-Verordnung von 1923 wurden entgegen dem in der Verfassung postulierten Gleichheitsgrundsatz „sämtliche verheiratete Frauen mit verschwindenden Ausnahmen aus dem Eisenbahndienst beseitigt". [1]

Als Schaffnerin gebraucht und belächelt (1916)
Slg. Gottwaldt

Auch unter nationalsozialistischen Verhältnissen verbesserte sich nicht viel für die Frauen, sah man sie doch allenfalls als Arbeitskameradin des Mannes und hatte sie Aufgaben zu erfüllen, die ihrer Wesensart entsprachen: Mutter und Erzieherin zu sein. Bis 1939 galt der Grundsatz, dass weibliche Personen nur für solche Stellen zuzulassen sind, die ihrer Art nach mit weiblichen Personen besetzt werden müssen. Das waren bei der Deutschen Reichsbahn hauptsächlich der Reinigungs- und Schrankenwärterdienst.

Wie nach Beginn des Ersten Weltkrieges war die Frau im Zweiten Weltkrieg plötzlich nicht mehr nur als Mutter wichtig, sondern auch an Arbeitsplätzen, die bislang den Männern vorbehalten waren, zum Beispiel als technischer Betriebsassistent. Wenn auch bürokratisch geregelt war, welche Stellen die Frauen nicht einnehmen durften, standen 1943 rund 190 000 Frauen im Dienst und ersetzten die zum Militär eingezogenen Eisenbahner. Als 1944 der Reichsminister für Volksaufklärung und Propaganda, Joseph Goebbels, Reichsbevollmächtigter

Im Zweiten Weltkrieg als Kraftfahrerin der Reichsbahndirektion Halle (1942)
Rbd Halle/Slg. Rampp

für den totalen Kriegseinsatz wurde, mussten nicht nur Behörden und Verwaltungen 30 Prozent ihres Personals für „kriegswichtige Aufgaben" abgeben, es wurden auch alle arbeitsfähigen Frauen mobilisiert – mit unbeabsichtigten Folgen.

In Erinnerung ist mir der Bericht des Fahrmeisters vom Bahnhof Bischofswerda, der zu dieser Zeit als Zugschaffner beschäftigt war: „Unser Fahrmeister holte die Zugführer und -schaffner zusammen und sagte, morgen fangen bei uns die Frauen an. Seid hilfsbereit! Die müssen erst angelernt werden. Ein Zugführer meinte darauf: 'Na, das kann ja was geben.' Tatsächlich gab es bald etwas, nämlich die Freistellung einiger der Neueingestellten, die von den Zugführern geschwängert worden waren."

Nach dem Ende des Zweiten Weltkriegs waren wieder viele Frauen überflüssig geworden, aber auch Männer, wie der eiligen Anweisung der Reichsbahndirektion Schwerin an alle Ämter und Dienststellen am 18. Mai 1945 zu entnehmen ist:
„Auf Antrag des Staatsministeriums, Abtlg. Unterricht und Kunst, und mit Zustimmung des Arbeitsamts Schwerin sind die Künstler und Künstlerinnen und sonstigen Angehörigen des Staatstheaters und die Mitglieder der Staatskapelle, die zur Reichsbahn dienstverpflichtet worden sind, sofort zu entlassen und anzuweisen, sich umgehend beim Staatstheater zu melden."

Bald darauf sank im Reichsbahndirektionsbezirk Schwerin die Anzahl weiblicher Eisenbahner, von 952 am 31. Juli 1945 auf 577 am 31. August und auf 518 zwei Tage danach. Vom Übermut im Umgang mit den Beschäftigten waren jedoch nicht nur Frauen betroffen. Der Kaderleiter des Bahnhofs Zittau rief einem aus der sowjetischen

Der Soldat sollte sich im Urlaub auf etwas freuen können, auf die Aufsichtsbeamtin. Feldpostkarte von 1943   Slg. Hörnemann

Kriegsgefangenschaft entlassenen Eisenbahner zu, der wieder als Fahrdienstleiter eingestellt werden wollte: „Wir brauchen Dich nicht. Fahrdienstleiter haben wir wie Sand am Meer!" Da mussten die Frauen sehr froh sein, wenn sie wenigstens durch solche Arbeit, für die sich Männer zu schade waren, ihr Geld verdienten und die oft männerlose Familie ernähren konnten. Das fiel auch der Deutschen Zentralverwaltung des Verkehrs in der sowjetischen Besatzungszone auf, die 1947 an die Reichsbahndirektionen schrieb: „Es ist festgestellt worden, daß Dienststellen der Reichsbahn weibliche Arbeitskräfte zum Teil noch mit besonders schweren und schmutzigen Arbeiten beschäftigen, während männliche Arbeitskräfte leichtere Arbeiten oder Bürodienst verrichten."

Dass Frauen als Hemmschuhleger, Rangierer oder Ausschlacker arbeiteten, kam vor. Sie durch Männer zu ersetzen, war nicht so schnell möglich, fehlten doch den Frauen, die während des Krieges aus anderen Berufen zur Bahn überwiesen worden waren, die für die leichteren und anspruchsvolleren Tätigkeiten nötigen Kenntnisse. Noch Ende der fünfziger Jahre waren weibliche Zugschaffner häufig, weibliche Zugführer und weibliche Fahrdienstleiter selten, auf einem großen Bahnhof, wie in Erfurt Hbf oder in Weißenfels, exotisch.

Der vor den anfangs genannten Verfassungsvorschriften in der sowjetischen Besatzungszone nach sowjetischem Vorbild geltende Grundsatz „Gleicher Lohn für gleiche Leistung" verbesserte nicht schlagartig die Stellung der Frauen im Berufsleben. Sie musste erkämpft werden. Von den Frauen selbst und, wie im „demokratischen Zentralismus" üblich, auf administrativem Wege nachgeholfen. 1949 waren bei der Hauptverwaltung Verkehr das Referat „Lenkung der weiblichen Arbeitskraft" und in den Reichsbahndirektionen entsprechende Dezernate gebildet worden, zu deren Aufgaben es gehörte, die im Kriege eingestellten ungelernten Frauen für die Umschulung zu handwerklichen Facharbeitern und die laufbahnmäßige Ausbildung zum einfachen und mittleren Dienst zu gewinnen. Der Erfolg war mäßig, denn als bei den Reichsbahndirektionen gefragt wurde, wer sich zum Handwerker umschulen lassen möchte, kamen Fehlanzeigen. „Rückständige Kräfte", wie die Zeitung „Freie Fahrt" meinte, seien dafür verantwortlich, oder, so fragte sie, wollten die Frauen nicht?

Das Reichsbahnausbesserungswerk Brandenburg meldete Männer für die Lehrgänge, und im Reichsbahnausbesserungswerk Berlin-Schöneweide hatten Männer angeblich den Frauen den Mut genommen mit den Worten: „Laßt euch doch nicht zu Fachkräften ausbilden, die Russen warten nur darauf, euch dann in die Sowjetunion zu verschleppen!"

12,3 Prozent der Eisenbahner im Reichsbahndirektionsbezirk Berlin – ohne Ausbesserungswerke! – waren weiblich; in den anderen Reichsbahndirektionsbezirken sah das Verhältnis kaum anders aus. Als Vorbilder wurden Frauen herausgestellt, die Tätigkeiten ausübten, die früher Männern vorbehalten waren. Die Zeitung der Eisenbahner stellte 1949 eine angehende Lademeisterin vom Stettiner Bahnhof und eine Fahrdienstleiterin vom Bahnhof Bärenstein (Erzgeb) als „schon ganz besondere Frau in der Ostzone" vor. Denn Gertrud Z. war die einzige weibliche Fahrdienstleiterin bei der Deutschen Reichsbahn in der sowjetischen Besatzungszone. Die anderen Frauen, die mit ihr den Fahrdienstleiterlehrgang besucht hatten, durften auf Weisung der Hauptverwaltung Verkehr nur als Aufsicht eingesetzt werden. Bei Frau Z. galt eine Ausnahme, weil die Männer im Uranbergbau des

Eine weibliche Brigade sammelt in Greppin das Kleineisen ein (1958)   Rbd Halle/Slg. Rampp

Erzgebirges gebraucht wurden. Immerhin war durch die Verfügung vom 20. Februar 1949 den Frauen die technische und nichttechnische Laufbahn geöffnet worden. [4]

Heute unvorstellbar sind traditionelle Vorstellungen vom Frauenbild, wie wir sie auch in der DDR fanden. Die Berufskleidungsordnung für die Eisenbahner vom 1. Juni 1951 billigte den weiblichen Beschäftigten neben Joppe, Rock, Baskenmütze und Mantel zwar die Hose (Skihosenform, Fußschluss zum Binden) zu, bei „besonderen Arbeiten, zum Beispiel Fahrdienst, Rangierdienst und bei überwiegenden Arbeiten an hochgelegenen Objekten", schränkte dieses Zugeständnis aber mit gesperrter Schrift ein: „Im Büro- und Verwaltungs- sowie stationären Dienst und auf dem Wege zum und vom Dienst ist das Tragen der Hose nicht gestattet." Der Frau Amtsvorstand Renate Fölsch vom Reichsbahnamt Güstrow, der späteren Präsidentin der Reichsbahndirektion Schwerin, die zu Kontrollfahrten auf den Führerstand von Dampflokomotiven steigen musste, blieb nichts anderes übrig, als sich über die „Fahrt frei", Zeitung der Eisenbahner, die Hose zu erstreiten.

1950 waren bei der Deutschen Reichsbahn 26 000 Eisenbahnerinnen beschäftigt, 1965 bereits 70 000. Die Facharbeiterprüfung legten 1960 52 Frauen ab, 1962 270, 1963 2653, 1964 800. In der Wagenreinigung der Bahnbetriebswagenwerke gab es 1964 rund 80 weibliche Meister und 170 weibliche Brigadiere. Bezeichnend ist, dass in [5] als Beispiel der Frauenförderung die Wagenreinigung ausgewählt wurde. Waren das nicht die Rudimente der Kriegszeiten, als Frauen hauptsächlich zum Putzen beschäftigt wurden? Im Bahnbetriebswagenwerk Hoyerswerda gab es dafür fünf Frauenbrigaden.

Unter den Eisenbahn-Studenten an Hoch- und Fachschulen ließ sich der Frauenanteil nur langsam erhöhen. Noch wirkte die traditionelle Rolle der Frau bei den Frauen selbst, aber auch die objektiven Umstände, bei einer Berufstätigkeit sich mehr um die Qualifizierung zu kümmern müssen und weniger für die Familie sorgen zu können, waren trotz einiger Erleichterungen, wie dem Netz von Kinderkrippen, -gärten, -horten, -heimen und anderen Dienstleistungseinrichtungen, sowie anderen Fördermaßnahmen, wie Sonderstudium für Frauen, die Umstände nicht sonderlich frauenfreundlich. Befriedigt stellte Elli Röhl vom Sektor Frauen bei der Politischen Verwaltung der Deutschen Reichsbahn fest, dass 1962 bei der Deutschen Bundesbahn nur jeder 24. Beschäftigte, bei der Deutschen Reichsbahn aber 1960 jeder zehnte und 1964 bereits jeder

Diese und nächste Seite: Aufnahmen zwischen 1946 und 1961 im Reichsbahndirektionsbezirk Halle: Frauen bei körperlich schweren, schmutzigen und „frauentypischen" Tätigkeiten
Rbd Halle/Slg. Rampp

Glückwünsche für die ersten drei Lokomotivführerinnen im Bahnbetriebswerk Halle P (1961) Rbd Halle/Slg. Rampp

vierte Eisenbahner weiblich war. Bei der Deutschen Bundesbahn gab es 3000 weibliche Beamte mit Dienstrang, bei der Deutschen Reichsbahn führten alle Eisenbahnerinnen einen Dienstrang, darunter 600 vom Reichsbahn-Inspektor aufwärts. [5]

Die „Sozialistische Chronik des Reichsbahnamtes Bautzen" von 1962 führte an, dass sich für höhere Dienstposten im Betriebs- und Verkehrsdienst 231 Eisenbahnerinnen, 20 Kolleginnen vom Maschinendienst und vier Kollegen von der Verwaltung Bahnanlagen qualifiziert hätten. Zwei Kolleginnen seien Lokdienstleiter im Bahnbetriebswerk Hoyerswerda. Der Bahnhof Hoyerswerda hatte mit 35 Prozent weiblichen Eisenbahnern, darunter eine Frau als Kassenverwalter und eine als Bahnhofsdispatcher, den höchsten Frauenanteil im Reichsbahnamtsbezirk. Dass auf dem Bahnhof Görlitz Frauen Stellwerksmeister, Aufsicht oder Zugführer waren, hielt die Chronik für berichtenswert.

1968 arbeiteten bei der Deutschen Reichsbahn 350 Frauen in leitenden Funktionen, weibliche Gruppen-, Sachgebiets- und Abteilungsleiter wurden selbstverständlich, während im Westen ziemlich spät die Bewegung um Gleichberechtigung begann, Fuß zu fassen. Gretel Rabic, eine Eisenbahnerin in der Hollerith-Datenverarbeitung der Deutschen Bundesbahn, hatte ihr Schlüsselerlebnis in der Nachkriegszeit auf dem Nürnberger Hauptbahnhof, weil sie erlebte, wie Frauen je nach Bedarf auf dem Arbeitsmarkt der Bahn verschoben wurden. In der frühen Nachkriegszeit wurden mehr als 100 000 Frauen als Rangierer, Bremser im Güterzug, als Schaffner und Aufsichtsbeamte beschäftigt. „Als der erste Schwung Männer aus der Gefangenschaft zurückkam, sind die meisten kurzerhand entlassen worden! Mit Arbeitsschutzbedingungen haben die Herren dann argumentiert; die waren ja immer schon da, um etwas zu behindern. Dieses Schutzbedürfnis für Frauen bringen die Männer nur vor, wenn es ihnen passt!" [2, S. 142]

Selbst in der Gewerkschaft der Eisenbahner Deutschlands herrschte zu Zeiten der Währungsreform 1948 eine patriarchalische Vorstellung, wie ein „Funktionär der ersten Stunde" beschaffen sein musste: männlich, möglichst Familienvater, zwischen 50 und 60 Jahren. [2, S. 152]

Auch nach den fünfziger Jahren blieb der Frauenanteil bei der Deutschen Bundesbahn stets gering. 1982 waren von 429 891 Mitarbeitern 23 272 weiblich; also jeder 18. Eisenbahner. 1990 hatte sich das Verhältnis insofern verbessert, dass jeder 17. Bundesbahner weiblich war. Die Zahlen sagen noch nichts über qualitative Unterschiede. Immerhin gab es bei der Deutschen Reichsbahn eine Präsidentin, eine Leiterin des – übrigens komplizierten – Reichsbahnamtes Leipzig, weibliche Fachabteilungsleiter in den Reichsbahndirektionen und Hauptverwaltungen, auch gab es einige weibliche Leiter technischer Dienststellen, zum Beispiel Bärbel Schulze, die mit 31 Jahren Leiterin der Bahnmeisterei Salzwedel wurde. Sie erwarb nach dem Zehnklassenabschuss in einer Zuckerfabrik den Facharbeiter für Betriebs-, Mess-, Steuerungs- und Regeltechnik (BSMR), begann als Gleisbauhelfer bei der Deutschen Reichsbahn und nahm ein Fernstudium an der Ingenieurschule für Verkehrstechnik Dresden auf, während dessen sie auch als Sicherungsposten arbeitete. Nach fünf Jahren war sie Ingenieur, wurde Technologe der Bahnmeisterei und 1984 Leiterin der Dienststelle mit 100 Eisenbahnern.

Mechthild Sust im Stellwerk „W 4" des Bahnhofs Gerstungen (1980). Elektromechanische Stellwerke waren für weibliche Beschäftigte besonders geeignet Foto: Preuß

Von Mitte 1950 an wurden bei der Berliner S-Bahn Frauen als Triebwagenführer eingesetzt. Die erste Triebwagenführerin, Margot Vollbrecht, fuhr bereits 1949. [4] Weibliche Lokomotivführer wurden erst mit der Diesel- und der elektrischen Traktion populär, „Frauenbahnhöfe", wie Drewitz oder Schwarzkollm (mit männlichem Leiter!), oder Frauenbrigaden, wie die Brigade Kreisig (Wagenreinigung im Bahnbetriebswagenwerk Schwerin) herausgestellt. 1983 wirkte in der nun weiblichen Domäne Fahrkartenausgabe ein männlicher Fahrkartenverkäufer in Dresden Hbf genauso absonderlich wie weibliche Lokomotivführer. 1989 standen bei der Deutschen Bundesbahn drei, bei der Deutsche Reichsbahn nicht viel mehr auf dem Führerstand, 1999 sollen es um die 400 sein. Genau weiß das niemand bei der Deutschen Bahn. Auf Anfrage hieß es, man habe Schwierigkeiten, sie in den einzelnen Geschäftsbereichen zu erfassen...

Wurden in der DDR Eisenbahner für staatliche Auszeichnungen vorgeschlagen, musste auf den weiblichen Anteil geachtet werden. Der Verkehrsminister und DR-Generaldirektor lud jährlich zum 8. März anlässlich des Internationalen Frauentages eine Auswahl von Frauen zur Kaffeetafel ein.

Dass der Frauenanteil in der DDR-Volkswirtschaft und bei der Deutschen Reichsbahn hoch war, hatte mehrere Gründe:
1. *Die während des Krieges in den Beruf geholten Frauen konnten aus materiellen Gründen ihren Beruf nicht aufgeben, wenn der Ehemann nicht heimgekehrt war. Sie mussten die Familie ernähren.*
2. *Das durchschnittliche Einkommen in der sowjetischen Besatzungszone und in der DDR war derart niedrig, dass für besondere Anschaffungen (Fernseher, Pkw Trabant) die Familie die Frau und Mutter für den Doppel- oder Zusatzverdienst benötigte.*
3. *Viele Mädchen und Frauen sahen es durch ihre Erziehung als selbstverständlich an, Facharbeiter, Fach- oder Hochschulabsolvent zu sein und einen entsprechenden Beruf auszuüben.*
4. *Dem kam entgegen, dass wegen des um 1960 einsetzenden permanenten Arbeitskräftemangels das Reservoir der „nichtarbeitenden Bevölkerung" erschlossen werden musste. Dieses fand sich nur in der weiblichen Bevölkerung.*

Mit Frauenprogrammen, Frauenförderungsplänen und einer gezielten bzw. angeordneten Hinwendung der Leiter zu den Frauen (Abrechnung

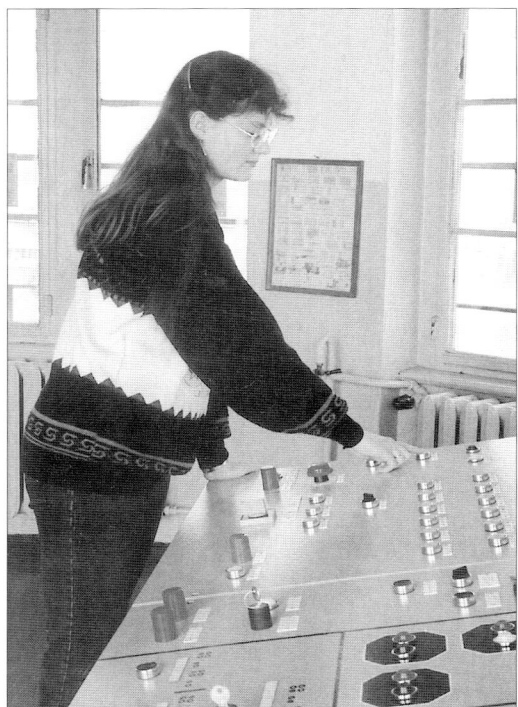

Die mächtige Klappbrücke über den Ziegelgraben reagiert auf den Tastendruck der Stellwerkswärterin vom Stellwerk „W 2" des Bahnhofs Stralsund Rügendamm (1991) Foto: Preuß

nach Kennziffern, soziale Einrichtungen, Arbeitszeitregime, Sonderkurse zur Qualifizierung, Freistellung zum Studium) wurden günstige Bedingungen für den weiblichen Eisenbahner geschaffen. Bewusst wurden Disproportionen in der Berufsausbildung in Kauf genommen. Denn im Betriebs- und Verkehrsdienst entsprach der Anteil der weiblichen Lehrlinge keinesfalls dem Bedarf für die Arbeitsplätze, auf denen Frauen nicht beschäftigt werden durften, zum Beispiel im Ladedienst oder auf mechanischen Stellwerken mit schwergängigen Hebeln. So nimmt es nicht wunder, wenn die Arbeitsschutzanordnung 5, nach der wegen des Schwergangs von Signal- und Weichenhebeln Frauen auf vielen Stellwerke hätten nicht eingesetzt werden dürfen, fast wie eine Verschlusssache behandelt wurde.

Der forcierte Einsatz von Müttern, Töchtern und Ehefrauen führte auch dazu, dass immer mehr Familien sogar auf einer Dienststelle beschäftigt waren. Dass sich der Eisenbahnerberuf von Generation zu Generation „vererbte", hatte es schon immer gegeben und war nicht von Übel. Die Bahnverwaltungen förderten solche Bindungen, obwohl sie es auch nicht gern sahen, wenn Mann und Frau auf der gleichen Dienststelle beschäftigt waren. Einerseits befürchtete man Unfrieden durch Familienstreit, andererseits wirkte es komisch, wenn – wie im Kontrollsystem der Bahn notwendig – ein Familienmitglied das andere kontrollierte. Auch wenn nur ein Ehepartner Eisenbahner war, soll es solche „Kontrollen" oder „Mitsprache" gegeben haben. Überliefert ist, dass manchmal der Vorsteher seinen Eisenbahnern weniger zu sagen hatte als die Ehefrau, die vom Balkon der Dienstwohnung ihre Weisungen nach unten gab.

Das Eisenbahner-Ehepaar wurde üblich, die Eisenbahnerfamilie zur Besonderheit. In der „Fahrt frei", Zeitung der Eisenbahner" (der DR), wiesen wiederholt Leser auf solche Familien hin. So geriet 1980 der Bahnhof Königsbrück an der Strecke Dresden-Klotzsche – Straßgräbchen-Bernsdorf in den Blickpunkt.

Dort waren von 80 Beschäftigten über 50 durch ihre Familien miteinander verbunden, Großvater, Vater, Mutter, Ehemann, Tochter... Hätte man noch die Familienangehörigen gezählt, die ausserhalb des Dienstorts Eisenbahner waren, etwa bei der Ingenieurschule für Eisenbahnwesen in Dresden oder beim Gleisbaubetrieb in Bitterfeld, hätte sich die Zahl verdoppelt. Einige Beispiele: Günter Deutze war Lokomotivführer bei der Triebfahrzeugeinsatzstelle Königsbrück, seine Frau Fahrkartenverkäuferin, der Sohn Fernmeldemechaniker bei der Signal- und Fernmeldemeisterei Löbau (Sachs). Die Brüder Garten waren Skl-Fahrer[1], Streckenwärter bzw. Weichenschlosser. Der Weichenschlosser heiratete die Fahrdienstleiterin von Königsbrück Ost, der Streckenwärter die Bahnhofshelferin.

Familienzwist, der sich auf den Dienst auswirkte, soll es nicht gegeben haben, dafür weniger Sorgen mit dem Arbeitskräftemangel, wie er auf anderen Dienststellen beklagt wurde. Nur der Dienstregler war nicht immer begeistert von den Wünschen seiner Klienten. Der Diensttausch wurde ab und zu gewünscht, vor allem wenn Familienfeiern vorbereitet wurden, und war nötig, wenn Überstunden bzw. Sonderschichten angeordnet werden mussten.

In Horka, Grenzbahnhof an der Strecke Falkenberg (Elster) – Wegliniec (Kohlfurt), war zumindest ein

---
[1] Skl = Gleiskraftwagen

Familienquartett beschäftigt: die Pohls. Siegbert als Aufsicht, Ehefrau Elsbeth als Bediener der Datenfernübertragung, das gleiche die Mutter, der Vater als Rangiermeister.

Das Phänomen der Doppelverdiener und der Vollbeschäftigung ganzer Familien war im Westen ziemlich unbekannt. Deshalb bekam die Fusion der beiden Bahnen zur Deutschen Bahn AG hauptsächlich den Eisenbahnerinnen der Deutschen Reichsbahn nicht gut. Sie hatten die Werbeaufnahmen wie die jungen Zugschaffnerinnen in der ZEIT am 5. Juni 1992 gesehen und ahnten, dass sie dem Bild der „Frau von heute" nicht ganz entsprachen. Zwar waren sie kräftig, fachlich gebildet und erfahren, aber nicht jung, schlank und ohne das lockige Haar, wie es jetzt gewünscht wurde. Die Frauen der Deutschen Reichsbahn erlebten den Abbau der sozialen Einrichtungen. Die reichsbahneigenen Kindergärten und -krippen, Nähstuben wurden geschlossen, Betriebsküchen stellten ihre Wohltaten ein, und wie nach 1918 und nach 1945 erfuhren die Frauen beim rigorosen Personalabbau der Deutschen Bahn von den vielerlei Methoden, damit sie endlich die Abfindung annahmen und sich in den Vorruhestand oder in die Arbeitslosigkeit verabschiedeten. 1997 war beim Personalbestand der Anteil der Frauen seit 1993 um 35 000 – die Hälfte des weiblichen Personals! – zurückgegangen. Und auch der Gewerkschaft fiel auf, dass der Anteil an Frauen, die Abfindungsangebote erhalten hatten oder ihren Arbeitsplatz verloren hatten, überproportional hoch war.[3]

Im Personal- und Sozialbericht 1994 bis 1998 lobt sich die Deutsche Bahn mit der von ihr eingeräumten Chancengleichheit für Frauen und Männer. Der Frauenanteil ist von 18,1 Prozent auf 20,3 Prozent gestiegen. Zu berücksichtigen ist jedoch, dass es sich um Zahlen des DB-Konzerns handelt, also auch der Tochterunternehmen mit „frauentypischen" Arbeitsplätzen, und dass durch massive Einstellung externer Mitarbeiter der Anteil eisenbahnqualifizierter Beschäftigter keineswegs gestiegen sein dürfte.

Schließlich hielt sich die Deutsche Bahn AG ihrer „auf Chancengleichheit ausgerichteten Personalpolitik" viel zugute, als sie 1998 von der Jury des Total E-Quality Deutschland e. V. ausgezeichnet wurde. Gewürdigt wurden „die konsequent verfolgte Chancengleichheitspolitik der Deutschen Bahn AG", so lautete die Begründung, vor allem ihre Maßnahmen zur „Flexibilisierung der Arbeitszeit". Die Gewerkschaft der Eisenbahner Deutschlands hielt in ihrer Mitgliederzeitung der Bahn entgegen: „Logisch, die fast ausschließlich von Frauen begehrten, arbeitsplatzschaffenden und -erhaltenden Teilzeitstellen sind nirgendwo in der deutschen Wirtschaft so rar gesät wie beim größten Arbeitgeber des Schienenverkehrs – Teilzeitquote 2,5 Prozent im Mai 1998."

Die Brüder Garten vom Königsbrücker Familienbetrieb (1980) Foto: Preuß

Familie hat unter Eisenbahnern noch eine andere Bedeutung. Viele fühlten sich mit ihrem Berufsstand wie in einer großen Familie, befanden sie sich doch in einer hierarchisierten, großbetrieblich organisierten, nach festen Ordnungen und Regeln verfaßten Arbeits- und Lebensgemeinschaft, in einem Unternehmen, das seit 1835 immer enger zusammengewachsen war. Das hat sich insbesondere seit Bildung der Deutschen Bahn AG am 1. Januar 1994 mit ihrer Strukturumstellung, dem Personalabbau, der Überzahl von wiederholten Versetzungen, den Einschnitten in das soziale Gefüge sowie den Verselbständigungen der sogenannten Führungsgesellschaften, den Vertöchterungen und Ausgründungen gründlich verändert.

Denkt man an frühere Betriebsvergnügen, werden die Veränderungen besonders deutlich. Zum Beispiel feierten in Zittau alle Eisenbahner des Dienstorts und gestalteten ihr eigenes Kulturprogramm. Da traten auf: das aus Lokomotivführern bestehende „Günzel-Trio", Lokomotivführer, die Mundharmonikagruppe, das Kabarett, ein Männerchor, die Blaskapelle und eine Combo. Selbstverständlich war der Conférenzier ein Eisenbahner – heute ganz undenkbar.

Es mag einen weiteren Grund geben, warum es bei der Eisenbahn nicht mehr so familiär zugeht. Der damalige Vorstandsvorsitzende Johannes Ludewig fasste am 2. April 1998 die Meinungen von Eisenbahnern zusammen: „Viele Beschäftigte haben häufig den Eindruck, Vorgesetzte seien zu weit weg vom Schuß und kennen sich vor Ort wenig aus. Dies führe zu Fehlentscheidungen von Vorgesetzten und Frustration bei den Mitarbeitern. Die Zusammenarbeit zwischen den Bereichen sei zum Teil von Unkenntnis und vor allem Unwillen geprägt, wodurch der Eindruck entstehe, dass die Eisenbahnerfamilie auseinanderfällt."

Dass zwischen dem Vorgesetzten und den Mitarbeitern eine solche Kluft entstand, mag einerseits daran liegen, dass die Deutsche Bahn ihre Führungsposten gern mit „Seiteneinsteigern" besetzt und dass die Organisationseinheiten ohne Bezug zur örtlichen Organisationseinheit und bewusst abseits der Schienenwege angesiedelt wurden. Der Leiter früherer Zeiten ging, sofern es die Zeit erlaubte, regelmäßig über seinen Bahnhof, über seine Güterabfertigung, durch das Bahnbetriebswerk. Dienstanweisungen banden ihn an feste Termine, Stellwerke aufzusuchen oder auf dem Führerstand mitzufahren. So kam er mit „seinen" Eisenbahnern ins Gespräch, und diese wussten, wen sie vor sich hatten.

Der Leiter von heute sitzt oft nur in einem Glaspalast abseits des Bahnhofs, kennt die Eisenbahn nur vom Bürokommunikationssystem, aus dem Autofenster oder vom Flugzeug aus.

So verwundern die schlechten Noten nicht, die 1999 eine Umfrage unter 3000 Mitgliedern der Gewerkschaft der Eisenbahner Deutschlands ergab. Knapp die Hälfte der Eisenbahner war mit dem Verhalten ihrer unmittelbaren Vorgesetzten zufrieden, nur 4 Prozent werteten es als sehr gut. 0,6 Prozent der Befragten bewerteten das Zusammengehörigkeitsgefühl der „Eisenbahnerfamilie" besser als früher, 73,2 Prozent sagten, es sei schlechter als früher, 22,6 Prozent meinten, es sei unbedeutend geworden. [6] Vielleicht soll das so sein, denn ohne enge Bindung zum Arbeitsplatz ist die erwünschte Mobilität des Mitarbeiters leichter zu erreichen.

Für weibliche Stellwerkswärter, wie Waldtraud Dietzel auf Stellwerk „W I" des Bahnhofs Triebes, dürfen die Hebel nur einen bestimmten Schwergang haben (1999)

Foto: Preuß

7. Von Dezernenten und Präsidenten

Wo viele Kräfte tätig sind, bedarf es einer ordnenden Hand und eines Geistes, der vorausschauend vorsorgt. Immerhin waren zur Jahrhundertwende über 700 000 Arbeitskräfte der verschiedensten Berufszweige bei den normalspurigen Eisenbahnen Deutschlands beschäftigt. Über ein Drittel des deutschen Beamtenheeres und über ein Drittel der Staatsausgaben entfielen auf die Eisenbahnen.[1] Wie in jedem anderen Großbetrieb beruht der Eisenbahnbetrieb auf einer weitgehenden Arbeitsteilung, zu der eine entsprechende Organisation gehört. Man kann auch von einer Struktur oder Hierarchie sprechen, die das Zusammenwirken ermöglicht, gleichzeitig aber die Verantwortlichkeiten abgrenzt. Die großen Bahnverwaltungen gliederten ihr Unternehmen nach örtlichen, instanziellen und sachlichen Gesichtspunkten, nach dem Stab-Linien-System. Die älteste Form der Struktur sah als Leitungs- und Aufsichtsorgan der Staatsbahn ein Ministerium (in Sachsen beispielsweise das Finanzministerium) vor, das sich in der Regel nur auf die wichtigsten Geschäfte beschränkte, etwa die Aufstellung des Etats.

In Preußen lag bis 1872 die oberste Leitung der Bahnen in der Hand des Ministeriums für Handel, Gewerbe und öffentliche Arbeiten. Ihm unterstanden die Direktionen. Für die Leitung des Betriebs- und Verkehrsdienstes waren den Direktionen Oberbeamte unterstellt, wie der Oberbetriebsinspektor, der Obermaschinenmeister, der Obergüterverwalter und der Telegrafeninspektor. Für etwa 200 km Streckenlänge waren Betriebsinspektoren, für die Bahnunterhaltung Eisenbahnbaumeister, für die maschinentechnischen Angelegenheiten ein Maschinenmeister und für den Abfertigungsdienst ein Bahnkontrolleur eingesetzt.

Nach 1872, als man feststellte, die Direktionen seien zu sehr belastet, wurde die Bau- und Betriebsverwaltung Kommissionen übertragen, so dass die Preußischen Staatseisenbahnen drei Stufen der Verwaltung kannten: Ministerium, Direktion, Kommission. Da die Aufgaben untereinander nicht exakt abgegrenzt waren und die Direktionen an Ansehen verloren, wenn beispielsweise die Kommissionen direkt an das Ministerium berichteten, kam es 1879 unter Minister Maybach zu einer grundlegenden Strukturänderung. Vom Ministerium wurden die Abteilungen Handel und Gewerbe abgetrennt und ein besonderes Eisenbahnministerium geschaffen, das sich Ministerium der öffentlichen Arbeiten nannte.

Die Direktionen blieben, die Kollegialverfassung wurde durch die Präsidialverfassung ersetzt. Der Präsident war verantwortlich für die gesamte Geschäftsführung und bei Meinungsverschiedenheiten die letzte Instanz. „Der Präsident bezeichnet allgemein oder besonders die Sachen, welche er sich zur eigenen Erledigung vorbehält. Alle übrigen Angelegenheiten werden nach dem vom Präsidenten aufgestellten Geschäftsplan von den Dezernenten der Direktion bearbeitet", hieß es 18 Jahre später, und bis 1993 blieb das so. [7] Die Kommissionen wurden den Direktionen unterstellt und nannten sich jetzt Eisenbahnbetriebsämter.

Zum höheren Beamten gehörte der Stehkragen. Prof. Dr. jur. Richard Mettig war vom 1. April 1919 bis zum 15. Oktober 1925 Präsident der Reichsbahndirektion Dresden
Foto: Bildstelle der Rbd Dresden

[1] Die Staatsbahnen der Länder wurden erst am 1. April 1920 zur Deutschen Reichsbahn zusammengeschlossen

In den Direktionen bestanden drei Gruppen, als Abteilungen bezeichnet: allgemeine Verwaltung, Verkehr und Betrieb, Bauverwaltung, die zugleich das Grundeigentum sowie die maschinentechnischen Angelegenheiten regelte. Jeder Abteilung stand ein Oberrat vor. Die Geschäfte der Betriebsämter leitete ein Betriebsdirektor, der dem Rang der Direktionsmitglieder gleichgestellt war. Für die verschiedenen Dienstzweige standen ständige Hilfsarbeiter und für die örtliche Beaufsichtigung Betriebs- und Verkehrskontrolleure zur Verfügung.

Verloren sich die Direktionen in theoretischen Erörterungen, Plänen und Entwürfen, blieb dem praktischen Dienst allein der Kontakt zu den Betriebsämtern – ein unhaltbarer Zustand, da dadurch deren Arbeitsumfang anschwoll, ohne dass die Direktionen einen Einfluss hatten. Minister von Thielen steuerte dem 1895 mit neuer Organisation entgegen, erhöhte die Zahl der Direktionen von 11 auf 20, zu der am 1. Februar 1897 die Direktion Mainz kam. Die Direktionsabteilungen wurden beseitigt. Die Direktionen bestanden nun aus dem Präsidenten und einer Zahl gleichgestellter Dezernenten, von denen zwei – ein Oberbaurat und ein Oberregierungsrat – ständige Vertreter des Präsidenten waren. Der Vizepräsident oder die Vizepräsidenten als Vertreter des Präsidenten traten erst bei der Deutschen Reichsbahn von 1920 an in Erscheinung. Die dritte Instanz, die Betriebsämter, wurden aufgelöst, dafür Inspektionen eingesetzt, die 1910 als Ämter bezeichnet wurden, und zwar für Bau und Betrieb, Betriebsmaschinendienst, Verkehr und Werkstättendienst.

Auch in Bayern war die zweite Instanz die Direktion, sechsmal und ohne Abteilungen; in dritter Instanz gab es die Betriebsinspektionen ähnlich den Preußischen Staatseisenbahnen. In Sachsen unterstanden dem Finanzministerium eine Generaldirektion und dieser wiederum sechs Direktionen für Betrieb und Verkehr, ausserdem Bau-, Neubau-, Werkstätten-, Maschinen- und Elektrotechnische Ämter.

Württembergs Eisenbahnen unterstanden dem Ministerium des Auswärtigen bzw. der Generaldirektion mit den Abteilungen Verwaltung, Betrieb und Bau. Zwischen ihr und den Dienststellen standen das Betriebsamt für Bau, Betrieb und Verkehr sowie vier weitere Inspektionen. Ähnlich war die Struktur in Baden. In Mecklenburg unterstanden der General-Eisenbahndirektion Bauinspektionen, Maschinen- und Werkstätteninspektionen sowie Telegrafeninspektionen.

In der Umbruchzeit 1919 bis 1923 finden wir verschiedene organisatorische Veränderungen, doch blieb es im wesentlich bei den vier Instanzen: Ministerium, Direktion, Inspektion, Dienststelle.
Die Deutsche Reichsbahn-Gesellschaft kannte:
- *die Hauptverwaltung*
- *die Gruppenverwaltung Bayern, der sechs Direktionen und mehrere Zentralämter unterstanden*
- *30 Reichsbahndirektionen (darunter die sechs in Bayern) und das Eisenbahn-Zentralamt*
- *639 Ämter (Inspektionen), 106 Ausbesserungswerke, 1347 selbständige Abfertigungsstellen, 3237 Bahnmeistereien, 799 Betriebswerke und Betriebswagenwerke*
- *Haupt- und Nebenlager, 6 Schwellentränkanstalten, 24 Gasanstalten, 115 Elektrizitätswerke, 1672 Wasserwerke.*

Wenden wir uns den Direktionen zu. Sie wurden von Präsidenten geleitet und waren in – je nach Größe und Bedeutung – in mehrere Abteilungen eingeteilt und diese wiederum in Dezernate, wobei die Zuordnung einzelner Sachgebiete nicht einer gewissen Kuriosität entbehrt. Der Dezernent war eine wichtige Person in der Direktion, denn er – daher seine Bezeichnung aus dem Lateinischen, decernere = entscheiden – entschied alle Angelegenheiten innerhalb des Dezernats. Mit der Unterschrift des Dezernenten gingen die Entscheidungen und Verfügungen aus der Direktion. Dem Dezernenten waren nur wenige, ein oder zwei Mitarbeiter (Hilfsarbeiter) beigegeben. Alle anderen vorbereitenden und minder wichtigen Aufgaben waren Sache der Büros. Der Bürovorstand hatte nur die Dienstaufsicht, aber keinen sachlichen Einfluss auf die zu erledigenden Aufgaben. Es gab folgende Büros: Präsidial-, Personal-, Wohlfahrts-, Sozialversicherungs-, Rechnungs-, Verkehrs-, Tarifbüro, Kleiderkasse, Büro für Grundverwaltungs-, Kleinbahn- und Privatanschlussangelegenheiten, Betriebs-, Wagen-, Bautechnisches Büro, Büro für Sicherungs- und Fernmeldewesen, Büro für Brücken- und Ingenieurhochbauten, Hochbaubüro, Oberbaubüro, Maschinentechnisches Büro, Vermessungsbüro.

Im Prinzip blieb es bei dieser Organisation bis 1993, mögen auch Bezeichnungen verändert worden sein, wie Betrieb in Produktion oder Verkehr in Absatz, Dezernate in Referate oder Sachgebiete (in den Bundesbahndirektionen hielt sich die Bezeichnung Dezernat und Dezernent), mögen Büros in Verwaltungen, Abteilungen in Hauptverwaltungen

Struktur einer Reichsbahndirektion von 1923 an (nach [6])

Abteilung	Dezernat	Arbeitsgebiet
I	1	Finanzwesen
	2	Drucksachenverwaltung, Grund- und Gebäudesteuer
	10, 10 a	Kassenwesen
	11 - 14	Administrative Streckenangelegenheiten
	11	Privatgleisanschlüsse
	44	Lochkartenverfahren
II	2	Organisations-, Arbeiter- und Lohnangelegenheiten, Personalhaushalt, Wohlfahrt
	2 a	Arbeiter- und Lohnangelegenheiten
	3	1. Personaldezernat
	4	2. Personaldezernat
	3 a	Personalangelegenheiten nichttechnischer Beamter
	4 a	Personalangelegenheiten technischer Beamter
	7, 7 a	Beförderungsdienst in verkehrstechnischer Hinsicht
	8	Gütertarife, Presse
	9	Personenverkehr
	11 a	Entschädigungsansprüche usw. aus Personen-, Gepäck-, Güter-, Tier- usw. Verkehr, Bekämpfung der Eisenbahndiebstähle
	12	Unterstützungen für Arbeiter und deren Hinterbliebene, Bahnarztangelegenheiten
	14	Steuerangelegenheiten der Beamten und Arbeiter, Dienstkleidungswesen, Gewährung von Baudarlehen an Beamte und Arbeiter
	44	Kleintier- und Bienenzucht
	48 a	Unterrichts- und Bildungswesen
III	31	1. Betriebsdezernat
	31 a	Betriebsangelegenheiten
	32	2. Betriebsdezernat, Bahnschutz, technische Nothilfe
	33 P	Personenzugfahrplan
	34	a) Güterzugfahrplan b) Bahnbevollmächtigter
	7	Beförderungsdienst in betrieblicher Hinsicht
	21	Lokomotiv- und Triebwagenbetriebsdienst
	39	Technisches Sicherungswesen in betrieblicher Hinsicht
IV	39	Technisches Sicherungswesen
	40	Fernmeldewesen
	41 - 44	Bautechnische Streckenangelegenheiten
	42 a	Bautechnische Angelegenheiten
	47	Oberbau
	48	Brücken- und Ingenieurhochbauten
	49	Hochbauangelegenheiten
	51	Neubauangelegenheiten
V	21	Bahnbetriebswerke
	25	Maschinelle Anlagen ausserhalb der Werkstätten
	25 a	Stoffe
	26	Starkstromwirtschaft, maschinentechnische und starkstromtechnische Kleinbahnaufsicht
	51	Bau- und betriebstechnische Kleinbahnangelegenheiten

aufgegangen sein, es blieb bei der traditionellen sachlichen und territorialen Gliederung.

Stets Angelegenheit der Direktionen war die Betriebsüberwachung, und zwar an Ort und Stelle oder büromäßig, zum Beispiel durch die Auswertung der Fahrtberichte der Zugführer (siehe 2. Abschnitt). Diese Aufgaben bestanden, auch mit Hilfe der Inspektionen bzw. Ämter, bis 1993. Die Erfahrung lehrte jedoch, dass es ausserdem der Stellen bedurfte, die nicht die Ausführung des Betriebsdienstes allgemein prüft, sondern laufend den Zuglauf verfolgt, um bei Störungen und Stockungen eingreifen und Hilfsmaßnahmen einleiten zu können.

Diese Stellen – sie wurden Zugleitungen genannt – mussten das laufende Betriebsbild überblicken, die Summe der Bahnhöfe in einem Streckenabschnitt, und ausserdem abwägen, welche Entlastungsmaßnahmen ein Bahnhof übernehmen kann, wenn es zu Störungen oder gekommen ist bzw. diese bevorstanden.

Jede Zugleitung war ein betrieblich zusammengehörender Teil der Direktion; meist erstreckten sie sich über mehrere Bezirke der Betriebsämter. Die Zugleitung wurde nicht nur bei Störungen tätig, sondern sollte unter anderem bei Verkehrswellen das rechtzeitige Einlegen von Sonder- und Bedarfszügen überwachen, wie beim Verkehrsrückgang auf die wirtschaftliche Zahl der Züge dringen.

Der Eingriff auf der Grundlage laufender Zugüberwachung war bis zum Ersten Weltkrieg ziemlich unbekannt, bewegten sich doch die wirtschaftlichen Verhältnisse in ruhigen Bahnen, selbst wenn es zu einem Aufschwung oder einer Umstellung in einem Wirtschaftszweig kam und hier und da Spitzenleistungen von der Eisenbahn verlangt wurden. Meist waren die Bahnanlagen im Verhältnis zu den verlangten Leistungen groß bemessen, und die Eisenbahn hatte das Transportmonopol, um Betriebswirtschaft brauchte man sich nur wenig zu kümmern. Die Bahnen hatten für fast alle Fälle genügend Reserven. Das änderte sich mit dem Ersten Weltkrieg (und wurde im 1. Abschnitt beschrieben).

Für die neuen Zugleitungen war auch die Entwicklung des Fernsprechdienstes und -netzes entscheidend. Ihr übergeordnet war die Oberzugleitung mit der Oberlokomotivleitung am Sitz der Direktion. Sie überwachte das Betriebsbild des gesamten Direktionsbezirks und holte sich die Entscheidung des Betriebsdezernenten ein. Da weder die Zugleitungen noch die Fahrdienstleiter (siehe 4. Abschnitt) in der Lage waren, den Überblick über den Zuglauf im einzelnen zu behalten, wurden auf dicht belegten Strecken Zugüberwachungen eingesetzt, die über jeden Zug Erkundigungen einzogen und den Fahrdienstleitern den Zuglauf mitteilten, soweit dies für die Fahrdienstleiter von Wert war. Den Zugüberwachungen wurden von den Zugmeldestellen die Durchfahrtszeiten jedes Zuges sofort gemeldet. Sie entschieden unter anderem, ob abweichend vom Fahrplan eine Kreuzung auf einem anderen Bahnhof stattfindet, eine Überholung ausfällt, ein Güterzug geschwächt werden oder der Zug eine Vorspannlokomotive erhalten muss. Möglichst weit vorausschauend sollte der Zugüberwacher eingreifen und die Fahrdienstleiter entlasten.

Eine ähnliche Funktion hatte die Betriebsüberwachung (siehe 4. Abschnitt), die sich rechtzeitig nach der zeitlichen Lage der auf den Bahnhof zulaufenden Züge und den Frachten zu erkundigen hatte.

Die Betriebsabteilung im Ministerium erliess jährlich Weisungen für die Aufstellung des Reise- und Güterzugfahrplans und bereitete besonders große Transportleistungen vor, wie Truppenverlegungen, Massenveranstaltungen. Die Betriebsabteilung war über die Leistungen sowie über Schwierigkeiten in den Direktionsbezirken durch ein Kennziffernsystem informiert, das die Direktionen täglich zu bestimmten Tageszeiten telegrafisch lieferten. Dann waren Maßnahmen notwendig, die über den Bezirk einer Direktion hinausgingen.

Dafür waren 1919 die Oberbetriebsleitungen West in Essen, Ost in Berlin, Süd in Würzburg im Rang von Direktionsabteilungen geschaffen worden. Die Oberbetriebsleitungen griffen nicht nur bei Betriebsschwierigkeiten ein, sondern waren federführend in den Fahrplanangelegenheiten, die über einen Direktionsbezirk hinausgingen, wie die Fernverbindungen oder die Verteilung der Zugbildung auf die Rangierbahnhöfe.

Während die Deutsche Bundesbahn an den Oberzugleitungen in den Bundesbahndirektionen als „Auge und Ohr des Betriebsleiters" und an den Zugleitungen für gewisse Betriebsämter sowie den Zugüberwachungen auf großen Bahnhöfen festhielt, führte die Deutsche Reichsbahn 1954 den Dispatcherdienst ein. Theoretisch wurde er von den Sowjetischen Eisenbahnen übernommen, praktisch war er der verdickte Aufguss der bisherigen Zug- und Oberzugleitung mit der Zugüberwachung, selbst auf Nebenbahnen (die ja auch dicht von Güterzügen belegt waren), allerdings mit stringenter Überwachung des Betriebs- und Maschinendienstes. Alle Strecken und Bahnhöfe waren so belegt, dass die Überwachung jedes Zuges notwendig erschien. Aus dem Oberzugleiter wurde der Direktionsdispatcher, aus dem Zugleiter der Amtsdispatcher, aus dem Zugüberwacher der Strecken-, Kreis- oder Zugdispatcher. Mehr nicht.

Der Zugüberwacher wurde gern mit dem Fluglotsen verglichen. Hinkte der Vergleich? Eine Zeitschrift veranschaulichte seine Aufgaben: „Soeben hat ihm der Bahnhof Augsburg einen langsamen Güterzug auf die Strecke Augsburg – München gelassen. Dahinter fahren aber ein ICE und zwei IC, die ebenfalls nach München wollen. Wer hier Vorfahrt hat, ist eindeutig festgelegt: Die schnellen Personenzüge vor dem Güterzug. Doch wo soll Peter Theuser (Zugüberwacher der Betriebsleitung München) sie überholen lassen?

Zugüberwachung heute: Zwei Disponenten Reisezug teilen sich in der Betriebszentrale Karlsruhe die Organisation der Fernreisezüge (gestrichelte und volle Linie). Für die S-Bahn Stuttgart (strich-punktierte Linie) wurde eine Außenstelle eingerichtet

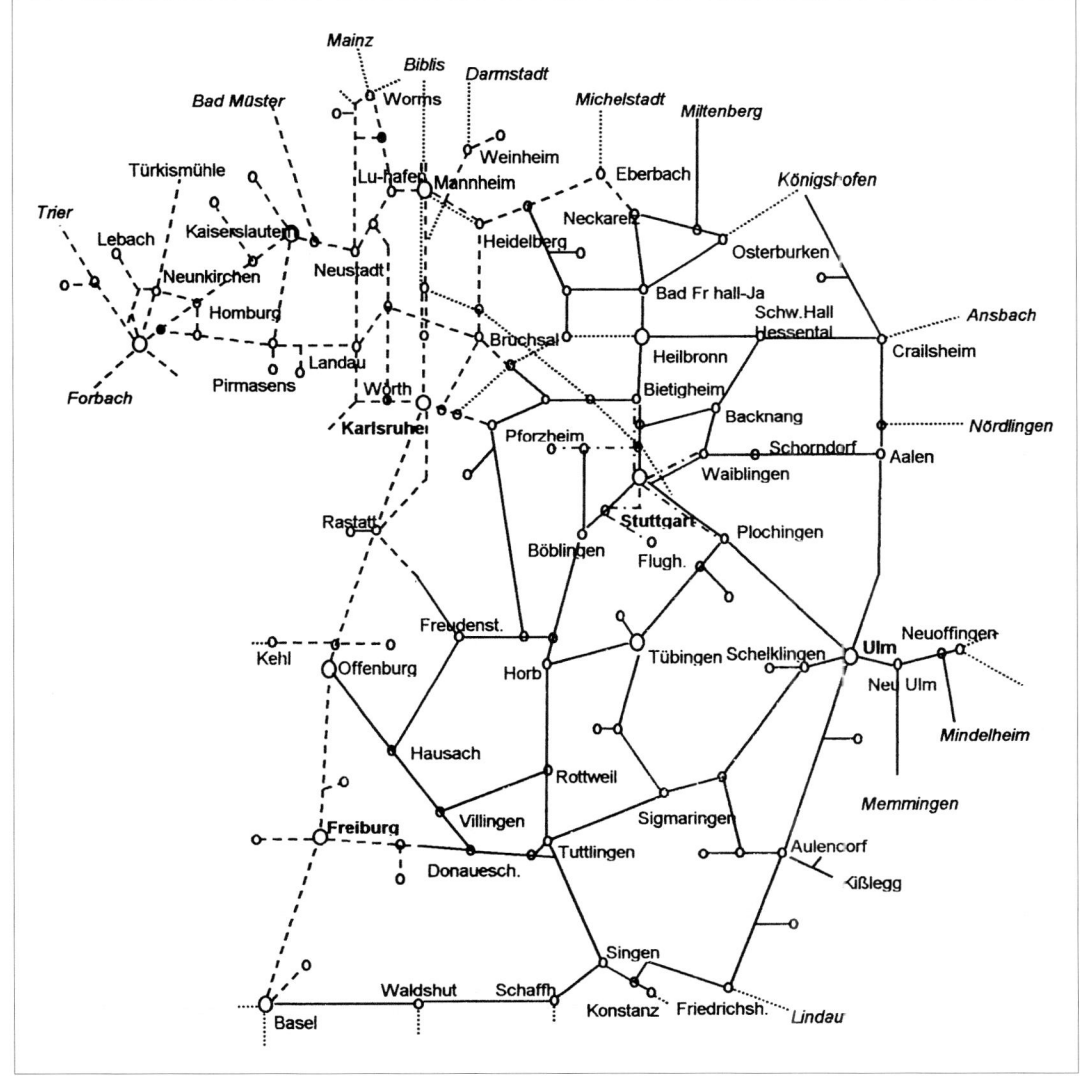

Die nächste Möglichkeit wäre Hochzoll, ein kleiner Augsburger Vorortbahnhof, den der Güterzug in einigen Minuten erreichen wird. Die Intercitys brauchen aber noch etwas länger, bis sie hier ankommen. Also entschließt sich Peter Theuser, den Güterzug noch einige Kilometer bis zum Bahnhof Kissing weiterfahren zu lassen. Dann wird der erste Intercity aufgeschlossen haben.
Theuser greift zum Telefon und weist den zuständigen Fahrdienstleiter an, den Güterzug im Bahnhof Kissing 'in die Überholung zu schicken'. [...] Eigentlich hätte der Güterzug hier gar nicht anhalten müssen; laut Fahrplan wäre er den Intercitys weit vorausgefahren, und sie hätten ihn erst an einem 25 Kilometer entfernten Bahnhof überholt. Weil er aber mit Verspätung fährt, kommt er den schnellen Zügen schon jetzt in die Quere. [...]
Wenn sich irgendwo ein Engpaß 'anbahnt', dann sieht Peter Theuser das im Normalfall etwa eine Stunde vorher. Bevor sich die Linien auf seinem Plan 'gefährlich' nahe kommen, überlegt er, wo der Zug zu stoppen ist. [...] Für seine Arbeit braucht er nicht nur einen kühlen Kopf, auch eine Menge Erfahrung. Zum Beispiel weiß er in der Regel, wie „gut" die verschiedenen Züge fahren, das heißt, ob sie schnell beschleunigen und ebenso schnell zu bremsen sind." [8]

Auch wenn sich an den Aufgaben der Mitarbeiter wenig änderte, nach 1968 nannte die Deutsche Bundesbahn die Oberzugleitung Zugüberwachung, und in Mainz war der Sitz der Zentralen Betriebsleitung, die insbesondere zum Intercity-Verkehr entschied. Bei der Deutschen Bahn wurden aus der (rechnergestützten) Zugüberwachung und der (rechnergestützten) Dispositionszentrale die Betriebsleitungen mit Sitz in Mainz und in Berlin.

Rechnergestützt, weil seit den achtziger Jahren die Arbeit der Disponenten und Zugüberwacher durch rechnergestützte Anlagen erleichtert wurde. Nicht jede gelangte zur Betriebsreife, aber wo sie in Betrieb war, entfiel die telefonische Durchgabe von Durchfahrtzeiten und das Zeichnen von Zeit-Weg-Linien für jeden Zug. Die Züge selbst meldeten über Kontakte ihre Durchfahrt, und die Zeit-Weg-Linien wurden auf einem Monitor sichtbar bzw. ausgedruckt, so dass der Zugüberwacher erkennen konnte, wann ein Anschluss abzuwarten, eine Kreuzung zu verlegen oder anderes zu disponieren war.

Die sieben neuen Betriebszentralen vereinigen die Tätigkeiten des Fahrdienstleiters und des Disponenten. Bereichsdisponenten Reisezugbetrieb disponieren die Züge des Geschäftsbereichs Reise & Touristik sowie die Fernverkehrszüge Dritter. Die Bereichsdisponenten (Bd) Netz – in der Betriebszentrale Leipzig sind es je Schicht fünf – disponieren alle Züge des Nahverkehrs und alle Zugsysteme der nicht überwachten Strecken.
Im schönsten Amtsdeutsch heisst es noch: „Die Bd Netz sind auch für die Bearbeitung von Fahrplanabweichungen, kurzfristigen Umleitungen sowie für Ausfälle und Teilausfälle aus dispositivem Anlaß für Züge von DB Regio AG und Reisezügen des SPNV von 'Dritten' zuständig. Die Bd N sind Fahrplanersteller und zuständig für das Einlegen aller Sonderreisezüge der DB Regio sowie Züge, Lz 'Dritter' und Dsts[4] (Bau) [...] innerhalb der Grenzen der BZ Leipzig."
Hinzu kommen die Bereichsdisponenten Güterzugbetrieb mit gleichen Aufgaben, aber für die Güterzüge. Über den Bereichsdisponenten steht der Netzkoordinator, vergleichbar mit dem früheren Oberzugleiter oder Direktionsdispatcher.

Doch zurück zu den Eisenbahndirektionen, die seit jeher ein Sammelbecken von Juristen (vor allem Verwaltungsjuristen) und Technikern (Ingenieuren), der Beamten des gehobenen und des höheren Dienstes waren. Wer als Anwärter für eine solche Beamtenlaufbahn zugelassen wurde, trug den Titel Supernumerar, im nichttechnischen Dienst Zivilsupernumerar. Er musste Akademiker sein, ehe er eine mindestens einjährige Ausbildung durchlief, um die einzelnen Dienstzweige kennenzulernen. Bei süddeutschen Bahnverwaltungen übernahmen solche Beamte zuerst die Leitung einer örtlichen Dienststelle (Bahnhof, Betriebswerkstatt). Angestrebt wurde auch der häufige Wechsel zwischen Zentralstelle (Ministerium, Generaldirektion) und Direktion, damit nicht ein einseitiges Spezialistentum entstand, sondern die Beamten in den leitenden Stellungen sich einen offenen Blick für die Verhältnisse und Bedürfnisse der gesamten Verwaltung bewahrten.

Wer Mitarbeiter von Zug- und Oberzugleitung werden wollte, sollte ausser den Zugangsvoraussetzungen für den gehobenen und höheren Dienst reichlich Erfahrungen aus dem Betriebs- bzw.

---

[4] Lz = Lokomotivzüge, Dsts = Dienstsonderzüge

Besetzung einer Betriebszentrale, dargestellt am Beispiel von Karlsruhe

Geschäftsbereich	Arbeitsgruppe	Tätigkeit	Zahl der Stellen	Bemerkungen
Netz	Leiter		1	
	Vertreter		2	
	Arbeitsgruppe Betriebsplanung/Analyse	Leiter	1	
		Aufbau/Inbetriebnahme	3	
		Arbeitsvorbereitung Netzdisposition und Durchführung Prozessservice Betrieb/Analyse	3	
	Netzdispositionen	Arbeitsgruppenleiter Netzdisposition	1	
		Netzkoordinator: Vorab-Notfallleitstelle	1	
		Infoleitstelle	1	
		Bereichsdisponent	1	
		Fernverkehr	1	
		Regionalverkehr	1	
		Güterverkehr	2	
		Fahrplanerstellung	1	
		Prozessdaten	3	
		Streckendisponenten	2	
		Bezirksleiter	5	je Schicht
	Leit- und Sicherungstechnik	Systemingenieur	1	
		Instandhalter	1	
		Arbeitsgruppenleiter	5	
		Bearbeiter	1	
	Baubetriebsplanung		3	ausserhalb der Betriebszentrale
	Streckendisponenten		9	5 durchgehend besetzt
Cargo	Cargoleitstelle		28	ausserhalb der Betriebszentrale
Reise & Touristik	Transportleitung	Schichtleiter	1	
		Transportleitung Fahrzeuge	3	je Schicht
		Transportleitung Information Sofortverfolger	2	je Schicht
Regio		Schichtleiter/Beobachter	1	je Schicht
		Disponent Betrieb	1	je Schicht
		Disponent Fahrzeuge	1	je Schicht
		Informationsmanager Hotline	1	zweischichtig
	Transportleitung	Leiter	1	
		Vertreter	1	
		Tagebuchführer der Baureihen 141, 143	1	
		Tagebuchführer der Baureihen 218, 628	1	
Regio	Außenstelle Zugüberwachung Stuttgart	Sachbearbeiter	2	S-Bahnverkehr Stuttgart
		Bereichsdisponent S-Bahn	1	
		Disponenten	4	

Gehörte auch zur Direktion: der Kraftfahrer des Präsidenten
DB/Slg. Rampp

Verkehrsdienst mitbringen. Befähigte Mitarbeiter der Zug- und Oberzugleitungen wechselten wiederum zu den Betriebs-, Strecken- oder Fahrplandezernaten, wurde doch von dort der Eisenbahnbetrieb im Grundsätzlichen geleitet. Ein guter Betriebs-Streckendezernent besaß nicht nur den fachlichen Überblick, sondern kannte auch seine Eisenbahner, etwa ob die Vorsteher der einzelnen Dienststellen den an sie zu stellenden Anforderungen gerecht wurden. Schlüsse konnte er aus den Bereisungen, der Prüfung der Fahrtberichte und der Bearbeitung der Unfälle ziehen.

Der Betriebs-Streckendezernent nahm die Aufgaben des Betriebsleiters wahr. Bei der Deutschen Reichsbahn in der DDR wurde daraus eine ständige Stelle Betriebsleiter, sowohl auf der Ebene der Generaldirektion als auch bei den Reichsbahndirektionen und Reichsbahnämtern[5]. Daneben hatten zeitweise die Deutsche Reichsbahn und das Reichsbahnamt Berlin 1 einen Verkehrsleiter.

Die Distanz zwischen den Eisenbahnern und dem Leitungspersonal sowie zwischen den Leitern der unteren Ebene und den Angestellten der Direktion wurde bei der Deutschen Reichsbahn insbesondere in den siebziger Jahren dieses Jahrhunderts geringer. Die Ursache waren die Beseitigung des Beamtentums 1945 [6] sowie die gleiche soziale Herkunft und gemeinsame Berufserfahrung der besonders geförderten Arbeiterkinder zu leitenden Kadern. Berücksichtigen muss man aber auch die – zumindest nach dem Statut – Gleichstellung unter den zahlreichen Mitgliedern der SED und die zunehmend mangelnde Kompetenz im Zwischenleitungsorgan Reichsbahnamt. Die Politischen Organe der Deutschen Reichsbahn trugen das ihre dazu bei, dass sich die Hierarchie „oben und unten" auflöste. Bei der Deutschen Bundesbahn hatte sich der Dünkel der Beamten des gehobenen und höheren Dienstes gehalten, der „Abstand" zwischen Mitarbeitern einer Dienststelle und Mitarbeitern der Hauptverwaltung oder zwischen dem Leiter des Bahnhofs und dem Fahrdienstleiter blieb, wie überhaupt viele Elemente der Staatsbahn vom Kaiserreichs bis zur Deutschen Bundesbahn überlebten.

Über den Verwaltungsapparat einer Direktion – rund 3000 Mitarbeiter, wie 1993 bei der Bundesbahndirektion Hannover – wurde auch unter Eisenbahnern oft gelästert. Die Hierarchie der Beamten und der Behördenmechanismus bargen stets die Gefahr von Doppelarbeit und von Bürokratie.

Rudolf Beger schrieb: „Etwa 1937 hatte die Reichsbahndirektion Dresden 480 Beschäftigte. Heute sind es 1200. Aufgezwungene Strukturen und die wirtschaftliche Rechnungsführung waren die Ursachen dafür. Zu Zeiten der kameralistischen Buchführung bei der DR gab es sehr wenig Papier zu beschreiben. Dann aber griff das Belegunwesen um

---

[5] 1974 geändert in Chef des Hauptstabes für die operative Betriebsleitung und (bei Rbd und Rba) Chef des Stabes
[6] Der Befehl 66 der Sowjetischen Militäradministration vom 17. September 1945 machte aus Beamten Angestellte, jedoch galt die Besoldungsordnung von 1928 noch bis 1950

Einweihungen sind öffentlichkeitswirksame Aufgaben des Präsidenten. Siegfried Knüpfer, Reichsbahndirektion Erfurt (rechts) bei der Inbetriebnahme des zweiten Gleises Eisenach – Gerstungen (1992) ...
Foto: Preuß

... und Eröffnung des elektrischen Zugbetriebs München – Geltendorf (1968) mit Präsident Lettau, Bundesbahndirektion München (rechts)
DB/Slg. Rampp

Dienststellen bei Deutscher Bundesbahn und Deutscher Reichsbahn 1990 (nach [3])

a) Deutsche Bundesbahn

- 117 Absatzdienststellen, davon
  - 20 Fahrkartenausgaben (auch mit Gepäckabfertigung)
  - 1 Gepäckabfertigung
  - 96 Güterabfertigungen
  - 6 Geschäftsbereiche (zum Beispiel Bodensee-Schiffsbetriebe, Karten- und Luftbildstelle)
- 373 Produktionsdienststellen (Bahnhöfe) mit 96 Aussenstellen
- 96 Bahnmeistereien
- 41 Hochbaumeistereien
- 58 Nachrichtenmeistereien
- 123 Betriebswerke
- 10 Brückenbauhöfe
- 10 Signalmeistereien
- 10 Fernmeldemeistereien

b) Deutsche Reichsbahn

- 957 Bahnhöfe
- 96 Bahnbetriebswerke
- 26 Bahnbetriebswagenwerke
- 9 Kraftfahrzeugbetriebswerke
- 14 Starkstrommeistereien
- 18 Bahnstromwerke
- 135 Bahnmeistereien
- 22 Instandhaltungswerke Hochbau
- 10 Instandhaltungswerke Brücken und Kunstbauten
- 25 Instandhaltungswerke Signal-, Fernmelde- und Prozessautomatisierungstechnik
- 8 Oberbauwerke
- 10 Bauzüge

sich. Jetzt ist eine Rbd so groß, daß sie sich mit Berichten, Analysen und Statistiken ausreichend selbst beschäftigen kann. Ein Stab von Mitarbeitern, die mit der praktischen Betriebsführung der DR absolut nichts zu tun haben, ist vorhanden. Der große Teil der Rbd-Angehörigen hat keinen direkten Einfluß auf das Betriebsgeschehen bei der DR. Indirekt wohl, dazu aber einen Querschnittsbereich derartigen Ausmaß zu beschäftigen, ist unverantwortlich." [2]

Struktur einer Regionalabteilung

Allein ein tüchtiger Präsident oder weitsichtige Dezernenten vermochten nicht, die Aufblähung des Beamtenapparates zu verhindern. Das konnten nur äussere Umstände (ein wirklicher Zwang zur Sparsamkeit) und grundlegende Verwaltungsreformen bewirken, die sich nicht auf Einzelmaßnahmen beschränkten.

1907 war die bayerische Staatsbahnverwaltung auf 1400 Beamte in 5 Abteilungen, 46 Referate und 31 Büros angewachsen. Allein im Kanzlei- und Bürodienst waren 120 Beamte tätig. Einfachste Vorgänge trugen bis zu 20 Unterschriften, bevor aus ihnen ein Brief verfasst werden konnte. Um solchen Missständen abzuhelfen, wurde in Bayern 1907 die Generaldirektion aufgelöst, in Preußen verdoppelte man bereits 1895 die Zahl der Eisenbahndirektionen und verkleinerte sie dadurch.

Die Deutsche Bundesbahn und die Deutsche Reichsbahn in der DDR versuchten später ebenfalls, Aufwand der Verwaltung und Ergebnis in Einklang zu bringen, wenn auch unter unterschiedlichen Bedingungen und Ergebnissen. Die Deutsche Bundesbahn verringerte seit 1968 die Anzahl der Bundesbahndirektionen von 16 auf 10, indem sie schrittweise folgende Bundesbahndirektionen auflöste: Augsburg, Kassel, Mainz, Münster, Regensburg, Wuppertal. Die Betriebs-, Verkehrs- und Bauämter in Aschaffenburg, Flensburg, Husum, Paderborn und Rosenheim waren bereits 1963 zu Betriebs- und

Verkehrsämtern unter Leitung eines Amtsvorstandes zusammengefasst worden. Aus ihnen entstanden im gesamten Bundesbahngebiet die Regionalabteilungen, die für die Bereiche Produktion, Maschinen- und Elektrotechnik, Bautechnik sowie Finanzen und Verwaltung zuständig und den Abteilungen der Bundesbahndirektion gleichgestellt waren.
Zu ihren wesentlichen Aufgaben gehörten
- *die Koordination in der Region, zum Beispiel die Vertretung der Interessen der Deutschen Bundesbahn bei staatlichen Stellen, Gebietskörperschaften, Wirtschaftsvereinigungen und sonstigen geschäftlichen Gruppen*
- *das Prüfen, Überprüfen und Überwachen des fachgerechten, regelgerechten und wirtschaftlichen Handelns nachgeordneter Dienststellen*
- *die Zusammenfassung von Aktivitäten der verschiedenen Fachdienste in wirtschaftlicher, sachlicher und zeitlicher Hinsicht*
- *die Erledigung der vom Präsidenten und den Fachdiensten übertragenen Aufgaben.*

Bei der Deutschen Reichsbahn wurden in den fünfziger Jahren die Verkehrs-, Betriebs-, Bau- und Maschinenämter zu sogenannten Einheitsämtern, den

Amtsvorstand Hanshelmuth Riegel vom Reichsbahnamt Berlin 2 (links) besucht die Anschlussbahn des VEB Qualitäts- und Edelstahlkombinats Hennigsdorf (1978) Foto: Preuß

Reichsbahnämtern zusammengefasst; genaugenommen nur die Verkehrs- und Betriebsämter. Die Bau- und Maschinenämter gingen in den technischen Dienststellen oder in der jeweiligen Verwaltung der Reichsbahndirektion auf. Kleinstes Zugeständnis aus der vorherigen Struktur waren der Betriebsingenieur Anlagen und der Betriebsingenieur Maschinenwirtschaft, der dem Amtsvorstand unterstellt wurde.

Die bis 1991 bestehenden 26 Reichsbahnämter waren regionale Zwischenleitungsorgane des Hauptdienstzweiges Betriebs- und Verkehrsdienst. Dem Reichsbahnamt oblag die Organisation und operative Leitung der Güter- und Personenbeförderung, die Leitung der örtlichen Dienststellen des Betriebs- und Verkehrsdienstes sowie die Kooperation mit der verladenden Wirtschaft.

In den acht, seit 1990 fünf Reichsbahndirektionen stand an der Spitze der Präsident, vertreten von zwei Vizepräsidenten (für den operativen Dienst und für Bahnanlagen). An die Stelle der Dezernate traten nach 1950 die Verwaltungen des Betriebs- und Verkehrsdienstes, der Maschinenwirtschaft, der Wagenwirtschaft, Bahnanlagen, des Sicherungs- und Fernmeldewesens. Hinzu kamen Abteilungen, wie Bau, Arbeit, Kader, Recht, Finanzen, Planung, Hauptbuchhaltung. An der Spitze standen den Verwaltungs- oder Abteilungsleiter. Unter den Verwaltungsleitern gab es die Abteilungs-, später Fachabteilungsleiter, weitere „Zwischenleiter" waren die Gruppenleiter oder die Sachgebietsleiter, die sich aus Diplom-Ökonomen, Diplom-Ingenieur-Ökonomen, Diplom-Ingenieuren, Ingenieuren oder Ökonomen rekrutierten. Eine solche Stellung als „Seiteneinsteiger" einzunehmen, war grundsätzlich möglich, der Gehaltsgruppenkatalog forderte als Qualifizierungsvoraussetzung nicht einen bestimmten Hoch- oder Fachschulabschluss.

Eine grundlegende Strukturveränderung nach 1974 blähte die Verwaltung weiter auf, denn aus den bisherigen Verwaltungen und Abteilungen entstanden nun die Hauptabteilung Investitionen, der Stab für die operative Betriebsleitung, weitere Hauptabteilungen und Stabsstellen des Präsidenten und eine Vielzahl von Beauftragten des Präsidenten (zum Beispiel für die politischen Bezirke[9], für Mukran oder für den Seehafen Rostock) sowie

---

[9] Die Gliederung der Eisenbahn entsprach und entspricht nicht der staatlichen. Parallelen zu den Beauftragten des Präsidenten für die politischen Bezirke finden wir bei der Deutschen Bahn AG in den Konzernbeauftragten für die jeweiligen Länder; nur sind die meisten in Doppelfunktion mit anderen Aufgaben tätig

Vizepräsidenten. So gab es in jeder Reichsbahndirektion neben dem Chef des Stabes je einen Vizepräsidenten für Transportorganisation und Fahrzeuge, für Bahnanlagen, für Ökonomie, für Wissenschaft und Technik und in Berlin einen für die S-Bahn, bald noch einen für die Eisenbahn in West-Berlin. Und all diese Struktureinheiten führten ein Eigenleben.

Als Heinz Dürr, der Vorstandsvorsitzende der neuen Deutschen Bahn, 1994 seine Belegschaft besah, entdeckte er zu viele Ingenieure; er suchte nach Kaufleuten. Seit 1999 werden allerdings wieder Ingenieure gesucht, die „Wirtschaftsingenieure". Als habe es nie einen drastischen Personalabbau seit 1994 gegeben, werden sie mit „vielfältigen Einsatzfeldern und Karrieremöglichkeiten" geworben.

Im Sommer 1994 ist auch das bisherige Stab-Linien-System auf das Divisionalsystem umgestellt worden, wurden Organisationseinheiten „ausgegründet" oder zusammengefasst, sind die Strukturen der Bahn in einem bis dahin nicht gekannten Ausmaß verändert worden.

Mit diesen Umstellungen fielen auch viele früher gewohnte hierarchische Bezeichnungen. Statt dessen wurden der Bereichsleiter, Regionalbereichsleiter, Niederlassungsleiter und wenige, die auf die Tätigkeit deuten, wie der Bahnhofsmanager und der Bezirksleiter Betrieb, eingeführt. Aus den Präsidenten wurden Beauftragte der Konzernleitung für einen bestimmten Bezirk, wie Nordbayern, Hamburg und Schleswig-Holstein; mit jedem Ausscheiden des Beauftragten vergrößerten sich die Bezirke. Der Rest der Eisenbahner „in der Verwaltung" ist Mitarbeiter, eine Bezeichnung, die er in jedem anderen Unternehmen auch führen könnte. Selbst der Begriff Eisenbahner wird, abgesehen von den Offenen Briefen des Vorstandsvorsitzenden Johannes Ludewig, vermieden. Nicht jeder „Mitarbeiter" der Deutschen Bahn ist mit dieser Anonymität zufrieden.

Das war in den alten Direktionen anders, wo sich der Eisenbahner unter der Tätigkeitsbezeichnung etwas vorstellen konnte. Trotzdem wurden nur wenige der Präsidenten oder Dezernenten ausserhalb ihres engen Mitarbeiterkreises bekannt. Erinnert sei an Robert Garbe (1847 – 1932), der sich bei der Einführung des Heissdampfes im Lokomotivbau verdient machte und als Schöpfer der meistgebauten Personenzuglokomotive der Welt, der preußischen P 8, gilt. Er war als Eisenbahndirektor für die Lokomotivkonstruktion und -beschaffung bei der Eisenbahndirektion Berlin zuständig.

Jacob Heberlein (1825 – 1881) war Betriebsmaschinenmeister der Bayerischen Staatseisenbahn, als er die nach ihm benannte selbsttätig wirkende und durchgehende Bremse zum Patent anmeldete, die allerdings von der Druckluftbremse verdrängt wurde.

Johann Culemeyer (1883 – 1951) war Abteilungsleiter im Reichsbahn-Zentralamt, als er den Straßenroller entwickelte, mit dessen Hilfe Eisenbahnfahrzeuge auf Straßen transportiert werden konnten.

Wer nichts erfand oder nicht einmal durch ein mit seinem Namen verbundenes Verfahren (wie bei der Bremswegformel nach Unrein) für Nachruhm

Glänzender Redner, aber heftig wegen seines Aufstiegs gescholten: Axel Nawrocki, Vorstandsvorsitzender Reise & Touristik der Deutsche Bahn, bei der Inbetriebnahme der Panorama-S-Bahn in Berlin-Grunewald (1999) Foto: Preuß

sorgte, konnte wenigstens durch Fachkenntnis oder durch Originalität auffallen und in Erinnerung bleiben.

Heinz Dürr, Vorstandsvorsitzender der Deutschen Bahn bis 1998, Aufsichtsratsvorsitzender 1998/1999, fiel als „Kommunikator" mehr ausserhalb der Bahn als unter den Eisenbahnern auf. Axel Nawrocki, Geschäftsführer der S-Bahn Berlin GmbH und 1998/1999 Vorstandsvorsitzender des Geschäftsbereichs Fernverkehr, wurde als ein Aufsteiger, nicht wegen der Fachkenntnisse, sondern wegen Beziehungen arg gescholten, aber er fiel durch originelle Ansprachen aus dem Rahmen der üblichen Festredner. Beiden fehlte der eisenbahnfachliche Hintergrund; sie verkörperten den Typus Manager.

Präsidenten, denen wohl niemand die Stellung streitig machte, waren Horst Weigelt von der Bundesbahndirektion Nürnberg und Karl Hetz von der Reichsbahndirektion Halle. Wieso unterschieden sich die beiden von den heutigen Managern? Weigelt war 1949 Student des Bauingenieurwesens und sonntags Fahrkartenverkäufer, Vertretung für seinen Vater auf dem Bahnhof Zellhausen, einer DB-Agentur. Der Student hatte sein Praktikum bei einer Bau- und einer Stahlbaufirma hinter sich – ein Praktikum an Eisenbahnobjekten. Nach Abschluss des Studiums, zwei Jahren als Baureferendar bei der Bundesbahndirektion Frankfurt (Main) und zwei Jahren als Assistent an der Technischen Universität Berlin wurde Weigelt zweiter Vertreter des Amtsvorstandes vom Betriebsamt Hamburg.

Zwei Jahre danach wurde er bautechnischer Dezernent in der Bundesbahndirektion Hamburg. Der Rangierbahnhof Maschen, die City-S-Bahn in Hamburg, die nicht ausgeführte Schnellbahn Hamburg-Harburg – Celle waren seine Projekte, bis er 1979 als Präsident der Bundesbahndirektion Nürnberg berufen wurde. Wie am 31. Dezember 1993 mit der neuen Bahnstruktur die Bundesbahn- und Reichsbahndirektionen verschwanden, ging auch der Titel Präsident unter. Weigelt wurde Beauftragter der Konzernleitung für Nordbayern und ging 1995 in den Ruhestand.

Sein in der Erfahrung der Hamburger Zeit gewachsenes Credo war: systematische Vorbereitung unter Einbeziehung aller Beteiligter, Diskussion der Alternativen, auch auf den „kleinsten Mann" hören entscheiden und klare Rollenverteilung bestimmen.[5]

Karl Hetz (1906 – 1985) war als Flugzeugingenieur zur Wehrmacht eingezogen worden. Als Major flüchtete er vor der Schlacht von Stalingrad, eröffnete in einem Gefangenenlager die Gründungsversammlung des Nationalkomitees Freies Deutschland, wurde Vizepräsident des Komitees und war Redakteur der Zeitung „Freies Deutschland". Mit der Gruppe Ulbricht kam Hetz 1945 nach Deutschland und wurde als Direktor des Reichsbahnausbesserungswerkes Halle eingesetzt, anschließend zum Wirtschaftsdirektor der Deutschen Reichsbahn berufen. Hetz lehrte an der Hochschule für Verkehrswesen „Friedrich List" Dresden und wurde 1956 als Präsident der Reichsbahndirektion Halle berufen, eine Tätigkeit, die er bis 1976 inne hatte.

Dass eine Führungskraft alle zwei, vier Jahre den Betrieb und den Wirtschaftszweig wechselt und sich in dieser kurzen Zeit auch keine Kenntnisse von der Eisenbahn verschafft, sondern nur nach betriebswirtschaftlichen Gesichtspunkten und solchen des Managements urteilt, wäre früher undenkbar gewesen. Der Seiteneinsteiger wird empfohlen, weil er eine andere Sicht und frischen Wind in das Unternehmen bringt und der früher gepflegten Beamtenmentalität nicht anhängt.

Früher war eben doch alles anders. Am Stammtisch erzählten sich Eisenbahner gern die Episoden, wenn die hohen Herrn von der Direktion gekommen waren. Auch diese, als sich im Hochsommer bei sengender Hitze eine Inspektion ansagt hatte?

Der Vorsteher in seiner besten Uniform eilte geschäftig von einem zum andern, gab da und dort Befehle, lobte, tadelte – kurzum, es herrschte eine gewisse Spannung. Nur der Fahrdienstleiter war seiner Sache vollkommen sicher. Die Fahrdienstvorschriften beherrschte er gründlich, die Bedienung des Blockes machte ihm auch keine Schwierigkeiten, und das Blocken, Entblocken und vor allem die Verständigung mit den Stellwerkswärtern durch Klingelzeichen hatte er ja mit ihnen wiederholt geübt[10]. Nur auf das geliebte Bier musste er heute bei dieser fürchterlichen Schwüle verzichten und wünschte deshalb die ganze Kommission zum Teufel. [...]

Aus dem Wagen 1. Klasse steigt der Herr Ministerialrat mit einem ganzen Stab von Herren; Salutieren, Hüteziehen, Verneigen, eine kurze dienstliche Begrüßung, und gleich darauf stelzt der Gefürchtete in das Fahrdienstleiterzimmer. Wie magisch angezogen ist er von

---

10 Die Klingelzeichen sind eine typische Form der Verständigung beim sächsischen Bahnhofsblock

dem funkelnden Blockapparat und kann seine Begeisterung nicht verbergen. Er lässt sich die Bauweise vom Ingenieur erklären, zeigt auf dieses weiß oder jenes rot geblendete Fensterchen im Apparat, fragt nach dem Stromlauf, will alles wissen und alles probieren. Jetzt versucht er selbst das Klingelzeichen zum Stellwerk 2 zu geben. „Die Induktorkurbel geht ein wenig schwer", stellt er nach der ersten Umdrehung fest und so übt er weiter. Beim zweiten Mal geht es schon leichter, und als er beim sechsten Mal angelangt ist, hat er die Sache ganz heraus und ist zufrieden. Nun kommen Fragen über die Kosten der Anlage, über die Bauzeit, die einschlägigen Vorschriften, kurzum – es ist nicht nur eine Besichtigung, sondern geradezu eine Prüfung, die den Vorsteher zum Schwitzen bringt.

Alles geht gut, der Ministerialrat lächelt wohlgefällig und will schon sein Lob spenden, als auf einmal hinter der Glastür vom Bahnsteig her der Stellwerkswärter vom Stellwerk 2 erscheint. Vor sich einen Korb herschleppend, stößt er die Tür auf und will sich keuchend ins Zimmer schieben. Man sieht den Fahrdienstleiter hinter dem Rücken des Ministerialrates wütend Zeichen zum Verschwinden geben, aber es nützt nichts. Jetzt wird der Ministerialrat aufmerksam, winkt den Mann herbei. „Stellwerkswärter X. im Dienst auf Stellwerk 2", meldet mechanisch der Unglücksvogel und steht da mit schlotternden Knien und seinem schweren Korb, aus welchem sechs schöne Bierflaschen den strengen Herrn vorwitzig anlachen. „Was zum Teufel soll denn das, ist denn hier ein Gasthaus? .... heraus mit der Sprache! Wer hat das Bier bestellt?" Nur betretenes Schweigen antwortet. Aber es nützt nichts, es muss gebeichtet werden. Der Fahrdienstleiter wirft sich in Positur und erstattet Meldung: „Herr Ministerialrat! Der Schuldige bin ich. Ich habe die Vorschrift über den Alkoholgenuss im Dienst übertreten. Ich leide an fürchterlichem Durst. Da hat mich der neue Block auf die Idee gebracht, die mir soeben zum Verhängnis geworden ist. Ich habe den Signalwecker zum Bestellen von Bier benutzt. Und den Stellwerkswärter darauf eingeschult. Einmal Klingel bedeutet, wenn kein Zug zu erwarten ist – 1 Flasche Bier, zweimal ... 2 Flaschen ...und so weiter." Eisige Ruhe herrscht im Raum. Aber da kann sich der Ministerialrat nicht mehr beherrschen. Sein Lachen kaum mehr unterdrückend, stellt er ironisch fest: „So habe ich eigentlich die sechs Flaschen bestellt. [...] Aber dass mir das nicht mehr vorkommt, Sie Bierdienstleiter, verstanden! Dienst ist Dienst, und da gibt's keinen Durst." [4] So nett waren seinerzeit die hohen Herren von der Direktion.

Ernste Angelegenheit: Heinz Schmidt, Erster Stellvertreter des Generaldirektors der Deutschen Reichsbahn, zur Inspektion in Magdeburg-Buckau (1980)
Foto: Riedel/Slg. Preuß

Quellennachweis

1. Wandel eines Berufs

[1] Statistisches Jahrbuch für den preußischen Staat 1914, Berlin 1915

[2] Die Berliner S-Bahn. Gesellschaftsgeschichte eines industriellen Verkehrsmittels, Berlin 1982

[3] Gerhard Prinz: Eisenbahner um 1900. Museum für Verkehr und Technik, Berlin o. J.

[4] Amtsblatt der Generaldirektion der Sächsischen Staatseisenbahnen vom 24. April 1920

[5] Rahne, Hermann: Mobilmachung, Berlin 1983

[6] Hein, Ferdinand: Begriffe prägen die Fachsprache. In: Bahn-Praxis, Mainz 2/1998

[7] Das Deutsche Eisenbahnwesen der Gegenwart, Berlin 1911

[8] Leibbrand, Max: Grenzen der Leistungsfähigkeit des Schienenweges. In: Der Eisenbahnfachmann, Berlin am 15. Januar 1942

[9] Die Eisenbahn in Deutschland, München 1989

[10] Haustein/Stumpf: Hundert Jahre deutsche Eisenbahner, 1935, S. 120

[11] 75 Jahre VDEF. Verband Deutscher Eisenbahnfachschulen, Hannover o. J.

[12] Peters, Jan-Hendrik: Personalpolitik und Rationalisierungsbestrebungen der Deutschen Reichsbahn-Gesellschaft zwischen 1924 und 1929, Frankfurt am Main 1996

[13] Piekalkiewicz, Janusz: Die Deutsche Reichsbahn im Zweiten Weltkrieg, Stuttgart 1984

[14] Müller, Christoph M.: Die Ausbildung des gehobenen nichttechnischen Dienstes der Deutschen Bundesbahn auf der Bildungsebene der Fachhochschule. In: Die Bundesbahn, Darmstadt 1/1979

[15] Westphalen, Hans-Günter: Die Berufsausbildung bei der DB. In: Die Bundesbahn, Darmstadt 7/1978

[16] Der Eisenbahnfachmann, Berlin 1925, S. 578 ff.

[17] Mitteilungsblatt der Deutschen Reichsbahn 7/1951

[18] Das Sozialblatt, Frankfurt am Main, 1966 (Sonderausgabe)

[19] Der Eisenbahnfachmann, Berlin 1926, S. 115

2. Die Zugmannschaft

[1] Der Eisenbahnfachmann, Berlin 1925, S. 357 f.

[2] Paragraf 42 Abs. 8 der Fahrdienstvorschriften der Deutschen Reichsbahn, gültig ab 15. Juni 1970

[3] Bahn-Praxis, Mainz 1/1993

[4] Deutsche Bahn AG: Züge fahren und Rangieren – Fahrdienstvorschrift – gültig vom 1. September 1990 an in der Fassung vom 1. März 1998

[5] Qualitätsstandards vereinheitlichen. In: GdED inform, Frankfurt am Main 3/1999

[6] Deutsche Reichsbahn-Gesellschaft: Die Deutsche Reichsbahn im Geschäftsjahr 1925, Berlin 1926

[7] Möller, Max (Hrsg.): Der Eisenbahner, Drossen und Magdeburg o. J.

[8] Unterm Flügelrad. Frauen bei der Eisenbahn, Berlin 1993

[9] Thomas Mann: Das Eisenbahnunglück. In: Erzählungen I, Berlin 1975

[10] Die Eisenbahn in Deutschland, München 1999

[11] Gumppenberg, Karl Freiherr von: Post und Eisenbahn. Ein Büchlein für's Volk, worin es findet: wie man sich bei Benützung der Staats-Anstalten zu verhalten hat. II. Die Eisenbahn, Augsburg 1861, S. 32

3. Der Stolz der Lokomotivführer

[1] Die Ludwigs-Eisenbahn, Zürich/Schwäbisch Hall 1984

[2] von Röll: Enzyklopädie des Eisenbahnwesens, Berlin/Wien 1915

[3] Beruf: Lokführer. In: Bahn-Extra, München 2/98, S. 33, 96 f.

[4] Der Eisenbahner 2. Band, Drossen und Magdeburg o. J., S. 408

[5] GdED inform, Frankfurt am Main 3/1999, S. 20

[6] Kunden betreuen und Triebwagen fahren. In: KiN-Information, Frankfurt am Main 3/1998

[7] Eisenbahn-Kurier, Freiburg 8/1999, S. 12

[8] Anhang 1 der Fahrdienstvorschrift für Nichtbundeseigene Eisenbahnen

[9] Wie sicher ist die Bahn? In: Stern, Hamburg vom 8. April 1999

4. Das Stationspersonal

[1] Leitung und Beaufsichtigung eines Bahnhofs mit vereinigtem Dienst, Starnberg 1959

[2] Machoy, B.: Aus der Geschichte des Geraer Bahnhofs, Gera 1993

[3] Bloß, Adolf: Die Eisenbahn in Sachsen, Dresden-Hellerau 1930

[4] Fritz, Johann: Überblick über den Verkehrsdienst, Starnberg 1967

[5] Deutsche Reichsbahn, Bereich Eisenbahntransport, Gehaltsgruppenkatalog, Qualifikationsmerkmal 77.562.116

5. Der Eisenbahnbauarbeiter

[1] Fischer, Carl „Denkwürdigkeiten und Erinnerungen eines Arbeiters", Leipzig 1903

[2] Möller, Max (Hrsg.): Der Eisenbahner, Erster Band, Drossen und Magdeburg, 1902 S. 430 f.

[3] Polenz, Hans von: Die Bahn im Cunewalder Tal, Löbau o. J.

[4] Das Deutsche Eisenbahnwesen der Gegenwart, Berlin 1911

[5] Zeidler, Wilhelm (Hrsg.) Regensburger Eisenbahn-Chronik, Regensburg 1997

[6] Inspektionsverfahren für das DB-Streckennetz im Wandel der technischen Entwicklung. In: Artikelservice der Deutschen Bahn AG vom 12. November 1996

[7] Lischke, Hartmut: Perspektiven und Aufgaben für Vermessungsingenieure bei der DB AG. In: Eisenbahningenieur, Hamburg 11/1999, S. 51 ff.

[8] Paragraf 4 Absatz 5 der Vorläufigen Dienstanweisung für Streckenmeister, Rottenmeister und Streckenwärter der Bahnmeisterei der Deutschen Reichsbahn, gültig vom Mai 1956 an

6. Frauen und Familie

[1] Unterm Flügelrad. Frauen bei der Eisenbahn, Berlin 1993

[2] Eichmann, Bernd: Auch wenn andere die Weichen stellen... Exemplarische Lebensgeschichten von Eisenbahnergewerkschaftern, Köln 1988, S. 142

[3] GdED inform, Frankfurt am Main 1/1998, S. 4

[4] Freie Fahrt. Die Wochenzeitung der deutschen Eisenbahner, Berlin 4/12/18/20/1949

[5] Elli Röhl: Unsere Eisenbahnerinnen – gleichberechtigte Angehörige der Deutschen Reichsbahn. In: Eisenbahn-Jahrbuch, Berlin 1965

[6] GdED inform, Frankfurt am Main 10/1999, S. 19

7. Von Präsidenten und Dezernenten

[1] Das Deutsche Eisenbahnwesen der Gegenwart, Berlin 1911

[2] Fahrt frei, Berlin 2/1990, S. 3

[3] Die Bundesbahn, Darmstadt 1990, S. 1172 f.

[4] Glasner-Ostenwall, Kurt von: Das mißverstandene Klingelzeichen. In: Kreuz und quer durch das Sudetenland, Tetschen-Bodenbach 1942

[5] Weigelt, Horst: Fünf Jahrzehnte im Dienste der Eisenbahn. In: 50 Jahre Deutsche Bundesbahn, Bahn extra, München 2/1999

[6] Czygan, Franz (Hrsg.): Die Eisenbahn in Wort und Bild, Zweiter Band, Nordhausen o. J.

[7] Pohl, Helmut: 150 Jahre Bahndirektion Hannover. In: Die Bundesbahn, Darmstadt 3/1993

[8] Wisnewski, Gerhard: Dreihunderttausend Menschen bei der Bahn – und jeder achte ist Lokführer. In: PM. Perspektive, München o. J.

Anhang

Tätigkeitsbezeichnungen auf der Grundlage der Uniformordnungen von 1929, 1951, 1952, 1957 und 1978 ohne Berücksichtigung von Haupt- und Ober-..., zum Beispiel Hauptpförtner, Oberpförtner

A-Dienstanwärter
Abfertigungsdienst
Abnahmeinspektor
Abnahmewagenmeister
Abteilungsleiter
Amtsgehilfe
Amtsvorstand
Arbeitsvorbereiter
Aufsicht
Aufsichtsbeamter
Ausbildungsleiter
Auskunft
Außenlokleiter
Äußerer Wagendienst

Bahnbusbegleiter
Bahnhofsarbeiter
Bahnhofsdispatcher
Bahnhofsgehilfe
Bahnhofshelfer
Bahnhofsmeister
Bahnhofsschaffner
Bahnhofsvorsteher
Bahnmeister
Bahnunterhaltungsarbeiter
Bahnwärter
Begleiter der Kühlmaschinenzüge
Begleiter der Propanversorgungswagen
Beimann
Betriebsarbeiter
Betriebsassistent
Betriebsingenieur
Betriebsleiter
Betriebsschutz
Betriebskontrolleur
Bezirksingenieur
Bezirkslehrer
Blockwärter
Bote
Botenmeister

Dezernent
Dienstfrau
Dienstvorsteher

Dienstvorsteher-Vertreter
Direktor der Betriebsberufsschule
Dispatcher

Ermittlungsdienst

Fachabteilungsleiter
Fachinspektor
Fahrdienstleiter
Fahrkartenverkäufer
Fahrladeschaffner
Fahrmeister
Fernmeldemeister
Fernsprech- und Fernschreibdienst
Funker

Generaldirektor
Gepäckarbeiter
Gepäckträger
Gleisbauarbeiter
Gleisfreimelder
Gleiskraftwagenführer
Gruppenleiter
Gutannehmer
Gutausgeber
Güterbodenarbeiter

Haltepunktwärter
Hauptprüfer
Hauptsachbearbeiter
Hilfssachbearbeiter

Instrukteur für Fahr- und Feuerungstechnik
Instrukteur für Kleinlok

Junghelfer
Jungwerker

Kassenbote
Kassenkontrolleur
Kassenverwalter
Kleinlokbediener
Kleinlokführer
Klubwagenbesatzung
Kontrolleur
Kraftwagenführer
Kraftwagenschaffner
Kulturdirektor
Kulturleiter

Ladeaufsicht
Lademeister
Ladestraßen- und Anschlussgleisaufsicht
Lagerarbeiter
Lageraufseher
Lagermeister
Lampenwärter
Lehrausbilder
Lehrer
Lehrmeister
Leiter
Leiter von Meistereien
Leitungsaufseher
Leitungsmeister
Lektor
Lokdienstleiter
Lokfahrmeister
Lokomotivführer
Lokomotivheizer

Maschinist
Materialaufseher
Matrose auf Fährschiffen
Meister

Ortsladeschaffner

Pförtner
Plombierer
Präsident
Prüfer beim Prüfungsamt

Rangierarbeiter
Rangieraufseher
Rangiermeister
Referent
Rottenführer
Rottenmeister

Sachbearbeiter
Schachtmeister
Schiffskapitän auf Fährschiffen
Schiffsmaschinist auf Fährschiffen
Schifssekretärin
Schrankenwärter
Schreibkraft
Schüler
Schuppenaufsicht
Sektorenleiter
Sicherheitsinspektor
Sicherungsbeauftragter
Sicherungsposten
Signalmeister

Signalwerkführer
Signalwerkmeister
Sortierer
Stellvertreter des Generaldirektors
Stellwerksmeister
Stenotypistin
Steuermann
Streckenläufer
Streckenmeister
Streckenwärter
Stromschienenmeister

Technologe
Telegrafenunterhaltungsarbeiter
Telegrafenwerkführer
Telegrafenwerkmeister
Triebwagenführer
Triebwagenschaffner

Verkehrskontrolleur
Verkehrsmelder
Vertragseisenbahner
Vertreter des Vorstehers
Vizepräsident
Voransager
Vorpraktikant
Vorsteher

Wächter
Wagenaufseher
Wagenbezettler
Wagendienst
Wagengrenzdienst
Wagenkontrollbuchführer
Wagenmeister
Wagenwerkmeister
Wanderlehrer
Weichenreiniger
Weichenwärter
Werkdirektor
Werkführer
Wirtschaftsdirektor

Zugabfertiger
Zugführer
Zugfunksprecher
Zugmelder
Zugpflegerin
Zugrevisor
Zugschaffner
Zugsekretärin

Eisenbahner: Wohin?
Foto: Höllerhage

Bei GeraMond sitzen Sie bestimmt im richtigen Zug!

Porträts von Lokomotiven oder Straßenbahnbetrieben, Reiseführer, Nachschlagewerke, Erzählungen, Monographien zur Eisenbahngeschichte, Bildbände und vieles mehr:

Weitere Bücher des Eisenbahn-Fachjournalisten Erich Preuß bei GeraMond:

Züge unter Strom
176 Seiten, 140 Abb.
(z.T. Farbe), Format 17 x 24 cm,
geb., ISBN 3-932785-30-4
nur DM **39,80**

Hannover – Berlin
160 Seiten, 140 Abb.
(z.T. Farbe), Format 17 x 24 cm,
geb., ISBN 3-932785-31-2
nur DM **39,80**

Eschede, 10 Uhr 59
128 Seiten, 70 Abb.
(z.T. Farbe), Format 17 x 24 cm,
Broschur, ISBN 3-932785-21-5
nur DM **29,80**

Jörg Werner (Hrsg.):
Chronik des deutschen Verkehrs 1949
96 Seiten, über 120 Abb., Format 17 x 24 cm,
Broschur, ISBN 3-932785-39-8
nur DM **19,80**

Lokporträts – z.B.:

Michael Dostal:
Baureihen 112/143
160 Seiten, 140 Abb.
(z.T. Farbe), Format 17 x 24 cm,
geb., ISBN 3-932785-50-9
nur DM **39,80**

Bahngeschichte – z.B.:

Michael Reimer:
Loks für die Ostfront
192 Seiten, 120 Abb.,
Format 17 x 24 cm,
geb., ISBN 3-932785-35-5
nur DM **39,80**

Nahverkehr – z.B.:

Martin Pabst:
Die Münchner Tram
192 Seiten, 180 Abb.
(z.T. Farbe), Format 17 x 24 cm,
geb., ISBN 3-932785-05-3
nur DM **39,80**

Schweizer Bahnen – z.B:

Hans-Bernhard Schönborn:
Bahn-Wunderland Schweiz
160 Seiten, 170 Abb. (durchg. Farbe), Format 17 x 24 cm,
geb., ISBN 3-932785-57-6
nur DM **39,80**

Diese und viele weitere Bücher von GeraMond erhalten sie im gut sortierten Buchhandel oder direkt beim GeraMond Verlag, D-80632 München.
Fordern Sie auch gleich unseren Gratisprospekt an: Tel. 0180 – 532 16 16